Ihre Arbeitshilfen zum Download:

Die folgenden Arbeitshilfen stehen für Sie zum Download bereit:

- Projektmanagement Musterdokumentation
- Entscheidungsübersicht
- Projektverlaufsprotokoll in verschiedenen Formaten
- Aktivitätenplanung
- Gesamtressourcen Budgetplanung
- Risikoanalyse
- Zielgruppenanalyse Kommunikationsplan
- Zielvereinbarung für ein Projekt
- Arbeitspaketbeschreibung kurz
- Zeitmanagement Tagesplanung

Den Link sowie Ihren Zugangscode finden Sie am Buchanfang.

Zeit- und Projektmanagement

Arne Prieß
Sebastian Spörer

Zeit- und Projektmanagement

Neurowissenschaft und Methoden-Wissen erfolgreich vereint

Arne Prieß
Dr. Sebastian Spörer

1. Auflage

Haufe Gruppe
Freiburg · München

Bibliografische Information der Deutschen Nationalbibliothek
Die Deutsche Nationalbibliothek verzeichnet diese Publikation in der Deutschen Nationalbibliografie; detaillierte bibliografische Daten sind im Internet über http://dnb.dnb.de abrufbar.

Print ISBN: 978-3-648-05603-5 Bestell-Nr. 10102-0001
EPUB ISBN: 978-3-648-05604-2 Bestell-Nr. 10102-0100
EPDF ISBN: 978-3-648-05605-9 Bestell-Nr. 10102-0150

Arne Prieß | Sebastian Spörer
Zeit- und Projektmanagement
1. Auflage

www.haufe.de
info@haufe.de
Produktmanagement: Bettina Noé

Lektorat: Gabriele Vogt
Satz: kühn & weyh Software GmbH, Satz und Medien, 79110 Freiburg
Umschlag: RED GmbH, 82152 Krailling
Druck: fgb · freiburger graphische betriebe, 79108 Freiburg

Widmung

Ich widme dieses Buch meiner Frau,
die mir meine drei Jungs geschenkt hat
und mir als loyaler Partner im Leben zur Seite steht.

Bei allem, was die Reise durch das Leben für einen bereithält,
ist es gut zu wissen, dass man eine Gefährtin an seiner Seite weiß,
die einem den Rücken freihält.

Viele Stunden verbrachte ich am Laptop, vertieft in die Themen,
die mir Spaß machen, da kam so manches andere zu kurz.
Nun gilt es mit gutem Zeit- und Projektmanagement
einen Teil der verbleibenden Zeit zurückzugewinnen
für das Wichtigste im Leben:
die Menschen, die man liebt!

Bis zum nächsten Buch ...!

Arne Prieß

Inhaltsverzeichnis

Vorwort

Unabhängig davon, in welchem Job und welchem Unternehmen Sie gerade arbeiten, welche privaten und beruflichen Herausforderungen gerade von Ihnen zu bewältigen sind, welche Berufs- oder Lebensphase Sie gerade durchlaufen, eines ist bei all den sich verändernden Rahmenbedingungen immer gleich: Sie! Sie haben zudem eine mehr oder weniger ausgeprägte Kompetenz, mit den gegenwärtigen Herausforderungen professionell umzugehen. Und während Sie auf die vielen Rahmenbedingungen einer sich immer schneller verändernden Umwelt nur bedingt Einfluss haben, können und müssen Sie an dieser Kompetenz jeden Tag arbeiten, sie ausbauen und sich damit widerstandsfähiger machen gegen das, was viele Menschen im 21. Jahrhundert krankmacht. Nur so können Sie in unseren dynamischen Zeiten gesund „überleben".

Zwei lebensnotwendige Schlüsselmethoden zur Stärkung dieser Kompetenz finden Sie in diesem Buch, in dem ich meine langjährigen Erkenntnisse und Erfahrungen dazu beschrieben habe: **Zeit- und Projektmanagement**, im Folgenden mit **ZuP** abgekürzt. Sicher keine neuen und schon gar nicht unerschlossenen Themen, die sich jeweils bereits in vielen Büchern wiederfinden. Warum aber hier im Doppelpack, kann man doch auch die eine oder die andere Methodik für sich und unabhängig von der anderen erlernen? Zum einen sind die täglichen Aufgaben, die man heute, morgen, in einer Woche, diesen Monat oder dieses Quartal schaffen will und muss, manchmal so groß und komplex, dass sie mit Zeitmanagement allein nicht mehr zu bewältigen sind. Da braucht es ebenfalls gutes Projektmanagement. Zum anderen muss ein perfekt geplantes Projekt, das einem ein Jahr oder noch später große Vorteile verschaffen soll, heute, morgen, nächste Woche in täglicher Kleinarbeit und vielen Einzelschritten umgesetzt werden. Wenn dies nicht gelingt, sterben die großen Vorhaben im täglichen Sumpf misslungenen Zeitmanagements. Das eine kann also nicht ohne das andere gelingen und umgekehrt.

Wenn man das Gefühl hat, die Arbeit nagt an einem Tag für Tag, wird es Zeit, sich damit auseinanderzusetzen, bevor man bricht!

Abbildung: Wenn die Zeit an einem nagt

Dieses Buch soll kein „trockener Methoden-Schinken" sein, durch den Sie sich unter Aufwendung aller Kräfte durcharbeiten müssen. Vielmehr wäre es mein Wunsch und meine Hoffnung, dass Sie es als Inspiration und Aufmunterung empfinden: von Menschen geschrieben, die im Leben stehen, für Menschen, die gern Ideen für die erfolgreiche Gestaltung ihres Lebens erhalten möchten. Dieses Buch orientiert sich dabei vor allem am Berufsleben, auch wenn beide Methodenbereiche natürlich genauso hilfreich für das Privatleben sind, Ich gehe aber davon aus, dass Ihnen der Transfer in Ihr Privatleben sicher selbst gelingen wird.

Zu Ihrer Erleichterung fasse ich die Ausführungen der einzelnen Kapitel zwischendurch immer wieder zusammen in „Goldenen ZuP-Regeln".

Goldene ZuP-Regel

Hier erfolgen kompakte Anweisungen basierend auf den vorherigen Ausführungen.

Durch diese sowie durch die zahlreichen Abbildungen im Buch hoffe ich, den mehr in prägnanten Regeln oder Bildern lernenden Lesern den Ritt durch diese Lektüre zu erleichtern.

Mein methodischer ZuP-Doppelpack wird zudem verbunden mit den neuesten neurobiologischen Forschungserkenntnissen, denn: Was in allen Lebenslagen wie bereits erwähnt gleichbleibt, sind Sie — und Ihre Einstellungen und Verhaltensweisen haben viel mit der Funktionsweise Ihres Gehirns zu tun. Hierfür konnte ich erneut Dr. Sebastian Spörer als Co-Autor gewinnen, dessen Kapitel (3 und 5) einen wichtigen neurowissenschaftlichen Background liefern. Zwischendrin und entlang meiner Ausführungen werden von ihm gezielte Neuro-Hinweise gegeben, durch die Erkenntnisse aus der Hirnforschung ganz konkret mit dem ZuP-Methodenwissen gekoppelt werden. Diese sind gekennzeichnet mit:

Neuro-Tipp

Hier erfolgen Hinweise auf wertvolle Erkenntnisse aus der Gehirnforschung.

Mit diesem „Neuro-ZuP-Paket" hoffen mein Co-Autor und ich, Ihnen wertvolle Impulse zu liefern für ein erfolgreiches und trotz der mannigfachen Herausforderungen zwar komplexes und schwieriges, aber dennoch erfülltes und glückliches Berufs- und Privatleben.

Dass ich im Buch mehrfach auf das erste gemeinsame Buch von Dr. Spörer und mir, „Führen mit dem Omega-Prinzip — Neuroleadership und Führungspraxis erfolgreich vereint“ (Haufe Verlag 2013), hinweise, soll keine Schleichwerbung sein. Das Verweisen liegt darin begründet, dass insbesondere Projektmanagement nichts anderes ist als „Führen unter erschwerten Bedingungen“. Und Führungskräfte in der Linie als auch im Projekt müssen durch z. B. effektive Moderation oder Kommunikation und viele andere Führungskompetenzen viel zum erfolgreichen Arbeitseinsatz ihrer Mitarbeiter beitragen können. Deshalb sind inhaltliche Überschneidungen der Themen Führung und Projekt- sowie Zeitmanagement naturgegeben. Etliche Kapitel aus dem obigen Buch müssten sich eigentlich in diesem Werk wiederholen. Ich habe es aber bei wenigen Wiederholungen bzw. Überschneidungen belassen und würde mich freuen, wenn unsere Leser als Ergänzung ihres Wissens über die Führung von Projektteam-Mitgliedern unser erstes Buch ihrer privaten Bibliothek zufügen würden. Insbesondere die folgenden darin bearbeiteten Themen bzw. Kapitel wären eine gute Ergänzung zu diesem Werk: Kapitel 2 Neuro-Leadership; Kapitel 7 Führung ist eine Beziehung; Kapitel 8.1 Kommunikation; Kapitel 8.2 Entscheidungen; Kapitel 8.3 Verhandlungen; Kapitel 8.5 Change Management; Kapitel 8.7 Distance Leadership; Kapitel 10 Sich selbst führen, bevor man andere führt. Da viele Projektleiter auch Führungskräfte in der Linie sind und in Projekten manche Mitarbeiter aufgrund der Dauer des Projektes dem Projektleiter disziplinar unterstellt werden, würden sich die Anschaffung und das Lesen des obigen Buches sicher lohnen.

Aber nun erst einmal viel Spaß beim Lesen und Umsetzen dieses Buches und viel Erfolg bei Ihrem **ZuP**!

Beste Grüße

Arne Prieß

Hinweis:

Im Buch werden nicht immer beide Geschlechter verwendet. Wenn also von „er“ gesprochen wird, bitten wir die Damen unter den Lesern um Verständnis und hoffen, dass das erleichterte Lesen für diese einseitige Geschlechterbenennung entschädigt.

1 Warum Zeit- und Projektmanagement notwendig ist

Ich werde in meinen Trainings manchmal gefragt, ob das ganze aktuelle „Geschrei" über Burn-Out, Stress und der Wunsch nach Work-Life-Balance nicht übertrieben und „schicki" ist und man früher nicht schon genau dieselben Herausforderungen hatte, ohne sich dieser neuen Begrifflichkeiten zu bedienen. Meine Antwort darauf ist eindeutig: Nein! Denn die Arbeitswelt unterliegt in den letzten Jahren einem zunehmend schneller werdenden Wandel, während der Mensch mit seinen Fähigkeiten nicht schnell genug hinterherkommt. Ich bin kein Evolutions-Forscher, aber mein GMV (Gesunder Menschenverstand) sagt mir, dass die menschliche Evolution nennenswerte Veränderungen bei unserer Bauart sicher nicht in Jahrzehnten, wahrscheinlich nicht einmal in Jahrhunderten herbeigeführt hat.

Die „Stressoren des 21. Jahrhunderts" sind jedoch stetig zunehmend und schneller im Fluss, als uns lieb sein kann, und sie verlangen uns vielfältige Anpassungen von Verhalten, Einstellungen und Kompetenzen ab. Vielleicht stimmen Sie mir bereits gefühlt zu und haben sich deshalb dieses Buch gekauft; vielleicht brauchen Sie aber an dieser frühen Stelle im Buch noch Argumente zur Motivation, das Buch bis zum Ende zu lesen und die Erkenntnisse in Ihr Leben zu integrieren. Deshalb hier erstmal eine kurze Aufzählung der Stressoren und gute Gründe, sich dagegen zu wappnen:

Unsere sich verändernde Arbeitswelt zeichnet sich durch folgende Entwicklungen aus (siehe z. B. auch den Stressreport 2012 des Bundesministeriums für Arbeit und Soziales, aus dem einige der u. g. Punkte entnommen sind):

- **Tertiarisierung**: Darunter versteht man die Entwicklung zur Dienstleistungsgesellschaft, in der man das Ergebnis seiner Arbeit immer weniger sehen und anfassen kann. Man arbeitet den ganzen Tag und abends kann man kaum beschreiben, was die Früchte dieser Arbeit sind. Da entsteht wenig Sichtbares, auf das man stolz sein könnte. Viel zu viele Meetings binden uns, die Zeit rauben und oft nur wenig Mehrwert stiften. Es wird geredet und gestritten, aber Sicht- und Anfassbares halten wir dann selten in Händen. Was muss es schön gewesen sein, als die Menschen noch überwiegend etwas gebaut, einen Acker bestellt oder einen Schuh oder ähnlich nützliche Dinge fürs Leben mit den eigenen Händen geschaffen haben. Heute kommt man zur Arbeit, kämpft sich durch die Mails und Meetings und dann ist es Zeit, nach Haus zu gehen. Und wenn die Kinder fragen, was für eine Arbeit man eigentlich hat, kann man diese nicht wirklich in Worte fassen. Verstehen Sie mich richtig, ich plädiere nicht für „zurück auf den Acker, zurück an die Werkbänke“, aber wir sollten uns darüber im Klaren sein, dass der geschaffene Wert einer Arbeit nicht mehr leicht zu erkennen ist und wir uns zur eigenen Seelenhygiene immer wieder vor Augen führen sollten, was man mit seiner eigenen Arbeit Sinnvolles zur Gesellschaft beigetragen hat. Hoffentlich fällt Ihnen dazu etwas ein, was Sie befriedigt, dann wäre schon viel geschafft.

- **„Informatisierung“, Technisierung & Digitalisierung**: Moderne Kommunikationstechnologien machen uns zu „digital workers“. Wir sind immer und überall erreichbar, per Mail oder Telefon, auf unzähligen Social-Media-Kanälen oder mit einer schnellen SMS. Man entwickelt schon ein schlechtes Gewissen, wenn man nicht regelmäßig in die Mails schaut und antwortet – selbst im Feierabend und im Urlaub. Da bleibt wenig Raum für das Abschalten. Privat und im Feierabend zu sein, hat nicht mehr das Privileg des „Abgeschottet-Seins“ von der Arbeit. Man muss darum kämpfen, nicht erreichbar sein zu dürfen, ja, es ist geradezu ein Luxus. Die Probleme mit der Flut der täglichen Mails und dem „Information-Overload“, den man „erleidet“, müssen gelöst werden, denn Informationen und Kommunikation sind zwar nötig, jedoch machen die Auswüchse den Menschen krank. Unternehmen reagieren dann oft mit neuem und noch modernerem Equipment. Das schickste „Device“, das mobilste „I-Gerät“ und die neueste Software erleichtern zwar teilweise die Arbeit, erhöhen aber auch den Technisierungs- und Komplexitätsgrad. Immer mehr „Schnickschnack“ ist zu bedienen und entwickelt oft ein Eigenleben. Insbesondere, wenn eine Vernetzung und Synchronisierung der Geräte nicht gelingt, machen einem die vielen Hilfsmittel mehr Arbeit, als sie einem abnehmen.
- **Subjektivierung:** Man erhält eine zunehmende Eigenverantwortung für Arbeitsprozesse. Bei aller Automatisierung erhält der Mensch eine wachsende Verantwortung für Gesamtprozesse und Ergebnisse. Bewährte Management-by-Techniken, wie Management-by-Delegation (Führen durch Delegation von Verantwortung für Aufgaben) und Management-by-Objectives (Führen mit Zielen, die durch den Mitarbeiter selbst oder als Teil eines Teams erreicht werden sollen), kommen zwar dem Wunsch nach Gestaltungsspielraum entgegen und sind grundsätzliche Motivationsmotoren. Aber sie verstärken auch den Druck auf den Einzelnen, der sich nicht mehr im Kollektiv der Belegschaft mit seinen individuellen Beiträgen verstecken kann.
- **Akzeleration**: Eine stetig zunehmende Beschleunigung von Prozessen und eine Zunahme der Komplexität fordern ihren Tribut. Während wir noch dabei sind, einen bestehenden Arbeitsprozess zu optimieren, erzwingt der Arbeitsdruck schon ein schlankeres und noch effizienteres Vorgehen als geplant. Während gerade ein aktuelles Produkt auf den Markt kommt, bereiten wir schon das Nach-

folgeprodukt vor, damit die Nachfrage nach „besser, billiger, schneller und neuer" befriedigt werden kann. Aber schnellere und kürzere Zyklen sind nicht allein die Herausforderung. Die Arbeitswelt wird immer komplexer, immer mehr Beteiligte erbringen Ergebnisse im Gesamtkonzert. Dieses Zusammenspiel muss gemanagt, die Abhängigkeiten erkannt und die Schnittstellen bedient werden. Selten folgen die Dinge heute einer geraden Linie, unzählige Handlungsstränge laufen parallel, haben Vernetzung zu anderen Themen und Vorhaben. Das alles noch zu durchschauen, ohne entkräftet aufzugeben, ist eine Kunst, die man lernen muss.

- **Neue Arbeitsformen**: Die Arbeitswelt birgt viele berufliche Unsicherheiten. Hatte man vor wenigen Jahren noch das Gefühl, dass, wenn man bei einem der großen Konzerne arbeitet, man ausgesorgt hat und das Arbeitsleben und stetiges Einkommen bis zur Rente gesichert ist, so muss man heute zur Kenntnis nehmen, dass gerade die großen zu Tausenden rausschmeißen, wenn der Aktienkurs nach oben steigen soll. Nicht mehr nur die festen Arbeitsverhältnisse bestimmen das Bild in Unternehmen, Leiharbeitnehmer-Arbeitsverhältnisse, Werkverträge, befristete Arbeitsverträge und freie Mitarbeit werden immer öfter die Basis der Zusammenarbeit. Flexibilität auf der Seite der Unternehmen erzwingt Flexibilität bei den Mitarbeitern. Berufliche Laufbahnen werden immer mehr zur Mosaik-Karrieren, bei denen sich abwechselnde Formen der Arbeit am Ende eines Arbeitslebens ein buntes Gesamtwerk ergeben. Heute angestellt, morgen selbstständig, übermorgen als Leiharbeitnehmer an Bord. Die Flexibilität wird eine notwendige Eigenschaft für eine erfolgreiche Gestaltung unseres Berufsalltags werden.
  Es stellt sich deshalb die Frage, wie man sich damit mental arrangieren wird. Denn die nötige Flexibilität bringt auch stetige Instabilität und berufliche Unsicherheit mit sich. Über Jahre im Voraus zu wissen, wie der eigene berufliche Lebensweg verlaufen wird, wird zum Ausnahmefall.
- **Globalisierung und Virtualisierung:** Es gibt kaum noch Unternehmen, die nicht über die Grenzen des eigenen Landes hinaus aktiv sind und so versuchen, ihren Markt und damit ihren wirtschaftlichen Erfolg zu vergrößern. Das bringt für die beteiligten Menschen mit sich, dass immer mehr Reisen nötig werden, immer mehr Kulturen und Sprachen verstanden und zur Effizienzsteigerung auch immer virtueller miteinander gearbeitet werden muss. Und diese Themen bergen nicht nur neue Herausforderungen, sondern auch neue Stressoren. Welche Reise klappt heute schon wie geplant? Der nächste Stau auf den überlasteten Straßen, der nächste Fluglotsenstreik oder eine ausgefallene Klimaanlage im Zugabteil bei 40 Grad machen das „Abenteuer Reisen" zumindest beruflich zu einem Stressor, denn Terminpläne sind eng und kommen ins Wanken, sobald in der Kette der Handlungen etwas stockt. Und wenn man dann ankommt, hat man z. B. zwar englische Sprachkenntnisse als Verständigungsbasis, aber häufig werden interkulturelle Kompetenzen vorher nicht vermittelt und man redet

aneinander vorbei. Dann ist man froh, wenn man endlich wieder daheim ist, wo man sich versteht. Um sich die nächste Reise zu ersparen, stehen immer häufiger Kommunikationsanlagen zur Verfügung, bei denen man sich nicht nur hört, sondern auch sieht. Eine deutliche Entlastung, aber auch eine große Gefahr, denn 80 % der zwischenmenschlichen Kommunikation läuft nonverbal und die oft ruckeligen Bilder können dies nur begrenzt übermitteln. „Sich verstehen geht anders", mag man meinen, und das zu Recht.

- **Projekte statt Linie:** Immer mehr Arbeit wird nicht mehr in der klassischen Linienorganisation erledigt, da diese ihre Stärken nur in eingespielten Arbeitsprozessen, aber nicht in den sich dynamisch verändernden Rahmenbedingungen freisetzen kann. Deshalb werden immer häufiger insbesondere einmalige, große und komplexe Vorhaben, von denen viel abhängt, in parallel zur Linie agierende Projektorganisationen überführt. Eigentlich ein sinnvolles Vorgehen, da sich auf die Herausforderungen speziell aufgestellte Teams viel schlagkräftiger um solche Themen kümmern können. Bis hierhin ist alles o. k. und es wäre „einfach nur" nötig, mit professionellen Projektmanagement-Prozessen und -Know-how sowie einer guten Kommunikation und Abstimmung mit der Linienorganisation voranzuschreiten. Aber leider werden viel zu viele Aufgaben zu Projekten gemacht und diese müssen von der Linie nebenher betrieben werden. Ein „Projekt-Overkill" entsteht, unter der die Belegschaft früher oder später zusammenbricht, wenn man nicht einen Weg findet, wie man das Ausmaß an Projekten mit den zur Verfügung stehenden Ressourcen in Einklang bringen kann.
- **Das Privatleben wird komplizierter:** Als Familienvater mit drei Kindern darf ich aus eigener Erfahrung sagen, dass neben den ganzen Veränderungen der Arbeitswelt genauso viele zusätzliche Anforderungen an die erfolgreiche Gestaltung des Privatlebens bestehen. Es grenzt für mich immer wieder an ein Wunder, wenn die Bedürfnisse aller in einer Familie irgendwie zufriedenstellend erfüllt worden sind, sobald man abends geschafft zu Bett geht. Während der eine Sohnemann mit den heutigen hohen Anforderungen der Schule kämpft, ist der andere Dauerlieferant der wildesten Seuchen aus der Kita, die jedes Mal die ganze Familie reihum heimsuchen. Und der dritte Bengel lernt gerade das Gehen und spielt im Haus „Unfall- und Gefahrensucher", sodass man entweder Blessuren und Geschrei managen oder volle Windel wechseln muss. Und wenn dann der Elternzeit-nehmende Part in der Familie noch nebenberuflich etwas „im Job" bleiben will, dann wird es richtig schwierig und die tägliche Schul-, Freizeit- und Berufs-Jonglage wird zur logistischen und planerischen Meisterleistung, bei der nichts schiefgehen darf. Sobald „Kollege-Kita-Schnürschühchen" dann krank darniederliegt und zu Hause versorgt werden muss, bricht das filigrane Kartenhaus in sich zusammen.

Und wenn man – was heute angesichts des demografischen Wandels und der Zunahme der Single- und kinderlosen Haushalte zunimmt – von den oben beschriebenen komplexen Familienfreuden nicht betroffen ist, dann verbleiben noch die vielen zunehmend komplexer werdenden Herausforderungen des täglichen Lebens. Bis man alle für das heutige Leben (angeblich) notwendigen Versicherungen abgeschlossen, alle Social-Media- und privaten E-Mail-, Dating- und Shopping-Portal-Accounts gepflegt, die private Altersvorsorge geplant, die Lieblingsserie im Fernsehen programmiert und geschaut, die zahlreichen Sport- und sonstigen Vereinsmitgliedschaften bedient, den Kühlschrank und Vorratskeller aufgefüllt, den Steuer- und sonstigen Pflichten nachgekommen ist und den Hausbau oder die Weltreise als Projekt sauber geplant hat, verbleiben dann neben dem Job noch 5 Minuten auf der Couch, bevor einem die Augen zufallen.

Unter all den gerade benannten Herausforderungen, die sicher keine vollständige und abschließende Liste ergeben, muss man einen Weg finden, auf dem man erfolgreich durchs Leben gehen und dabei gesund bleiben kann – die Erschöpfungskrankheit Burnout lauert vor der Tür. „Das Leben ist kein Ponyhof" hat man schon als Kind verstanden, aber dass es eine solche Vielzahl von Erschwernissen bereithält, das hat uns keiner gesagt, als unsere Mütter uns aus ihrem heimeligen Schoß ins Leben entließen. Weil es aber nun einmal kein Zurück gibt in diesen Schoß, müssen sich die Menschen rüsten, damit einem das Ganze nicht um die Ohren und man selbst aus der Kurve fliegt. Und genau hier kommt dies in Ihren Händen befindliche Buch ins Spiel!

2 Zeitmanagement: Schlüsselqualifikation 1 für moderne Überlebenskünstler

Wenn Sie dieses Kapitel 2 über Zeitmanagement gelesen haben, werden Sie sagen: „Eigentlich keine Atomphysik und irgendwie keine mystischen Geheimnisse, die der Autor da von sich gibt!" Und damit haben Sie vollkommen Recht! Zeitmanagement besteht zu 30 % aus GMV (Gesunder Menschenverstand) und zu 20 % aus Methodenwissen mit hilfreichen Tipps (zu finden in zahlreichen Büchern). Und die restlichen 50 % beinhalten etwas durchaus Mystisches, ein Geheimnis, wenn auch nicht im positiven Sinne: Sie bergen das Mysterium, warum man Zeitmanagement eigentlich nicht so betreibt, wie die ersten 50 % es einem nahelegen.

Dafür gibt es viele Gründe. Manche davon wird mein Co-Autor Dr. Spörer in den Neuro-Kapiteln und -Tipps erklären, wenn er den aktuellen Stand der Neurowissenschaft zu Rate zieht. Die meisten aber haben — und das werden Sie auch ohne den Griff in die Neuro-Kiste nachvollziehen können — etwas mit Ihnen zu tun. Mit Ihrer Komfortzone, in der Sie sich wohlfühlen. Mit dem, was und wie Sie sich angewöhnt haben, zu denken, zu arbeiten, zu entscheiden, zu fühlen etc. Außerhalb dieser Komfortzone ist das Leben anstrengender, so denkt man. Aber so ist es nur für den kurzen Moment, in dem man aus der Komfortzone heraustritt und sich in neue Verhaltens- und Denkweisen hineinbegibt, danach wird es schnell angenehmer. Aus diesem Grund sollte man Zeitmanagement als eine wichtige Schlüsselqualifikation zur Ausweitung und Neudefinition der Komfortzonen und für das Überleben in dynamischen Zeiten verstehen und sie als solche wertschätzen und sich nachhaltig aneignen.

Neuro-Tipp

Aus neurobiologischer Sicht haben wir einen riesigen Speicher (unsere Großhirnrinde), mit dem wir theoretisch unbegrenzt Wissen aufnehmen können. Praktisch scheitert es an der Kapazität unseres Arbeitsspeichers (Teile unseres Stirnlappens, des Präfrontalen Cortex), der bereits mit wenigen gleichzeitigen Informationen überfordert ist. Dieser Arbeitsspeicher ist der Flaschenhals, durch den das Wissen zunächst durch muss. Der Rest an Informationen wird einfach aussortiert. Wissenserwerb hat biologisch viel mit der geschickten Nutzung des Arbeitsspeichers zu tun. Diesen nutzen wir am besten, indem wir ihm die wichtigen Informationen **besonders hervorgehoben** präsentieren und uns mit weniger bedeutenden Informationen nicht lange aufhalten.

Heben Sie wichtige Informationen hervor.

Wenn viele Inhalte des Zeitmanagement-Kapitels bereits zu Ihrem persönlichen Handwerkszeug gehören, werden Sie sich am Ende bestätigt und entlastet fühlen („ich mach das doch alles schon ganz gut, dann bin ich mit mir doch mal versöhnt"). Aus vielen Trainings und Coachings weiß ich aber, dass viele Bestandteile professionellen Zeitmanagements außerhalb der üblichen Komfortzonen liegen und nicht immer ganz leicht in das zukünftige Verhaltensspektrum überführt werden können. Darum beginne ich die Ausführungen nicht gleich mit Methoden, Tipps und Tricks, sondern möchte mit Denk- und Lernstrukturen, Grundlagenwissen und einigen Anregungen zur eigenen Einstellung einen Unterbau schaffen, der das Fundament für erfolgreiche Änderungen im eigenen Umgang mit der Zeit bildet.

Der Zeitmanagement-Propeller: ganzheitliches Konzept für Nachhaltigkeit

Wenn ein Unternehmen Geld für Personalentwicklung vergeuden möchte, dann sollte es einen einzelnen Mitarbeiter, bei dem Zeitmanagement-Kompetenz vonnöten ist, zu einem externen Seminar entsenden. Dort lernt dieser dann sicherlich gute Methoden für ein besseres Zeitmanagement und erhält wichtige Impulse. Sobald er aber wieder in sein Arbeitsumfeld zurückgekehrt ist, kämpft er auf einsamen Posten bei der Umsetzung seiner guten Vorsätze. Er wird behindert, belächelt („warst Du mal wieder auf einem Seminar oder was soll der Quatsch?") und unterlaufen durch die Kultur und die bestehenden Gewohnheiten, Prozesse und Rituale der Organisation. Im besten Falle wird ihm bei Verbesserungsvorschlägen noch interessiert zugehört, aber für echtes Mitmachen fehlen der Elan und die Überzeugung. Und so wird auch der Seminarbesuch bei dem betroffenen Mitarbeiter bald wieder vergessen sein und er macht weiter wie bisher. Ich hingegen glaube an die Kraft von Inhouse-Trainings, bei dem ganze Teams lernen, was man verbessern kann, und sich dann gegenseitig ermutigen, neu Erlerntes nachhaltig beizubehalten.
Wie man auch immer die Entwicklung von Zeitmanagement-Kompetenz angeht, in jedem Falle muss man berücksichtigen, dass es mit einem Training nicht getan sein wird. Was alles dazu gehört, bis sich nachhaltige Erfolge einstellen, habe ich in dem nachfolgend dargestellten Zeitmanagement-Propeller abgebildet, der eine Beschreibung für ein Gesamtkonzept sein soll:

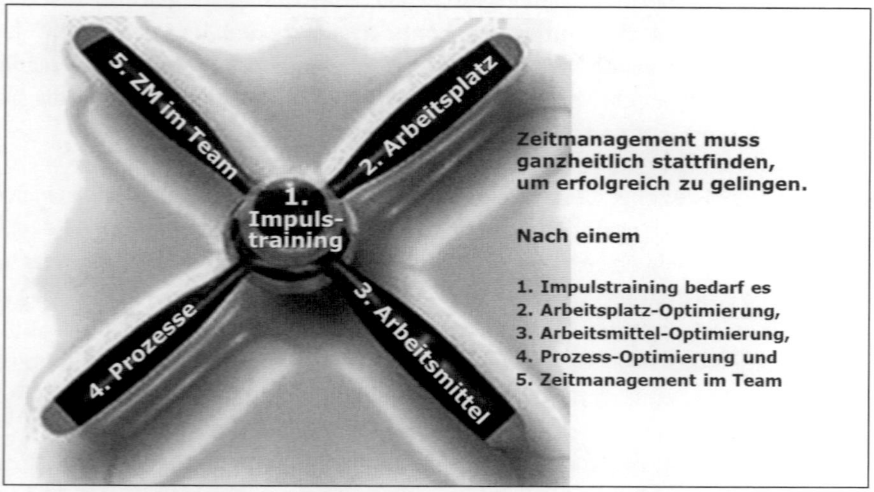

Abbildung: Der Zeitmanagement-Propeller

Ein Training kann Impulse geben, Methoden und Tipps vermitteln, zum Nachdenken anregen und aufrütteln. Nach einem solchen **Impulstraining** (meist ein, idealerweise zwei Tage lang) benötigt man weitere Maßnahmen und oft auch Hilfestellungen, wie man seinen **Arbeitsplatz** effizient einrichtet und wie man die Nutzung und damit den Nutzen von Arbeitsmitteln erhöht. Machen wir uns nichts vor, unsere **Arbeitsmittel**, insbesondere unsere IT-Ausstattung, verstehen und nutzen wir doch nur an der Oberfläche. Wenn man wüsste, was die Software auf unseren Rechnern alles könnte, wenn wir nur wüssten, wie man sie richtig bedient, dann würden wir ungeheure Potenziale heben. Aber der Mensch neigt zu „Try and Error" und erschließt sich so nur langsam und auch nie vollständig die Möglichkeiten seines Equipments. Und Unternehmen verbinden die Einführung von Equipment und Softwarelösungen nicht automatisch mit der dazu gehörigen Personalentwicklung, sodass ein Lernen durch Ausprobieren das oft übliche Vorgehen wird.

Da wir in der Regel in **Prozesse im Unternehmen** eingebunden sind, steckt hier ein weiteres zu hebendes Potenzial für alle Beteiligten. Schlechte Prozesse behindern auch gute Zeitmanager und bremsen diese da, wo eigentlich Produktivität freigesetzt werden sollte. Um den Propeller noch zu vervollständigen, sollte man unbedingt auch im **Team** besprechen, was man in der Zusammenarbeit optimieren kann und welche Spielregeln dabei helfen können, die Umsetzung der Impulse aus dem Training nachhaltig zu unterstützen.

Mit diesen Bestandteilen ergibt sich ein funktionstüchtiger Propeller, der der Verbesserung des Zeitmanagements des Einzelnen und der Teams kräftig Rückenwind geben kann. Sobald aber ein Flügel des Propellers beschädigt ist oder verlorengeht, bekommt die ganze Sache eine Unwucht, die die Schubkraft schwächt und damit den Erfolg verringert.

Die Flügel des oben beschriebenen Propellers beinhalten Themen, die man in einem einzelnen Buch nicht befriedigend und umfassend erklären kann, da sie sehr individuell und vielfältig sein können. Allein die Anzahl der möglichen Softwarelösungen und die unzähligen Prozesse verbieten den Versuch. Auch kann man den Ablauf und die Inhalte eines Zeitmanagement-Workshops im Team schlecht als „Leitungslösung" vordenken, da in einem solchen Workshop speziell zugeschnittene Fragestellungen und sich daraus ergebende Arbeitsschritte behandelt werden sollten. Deshalb konzentriert sich dieses Kapitel auf die Inhalte eines Impulstrainings, das in sich geschlossen plausibel und vollständig vorgedacht werden kann. Mit dem Bild des Zeitmanagement-Propellers möchte ich Sie aber auf die Notwendigkeit hinweisen, die angesprochenen Felder in Ihre Betrachtung einzubeziehen.

Goldene ZuP-Regel

Funktionierendes Zeitmanagement benötigt mehr als nur Wollen und Wissen. Optimieren Sie neben Ihrer ZuP-Kompetenz auch Ihre Arbeitsplätze, die Arbeitsmittel, die Prozesse und die Zusammenarbeit im Team!

2.1 Die Zeitmanagement-Uhr

Wenn man alle Bücher über Zeitmanagement kaufen und lesen würde, hätte man lange Regale voll an Ratgebern. Doch vieles wiederholt sich, was an der bereits erwähnten Tatsache liegt, dass letztlich alles GMV-basiert ist und oft der eine Autor und Trainer von dem anderen die besten Dinge übernimmt. Sollten Sie bereits ein Buch über Zeitmanagement gelesen haben, so werden Sie hier ebenfalls ein paar Dejavus haben und grundsätzliche Ähnlichkeiten feststellen. Neben diesen Standards finden Sie im Folgenden aber auch Neues, was ich selbst entwickelt habe, wie z. B. die Zeitmanagement-Uhr.

Für ein funktionierendes Zeitmanagement ist es unbedingt nötig, sich eine eigene Wissensstruktur zu schaffen, in der man das Erlernte abspeichert. Ich habe dafür — naheliegend beim Thema Zeitmanagement — eine Struktur entwickelt, die den Bestandteilen einer Uhr folgt. So benötigt man bekanntlich Zeiger, ein Zifferblatt, ein Gehäuse, und ein Werk für eine funktionstüchtige Uhr. Jeder Bestandteil steht hier für ein wichtiges Element des Zeitmanagements.

Die Zeitmanagement-Uhr: Lernstruktur für das Methodenwissen

1. **Die Zeiger:** Grundlagenwissen und die „richtige Einstellung"
2. **Das Zifferblatt:** Methoden und Prinzipien des Zeitmanagements
   1. **Die Masterregel:** E^3 und das Magische Viereck des Zeitmanagements
   2. **die großen 3 P´s**
      1. **P**rofitieren
      2. **P**lanung: „my-Time-AG"
      3. **P**rioritäten: Eisenhower-Prinzip
3. **Das Gehäuse:** Zeitmanagement im Team
4. **Das Uhrwerk:** Konsequenz im Handeln
5. **Das Armband:** Tools und Hilfsmittel

Abbildung: Die Zeitmanagement-Uhr

An dieser Stelle darf ich Ihnen als Uhrensammler einen persönlichen Rat geben: Kaufen Sie sich mindestens einmal im Leben eine richtig gute und möglichst mechanische Uhr. Eine, bei der Sie zittrige Finger bekommen, wenn Sie beim Bezahlen den Pin eingeben. Jeder Blick auf dieses kostbare Stück mit dem leisen, aber stetigen Ticken wird Sie an die noch viel größere Kostbarkeit, an Ihre begrenzte Lebenszeit, erinnern. Und vielleicht ermuntert Sie es, diese nicht durch unprofessionelles Zeitmanagement zu vergeuden. Übrigens sind teure Uhren auch gute Wertanlagen, Sie geben das Geld also nicht aus, sie legen es nur diversifiziert an ...

2.1.1 Die Zeiger: Grundlagenwissen und die „richtige Einstellung"

2.1.1.1 Was man über die Zeit wissen sollte, bevor man sie versucht zu managen

Das erste, was Sie über Zeitmanagement wissen sollten, ist die platte Erkenntnis, dass Sie die Zeit nicht managen können. Von daher ist der Begriff Zeitmanagement eigentlich totaler Quatsch, aber er hat sich so eingebürgert, dass ihn jeder verwendet. Nicht die Zeit wird gemanagt, man managt sich selbst in der Verwendung seiner Zeit. Denn die Zeit läuft unerbittlich, sie fließt und zerrinnt uns zwischen den Fingern, während wir noch darüber nachdenken, wie man das verhindern kann.

Angesichts dieser heimtückischen Eigenart des Phänomens Zeit, sich einfach zu verflüchtigen, sind sicher Begriffe wie Selbstmanagement oder Selbstorganisation treffender für das, was man im Rahmen des Zeitmanagements erlernen kann.

Um die Tücken der fließenden Zeit besser zu verstehen, empfehle ich Ihnen, sich ein Maßband zu nehmen. Schneiden Sie dieses bei 100 cm ab und rollen es bis zur 80-cm-Markierung zusammen. Wenn wir nun jeden Zentimeter als ein Jahr Ihres Lebens verstehen würden, dann wären 80 Jahre schon ein leichtes Übertreffen der statistischen Durchschnittslebensdauer, also positiv gedacht. Die 20 eingerollten Zentimeter holen Sie heraus, wenn Ihnen auf dem Weg zu 100 Lebensjahren der Arzt eine Bombenkonstitution bescheinigt. So lange sollten Sie realistisch an die Betrachtung herangehen. Nun schneiden Sie den Teil weg, der schon hinter Ihnen liegt. Wenn Sie in meinem Alter sind, ist dieser länger als der übrig bleibende. Das, was jetzt vor Ihnen liegt, ist in Zentimetern bzw. Jahren das, was Sie – positiv angenommen – noch vor sich haben. Sollten Sie das Pech haben, dass schwere Krankheiten Sie heimsuchen, kann dieser Restbetrag auch schnell kürzer und zu einem „Lebens-Stummel" werden. (Diese Erkenntnis habe ich aus dem frühen Tod meiner Mutter gezogen. Mit nicht mal 50 Lebensjahren vom Krebs aus dem Leben gerissen, in dem immer alles wichtiger war als sie selbst und das schöne Leben irgendwann später ausgekostet werden sollte. Nur dass kein Später mehr kam.)

Wenn einem die Zeit davongelaufen ist, kann man sich nicht mal eben einen Nachschlag einkaufen. Zeit steht in keinem Supermarkt-Regal und hat kein Preisschild. Wenn es eines hätte, wären Sie, wenn die Zeit gekommen ist, bereit, jeden zu akzeptieren und Ihre Konten zu leeren, um noch etwas verweilen zu dürfen. Zeit läuft und ist unwiederbringlich verloren in dem Moment, wo sie vergangen ist. Keine Batterie kann sie speichern. Keine guten Vorsätze wie „Später mal, wenn alles besser wird, dann genieße ich die Früchte meines Lebens" werden einen Ausgleich bringen für die verlorene Zeit, das vergangene Leben, das man aus Verzicht für spätere Zeiten nicht jeden Moment genossen hat.

Neuro-Tipp

Verzicht ist biologisch nur dann sinnvoll, wenn Sie gleichzeitig etwas damit verschenken. Verschenken ist nämlich ein Dopamintreiber. Das kann sich darin äußern, dass Sie jemand anderem Zeit schenken, indem Sie zum Beispiel eine Aufgabe eines Kollegen mit erledigen oder auf die Kinder des Nachbarn aufpassen. In unserem Gehirn werden dann Dopamin und damit verbunden Glücksgefühle freigesetzt.

Geben ist seliger denn Nehmen – schon die Bibel war an dieser Stelle neurobiologisch treffend.

„Mann, plaudert der philosophisch daher, ich dachte, ich hätte mir hier einen **ZuP**-Ratgeber gekauft", werden jetzt manche denken. Und in den Sekunden, wo Sie das denken, ist wieder ein Teil Ihrer wertvollen Lebenszeit verflossen, wenn auch ein kleiner — aber weg ist weg. Ich hoffe, dass diese Erkenntnis Ihnen einen Schub geben wird, mit dem Rest Ihrer Zeit, dem Rest Ihres Lebens noch etwas sorgsamer umzugehen und die Tipps in diesem Buch auch umzusetzen.

Hier nun eine kurze Definition von Zeitmanagement:

! **WICHTIG**

Unter Zeitmanagement versteht man den systematischen und disziplinierten Umgang mit der endlichen Ressource Zeit.

Der Zweck des Zeitmanagements ist es, mehr Zeit für die wichtigen Dinge im Beruf und Privatleben einzusetzen, indem man die begrenzte Ressource Zeit richtig verteilt. Ein paar Fragen gibt es allerdings noch zu klären, bevor Sie in den **ZuP**-Ratgeber richtig einsteigen können.

Wer von Ihnen hat die meiste Zeit?

Auf die Frage hin sagte in einem meiner Trainings ein Teilnehmer: „Unsere Buchhaltung!" Auch wenn das ein auflockernder Zwischenruf war, bei dem alle bis auf den Leiter der Buchhaltung herzlich gelacht haben, so war die Antwort natürlich falsch. Denn jeder hat die gleiche Zeit, sie ist das am fairsten verteilte Gut. Ob reich, ob arm, ob blaues oder rotes Blut, jeder bekommt:

24	Stunden am Tag,
168	Stunden in der Woche,
720	Stunden im Monat (bei 30 Tagen),
8.760	Stunden im Jahr,
700.800	Stunden, wenn man 80 wird.

Was ich an dieser Rechnung so erschreckend finde, ist die Vorstellbarkeit der Summe. Man kann sich die Zahl der Lebensstunden vorstellen, das ist eine eigentlich recht übersichtliche Summe, die man zur Verfügung hat. Wenn man jung ist, denkt man, dass man unendlich Zeit hat. Aber jeden Tag wird dieses nach der obigen Rechnung doch wenig beeindruckende Reservoir von schlappen 700.000 Stunden stetig abgeschmolzen, so wie bei einem mächtigen Gletscher, vor dem man steht und denkt, dieses Eis wird sicher ewig da sein. Und dann kommt man Jahre später wieder vorbei und muss feststellen, dass es nur noch eine armselige Eiszunge ist, deren restlichen Jahre gezählt sind. Was man in diesem Bild vom stetig schmelzenden Gletscher sieht, ist das eigene Leben: Das ist Ihr ganz persönlicher 700.000 Stunden Eisblock, der in der Sonne stetig dahinschmilzt, bis er in der Weite des Zeit-Ozeans verschwunden ist. Hübsches Bild für ein Stillleben an der Wand, blödes Bild für ein dahinschmelzendes Leben.

Goldene ZuP-Regel

Die wichtigste Erkenntnis über Ihre Ressource Zeit ist die Tatsache, dass sie endlich und damit unendlich kostbar ist. Im Wissen über diese brutale Erkenntnis würde es schon sehr viel im Zeitmanagement helfen, sorgsam mit dieser Ressource umzugehen. Kein Reichtum dieser Welt kann Ihnen vergeudete Zeit zurückbringen. Also nutzen Sie sie hier und jetzt und in jedem Moment Ihres Lebens weise!

Wenn man Biografien von erfolgreichen bekannten Menschen liest, fragt man sich manchmal: Warum konnten die so viel auf die Beine stellen, die haben doch nach obiger Rechnung auch nicht mehr Zeit als andere? Sokrates hat das sehr schön formuliert:

„Es ist nicht wenig Zeit, die wir haben, sondern viel Zeit, die wir nicht nutzen."

Sokrates, griechischer Philosoph, ca. 470–399 v.Chr.

Wenn der Mann Recht hat, dann mangelt es — im Rahmen der obigen Rechnung — also nicht an Zeit, sondern an der Nutzung derselben. Ich würde das ergänzen wollen: an der richtigen Nutzung!

Wollen Sie mehr Zeit?

Menschen, die ständig zu wenig Zeit haben, wirken wichtig und werden in unserer Gesellschaft entsprechend gewürdigt. Busy zu sein, ist schick, nicht über ständigen Zeitmangel zu klagen, fast schon unschicklich und verdächtig.

Neuro-Tipp

Spannend ist hier die Idee des sich selbst konstruierenden Gehirns. Was uns einige Motivationstechniken seit Langem nahelegen, wird neurobiologisch immer mehr zur Wahrheit. Wenn wir über irgendetwas Abstraktes wie Zeitnot jammern, dann schaffen wir uns viele Neuronen im Gehirn, die Zeitnot wahrnehmen können. Lassen wir das Jammern, ist diese neuronale Bahn nicht so

verstärkt, selbst wenn wir die gleiche Arbeitslast haben. Unglücklich zu sein, bedeutet eben auch: sich in der Wahrnehmung neuronal auf Dinge wie Druck, Not, Stress zu konzentrieren. Wenn Sie also einen entspannten Umgang mit Zeit möchten, dann erzählen Sie auch anderen von Ihrem entspannten Umgang mit der Zeit.

Festigen Sie Ihre neuronalen Bahnen für entspannten Zeitumgang.

Wir reden in Unternehmen zwar über Ergebniskultur und haben oft auch Zielvereinbarungssysteme, bei denen man eigentlich gelassen zu seinen Kollegen sagen könnte: „Kann ich ja nichts dafür, dass Du Dussel so viel Zeit brauchst, um Deine Ziele zu erreichen, ich bin da eben 'ne Spur flotter unterwegs bei meiner Zielerreichung und gehe jetzt ins Fitness Center." Aber die Realität sieht anders aus. „Klagen gehört zum Geschäft" — nur dass dieses Klagen in Unternehmen zum Dauerrauschen mutiert und man nicht mehr heraushören kann, wer wirklich zu viel zu tun hat. Bei dieser Rahmenbedingung bedarf es schon eines gewissen Mutes, die in seinem Job durch professionelles Zeitmanagement erkämpfte Zeit auch für sich persönlich zu nutzen. Und doch sollte man diesen Mut aufbringen. Unbedingt!

Darüber hinaus muss man aber mit der gewonnenen Zeit auch etwas anfangen können. Überprüfen Sie sich selbst mit folgender Checker-Frage:

Was würden Sie mit Ihrer gewonnenen Zeit anfangen, wenn es Ihnen mit gutem Zeitmanagement gelingen würde, jeden Tag 2 Stunden Ihres kostbaren Restlebens zur freien Verfügung zu haben?

Wollen Sie z. B. endlich mehr Zeit für vernachlässigte Hobbies haben, endlich wieder etwas Sport treiben, sich den Kindern mehr widmen oder wollen Sie die Zeit in berufliche Themen investieren, die Ihnen schon lange unter den Nägeln brennen (ein neues Projekt beginnen, mehr Zeit für Mitarbeiterführung einbringen etc.)? Beantworten Sie diese Fragen ehrlich, sonst passiert es, dass Sie unbewusst die erlernten Zeitmanagementtechniken boykottieren. Wenn Sie keinen Grund haben, für den Sie täglich um Ihre kostbare Zeit kämpfen, werden Sie schnell davon ablassen und weitermachen wie bisher. Sir Walter Scott, der Autor von „Ivanhoe, der schwarze Ritter", hat es schön gesagt:

> *„Wenn ein Mensch keinen Grund hat, etwas zu tun, so hat er einen Grund, es nicht zu tun!"*

Sir Walter Scott

2.1.1.2 Die tägliche Energiekurve berücksichtigen

Eine recht einfache praktische Anwendung der obigen Definition „Selbstmanagement im Umgang mit der Zeit“ kann man mit der Berücksichtigung seiner eigenen Energiekurve erreichen. Welche Arbeiten man zu welchem Zeitpunkt während des Tages erledigt, sollte man entlang dieser Energiekurve entscheiden. Sie beschreibt, wie hoch das eigene Energielevel im Verlauf des Tages ist. In der folgenden Abbildung wird die „durchschnittliche“ Energiekurve von Menschen dargestellt. Die meisten Menschen haben am Vormittag ihren Energie-Zenit, an dem sie zu mentalen und körperlichen Höchstleistungen in der Lage wären. Zum Mittag hin bricht die Energie weg, da die Maschine „Körper“ Treibstoff benötigt. Dummerweise verfällt man dann nach dem Mittagessen in eine nachmittägliche Demenz, medizinisch nicht ganz einwandfrei auch „Suppenkoma“ genannt. Da sammelt sich das Blut im Gedärm, um die Verdauungsorgane zu unterstützen. Nachmittags erholt sich die Energiekurve zwar noch einmal, steigt aber lange nicht so hoch wie vormittags. Gegen Ende des Nachmittags fällt sie aber wieder ab und die Batterien sind erstmal leer. Wer in diesem Zustand noch Überstunden knüppelt, muss sich nicht wundern, wenn er die vielen dabei entstehenden Fehler dann am nächsten Vormittag wieder ausbügeln muss. Schade nur, dass man in dieser Hochenergiephase die Aufgaben aus der Überstundenarbeit des vorherigen Abends wahrscheinlich fehlerfrei und in der halben Zeit geschafft hätte. Über den Abend haben manche Menschen erneut einen kleinen Anstieg in der Energiekurve. Man sollte diesen aber einmal analysieren, ob er noch für tiefschürfende geistige Arbeit oder nur für die körperliche Anstrengung im Sportverein oder an Fitness-Geräten reicht.

Abbildung: Energiezyklus des Tages (Leistungskurve)

Bei Spätaufstehern und Langschläfern sieht die Kurve etwas anders aus: Sie steigt erst langsam an, was wohl die Bezeichnung „Morgenmuffel“ (stand einmal in einer meiner eigenen Beurteilungen) verursacht hat. Der Höchststand ergibt sich am Nachmittag.

Sie sollten Ihre persönliche Kurve reflektieren und auf einem Zettel visualisieren: Wann habe ich meinen Energie-Höchststand, wie fühlt es sich gegen Mittag an und wie nachmittags, wann ist der Zeitpunkt für „Ende Gelände“, an dem Sie in den wohlverdienten Feierabend gehen sollten?

Neuro-Tipp

Eine Idee ist auch, die Energie im Team zu messen und daran die wichtigen Meetings oder die wichtigen Aufgaben auszurichten. Als Tests bieten sich Laktat und Blutzucker an, das ist relativ unaufwendig. Es wäre eine kreative Methode, um festzulegen, wann die Entscheidungen im Team am besten getroffen werden sollten. Die Neurobiologie schenkt uns dazu die Einsicht, dass visionäre Entscheidungen am besten getroffen werden, wenn man satt ist — der kritische, prüfende Check einer Idee sollte stattdessen dann stattfinden, wenn man hungrig ist.

Messen Sie die Energiekurve im Team!

Was machen Sie nun mit dieser Erkenntnis?

Überprüfen Sie Ihre typischen Aufgaben eines durchschnittlichen Tages daraufhin, in welche Energiephase sie zeitlich fallen. Wichtige Dinge, bei denen man sich konzentrieren muss und fehlerfrei arbeiten sollte, sollten natürlich in der Hochenergiephase erledigt/angegangen werden, denn nur so erhalten sie die nötige Güte. Routinearbeiten, bei dem man „das Gehirn weitestgehend abschalten“ kann, können auch in der Tiefphase erledigt werden. Einfach gesprochen:

TIPP

Die Wichtigkeit einer Aufgabe sollte mit der Höhe der Energiekurve zusammenpassen!

Wenn z. B. ein Vertriebler einen wichtigen Kunden überzeugen und gewinnen will, dann sollte der Kundentermin nicht gerade auf dem Tiefstand der eigenen Energien liegen. Da brennt einfach die Flamme zu klein, um jemand anderen anzuzünden. Allerdings sollte man dabei auch die Energiekurve der anderen Menschen berücksichtigen. Spätaufsteher, die ihre Meetings gerne in den Nachmittag legen, sind dann im Durchschnitt von müden Gesichtern, schlimmer noch, trägen Geistern umringt, während sie selbst gerade brennen. Leider springt dann aber der Funke auf die anderen nicht über. Als Führungskraft sollte man daher seine Jour fixe und Team-Meetings möglichst vormittags abhalten. Weil die meisten Gehirne dann auf Volllast laufen, gelingt die Kommunikation besser.

Natürlich hat man nicht immer Einfluss auf die Terminierungen, aber dort, wo es möglich ist, sollte man die Energiekurven berücksichtigen. Bei Inhouse-Zeitmanagement-Trainings in Teams kann man die Energiekurven als nach Ähnlichkeiten geclusterte Collage nebeneinander hängen. So kann man leicht sehen, wer mit wem in welchem Zeitfenster zusammenarbeiten oder „meeten“ sollte und wo kreative Phasen bzw. Routinephasen im Team idealerweise ins Tagesgeschehen terminiert werden sollten.

Checken Sie auf Basis der obigen Erkenntnisse Ihren Tagesablauf am besten mit folgenden Fragen:

- Organisieren Sie Ihren Arbeitstag derart, dass Sie aus Ihrem Energiezyklus optimalen Nutzen ziehen?
- Wenn „nein“: Was könnten Sie verändern, um Ihre Leistungshochs besser zu nutzen?
- Welche Tätigkeiten sind unveränderbar (feste Termine etc.)?
- Sind diese wirklich unveränderbar? (ggf. mit Führungskraft/Team sprechen, wenn andere die Termine vorgeben)
- Wann ist Ihre persönliche Deadline für sinnvolle Arbeit bzw. wie hat es sich angefühlt, als durch zu späte oder zu lange Arbeit mehr Schaden als Nutzen entstanden ist? Geist und Körper schalten ja nicht pünktlich auf mentale und physische Inkompetenz um, aber das Gefühl und die Signale, dass es soweit ist, könnten Sie für sich abspeichern und dann entsprechend in Zukunft die Arbeit abbrechen, wenn Sie dieses Gefühl bemerken.

Dass das eben skizzierte „Tages-Management“ kein Kinderspiel ist, das hat schon das Universalgenie Goethe gewusst:

> *„Gegenüber der Fähigkeit, die Arbeit eines einzigen Tages sinnvoll zu ordnen, ist alles andere im Leben ein Kinderspiel.“*

Johann Wolfgang von Goethe,
deutscher Dichter und Universalgelehrter, 1749–1832

2.1.1.3 Der Kampf gegen die Gewohnheiten

Der schwerste Kampf im Rahmen des Zeitmanagements ist wohl der gegen die eigenen Gewohnheiten. Über Jahre eingetretene Pfade sind schwer wieder zu verlassen. Man muss langsam, aber stetig lernen, neue Wege zu gehen und diese als Alternativen zum gewohnten Denken und Handeln einprogrammieren. Lassen Sie uns ein kleines Experiment machen. Nehmen Sie sich dazu einen Schmierzettel und einen Stift zur Hand. Zeichnen Sie ein Viereck und teilen Sie dies mit einer geraden Linie in zwei Teile!

Das war jetzt kein Problem, oder? Nehmen Sie nun ein neues Blatt und zeichnen Sie wieder ein Viereck. Damit es etwas schwerer für Sie wird, teilen Sie bitte dieses Viereck mit einer geraden Linie in drei Teile.

Schon eine Lösung gefunden? Wenn nicht, darf ich Sie mit Ihren Gewohnheiten bekannt machen: „Grüß Gott, liebe Gewohnheiten!“ Sollten Sie die Lösung selbst gefunden haben: „Herzlichen Glückwunsch!“ Entweder kannten Sie in diesem Fall die Aufgabe oder Sie sind wenig beeinflusst von Ihren Gewohnheiten, was bei Menschen erfahrungsgemäß selten der Fall ist. Eine Auflösung finden Sie am Ende des Buches. Bevor Sie aber flott dorthin blättern, versuchen Sie erneut, Ihre Gewohnheiten zu durchbrechen. Dieses zweite Experiment mit einer etwas bekannteren Aufgabe lautet:

Zeichnen Sie 9 Smileys so wie auf der folgenden Seite angeordnet. Nun versuchen Sie mit maximal vier geraden Strichen, ohne den Stift abzusetzen — also in einem Schwung —, alle Smileys zu verbinden.

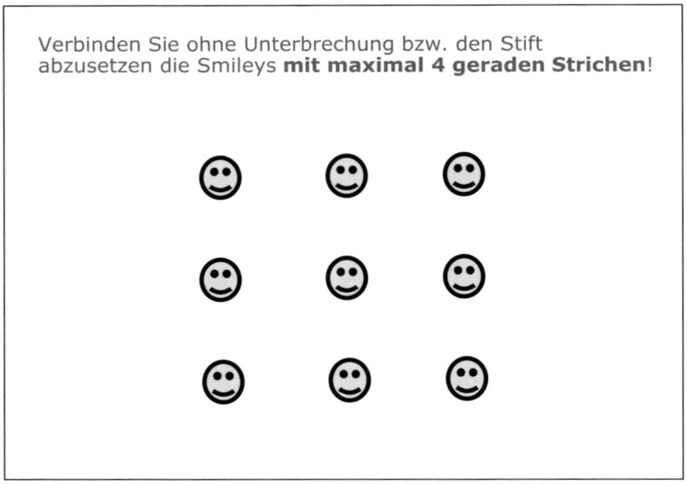

Abbildung: Gewohnheiten Übung 2

Wenn Sie eine Lösung gefunden haben, haben Sie „out of the box" gedacht. Wenn nicht, stecken Sie wiederum in den Grenzen Ihrer Gewohnheiten fest. Auch für diese Aufgabe finden Sie am Ende des Buches eine Lösung. Bevor Sie flugs nachschauen, versuchen Sie sich vielleicht noch an einer Lösung, indem Sie die nachfolgende Kreativitätstechnik anwenden: Querdenken hilft „Kopfbarrieren" zu durchbrechen. Überlegen Sie, welche Rahmenbedingung Sie schnell und gewohnheitsgemäß als gegeben angenommen haben. Beim Viereck haben Sie sicher angenommen, dass üblicherweise alle Ecken auf dem Umfang liegen müssen. Sie haben sich daran einfach gewöhnt, und obwohl Sie mutig die Form des Vierecks verändert haben, hat die eine gerade Linie nicht für eine Teilung in drei Teile gereicht.

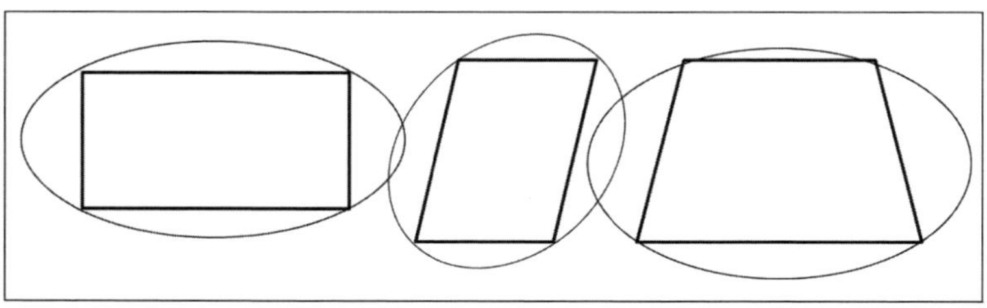

Abbildung: gewohnte Vierecke

Durchbrechen Sie diese Annahme – sie steht nicht in der Aufgabenstellung!

Bei dem Smileys sehen Sie eine unsichtbare Grenze entlang der Außenkante und haben sicher angenommen, dass dies die begrenzte Spielfläche ist, die nicht verlassen werden darf. Durchbrechen Sie auch diese Annahme, sie steht ebenfalls nicht in der Aufgabenstellung!

Neuro-Tipp

Schon die Idee, dass wir die Realität sehen, ist abwegig. Wir sehen eine berechnete oder konstruierte Abbildung der Realität. Sie alle kennen die Bilder mit der Perspektivverzerrung, Sie wissen, dass die Perspektive uns über die Größe der Objekte täuscht, trotzdem können wir es nur so sehen.

Seien Sie sich klar, dass wir eine eingebaute Realitätsverzerrung haben.

Immer wenn Sie ein Problem nicht lösen können, halten Sie inne und erforschen Sie Ihre Herangehensweise nach dem u. g. Vorgehen, ich hoffe, dass Sie dann so manche Gewohnheit erkennen und durchbrechen können.

Abbildung: Querdenken

Diese kleinen Denksportaufgaben mögen nun nicht Ihr alltägliches Geschäft sein. Deshalb hier ein paar typische Gewohnheiten aus dem beruflichen Alltag sowie alternative Verhaltensweisen, um die Gewohnheiten zu durchbrechen und so Zeit zu sparen:

Gewohntes Verhalten	Alternatives Verhalten
Man checkt auf Dienstreisen abends im Hotel ein und morgens nach dem Frühstück wieder aus. Dabei steht man wie alle anderen Dussels in der Schlange.	Checken Sie gleich beim Einchecken auch wieder aus, dann müssen Sie nur einmal anstehen. Und abends freuen sich die Mitarbeiter am Desk, dass mal wieder ein Gast ankommt, und behandeln diesen ohne Stress und zuvorkommend.
Man fährt morgens immer zur gleichen Zeit zur Arbeit und steht wie alle anderen Lemminge im Rush-Hour-Stau. Abends wiederholt sich das gleiche Spiel.	Wenn es Ihre Arbeitszeitrichtlinien zulassen, starten Sie morgens und abends die Anreise vor oder nach der Rush Hour. Man kann morgens und abends auch mal seine Telefonate oder Mails von zu Hause aus erledigen und früher oder später ganz entspannt losfahren.
Man schreibt seine Begrüßungs- und Abschiedsformeln in Mails händisch hinein. Und dies zahlreiche Male am Tag.	Hinterlegen Sie für alle Mails und Mailantworten Ihre Begrüßungs- und Fußzeilen als Muster, dann ergänzt das System es automatisch bei jedem neuen Mail sowie Antwort-Mail. Sie ersparen sich dadurch das Schreiben der Fußzeile und es sieht auch professioneller aus.
Man arbeitet seine Post im Stapel von oben nach unten ab. Dabei erhalten die Vorgänge am meisten Aufmerksamkeit, die der Zufall als letztes hat eintreffen lassen.	Sortieren Sie Ihre Post auf drei Stapel nach einem einfachen ABC-Prinzip (A = am wichtigsten) oder legen Sie sie in eine Reihenfolge, wenn es nicht zu viele sind (als erstes das Wichtigste). Dann arbeiten Sie alles nach dieser neuen Reihenfolge ab, dadurch fällt im schlimmsten Falle das hinten runter, was auch am wenigsten Einfluss auf Ihren Erfolg hat. Zum Priorisieren mehr im Kapitel 2.1.2.2.1 mit dem Eisenhower-Prinzip.

Unbenommen ist der Kampf gegen die eigenen Gewohnheiten ein schwieriger. Aber wenn man ihn nicht mutig aufnimmt, werden alle guten Ratschläge mit der Zeit durch die Gewohnheiten wieder zurückgedrängt und man arbeitet weiter, wie man es vorher getan hat. Der Kampf ist aber zu gewinnen, wenn man sich hartnäckig bemüht und sein Verhalten „umtrainiert“. Dazu muss man sein Gehirn auf Trab halten, denn nur was trainiert wird, bleibt flexibel.

Hierzu finden Sie noch eine kleine Übung: Schreiben Sie bitte Ihren Namen schnell, aber leserlich auf ein Stück Papier. Das ging doch reibungslos, werden Sie sagen. War ja auch Ihre gewohnte Hand, die Sie verwendet haben. Nun nehmen Sie die andere Hand und schreiben erneut Ihren Namen schnell und leserlich. Das wird erfahrungsgemäß ganz schön hakelig verlaufen und sich „eckig“ anfühlen — eben ungewohnt. Wenn Sie aber mit dieser anderen Hand Ihren Namen 10mal aufschreiben, dann wird es langsam besser. Genauso ist es mit alternativen Verhaltensweisen, man darf sie eben nicht nach wenigen Malen wieder ad acta legen, sondern muss sie eintrainieren, dann gehen sie irgendwann genauso leicht von der Hand wie die vorherigen Gewohnheiten.

Das Gehirn bleibt flexibler, wenn Sie ab und zu mal Dinge ganz anders machen. Putzen Sie sich die Zähne und rasieren Sie sich mit der linken Hand (wenn Sie Rechtshänder sind, sonst natürlich umgekehrt), nehmen Sie die Kaffeetasse mit links, fahren Sie einen alternativen Weg zur Arbeit oder suchen Sie sich einen neuen TV- oder Radiosender aus. Alles Kleinigkeiten, aber man kommt damit aus seinem alten Trott heraus.

2.1.1.4 Stress beginnt im Kopf

Keine Angst, dies wird keine langatmige Abhandlung über Stress. Ich möchte Ihnen aber meinen vielleicht recht „unmedizinischen" Umgang mit dem Thema vorstellen. Losgelöst von psychologischen und medizinischen Betrachtungen über Stress, die ich mir nicht anmaßen möchte, kann Ihnen die nachfolgend beschriebene Betrachtung vielleicht helfen, manches gelassener zu sehen. Bei mir hat es jedenfalls geholfen:

Stress ist eine Sache der Entscheidung, wie Sie die Dinge bewerten wollen!

Ob Sie ein Glas als halbleer oder halbvoll bezeichnen, verändert den Füllzustand des Glases nicht, aber Ihr Blickwinkel verändert sich. Im Training verdeutliche ich das gerne mit „Kippbildern", bei denen man z. B. eine alte oder eine junge Frau bzw. eine Vase oder zwei Gesichter sehen kann. Die Bilder kippen manchmal und plötzlich sieht man den anderen Inhalt. Aber dazu muss man sich etwas anstrengen.

Neuro-Tipp

Dieses Reframing entstammt aus einer psychologischen Richtung: Wir haben über unseren Verstand die Möglichkeit, ein und dieselbe Sache aus einem anderen Blickwinkel zu sehen. So können Krankheiten zu Chancen werden, Kündigungen zur Möglichkeit, den Traumjob zu finden etc.
Voraussetzung dafür ist Training: Es geht wieder um neuronale Bahnen. Wenn wir die positiven Bahnen nutzen, werden wir immer häufiger unsere positiven Netzwerke nutzen (Dopamin). Im negativen Rahmen nutzen wir dann eher die noradrenergen Netzwerke unseres Gehirns und sehen immer mehr aus dieser Perspektive.

Werden Sie ein exzellenter Reframer, dann kann Ihnen Zeitdruck kaum etwas anhaben!

Dieser Zeitmanagement-Impuls zum Thema Stress soll Ihnen helfen, Ihre persönlichen Perspektiven zu schärfen oder zu wechseln und Einstellungen zu überdenken! Dazu habe ich Ihnen nachfolgend eines dieser Kippbilder eingebaut. Wo sehen Sie die große quadratische Fläche, vorne oder hinten? Oder springt sie vor und zurück?

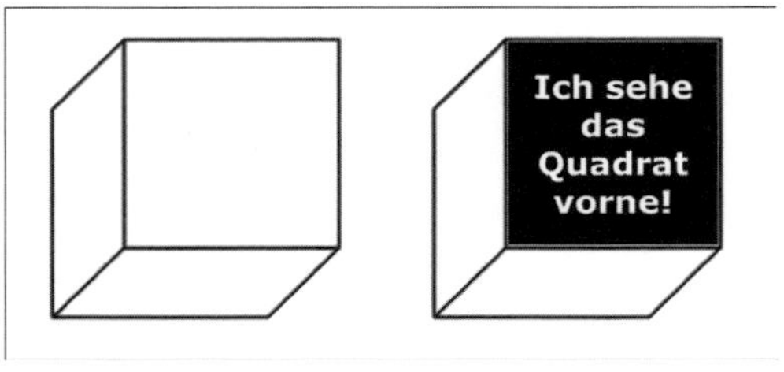

Abbildung: Kipp-Bild – wo sehen Sie die quadratische Fläche, vorne oder hinten?

Was passiert im rechten Bild? Kippt auch das ständig? Durch eine bewusste Entscheidung, wie z. B hier, dass die schwarze Fläche vorne oder hinten ist, können Sie Ihre Sicht der Dinge durchaus beeinflussen und festigen. Im Alltag wäre es z. B. die Entscheidung, ein halbleeres Glas als halbvoll zu empfinden. Das gelingt zwar nicht jedes Mal, aber zunehmend öfter. Auch das schwarze Quadrat kippt sicher bei Ihnen noch manchmal nach hinten. Wenn es aber zunehmend vorne erscheint und bei häufigerer Betrachtung auch genau dieser Eindruck sich festigt, dann sind Sie einen Schritt weiter.

Lassen Sie uns das Stress-Empfinden aus den täglichen Momentaufnahmen des Lebens in einen größeren Zusammenhang heben: Wir erleben täglich in Funk und Fernsehen, dass manche Menschen mit ihrer Lebenszeit riesige Erfolge erreichen und nebenbei noch eine Großfamilie managen. Andere wiederum kriegen ihr Singledasein und den Teilzeitjob nicht „gewuppt“, stöhnen aber in einer Tour, dass sie sowas von gestresst sind und am Rande des Burn-outs stehen. In meinen Trainings und in der Beratung lerne ich viele unterschiedliche Menschen kennen. Bei manchen ist mir schon recht schnell klar, dass sie alles in düsteren Farben sehen, dass die Dinge immer zuerst eine negative Seite haben und viel Überzeugungsarbeit nötig ist, bevor sich diese Annahmen ändern. Andere wiederum erlebe ich als neugierig, aufgeschlossen, positiv gestimmt und selbstbewusst; eben als Menschen, die daran glauben, dass sie ihr Leben und ihr Umfeld positiv beeinflussen können.

Sicher kennen Sie auch Vertreter dieser beiden Denkstile. Die ersteren, die vielleicht als Pessimisten („Alles ist schlecht“), Murphies (von Murphy’s Gesetzen) oder Devils Advocats („Ja, aber...“) bezeichnet werden können, machen einem das Leben schwerer als die Optimisten — insbesondere, wenn man mit ihnen zusammen etwas schaffen möchte. Da denken Sie vielleicht auch gerne: „Gott der gerechte, warum muss ich schon wieder an einen solchen Miesepeter geraten?"

Sich selbst müssen diese „Schwarzseher" selbst verändern, aber Sie könnten z. B. in Zukunft einen anderen Blickwinkel einnehmen und einen solchen Menschen gedanklich folgendermaßen in Empfang nehmen: „Klasse, da habe ich einen, der mir Schwachstellen und Risiken aufzeigen kann, die ich vielleicht nicht mehr sehe, weil ich zu positiv an die Sache herangehe!" Das würde Ihnen den Stress im Umgang ersparen und Ihnen Kraft und Geduld geben. Ich glaube, dass Stress im landläufigen Sinne (also alles das, was an einem frisst und einen belastet) dann entsteht, wenn man sich entscheidet, eine Sache als Problem und belastend zu empfinden. Aber das muss ja wie oben schon aufgezeigt gar nicht immer so entschieden werden. Dazu weitere Beispiele:

Thema	Stressverursachende Betrachtung	Gelassene positive Betrachtung
Ein Problem taucht auf.	Oh gottogott, jetzt wird meine schöne Routine gestört!	Super, endlich mal wieder eine Herausforderung! Ich bin gespannt, wie ich das hinbekomme!
Etwas Neues kommt auf Sie zu.	Ich habe Angst, was das wieder für mich bedeuten wird.	Ich bin neugierig, etwas dazuzulernen und freue mich auf die Abwechslung von meinen eingefahrenen Bahnen.
Ein Prozess wird definiert	Nicht schon wieder eine nervige Zwangsjacke für mein Handeln, muss denn das sein?	Danke für die Entlastung durch diese hilfreiche Gedankenstütze und Arbeitserleichterung! Jetzt muss ich nicht jedes Mal überlegen, wie es geht, und kann mich damit um andere Themen intensiver kümmern.

Suchen Sie Situationen heraus, die Sie üblicherweise als belastend empfinden. Versuchen Sie sich dann, alternative Betrachtungsweisen zu überlegen. Auch hier gilt es, sich diese als eine Art Mantra zu merken und einzureden.

Ich möchte Ihnen noch eine persönliche Situation erzählen, in der ich mich selbst „umentschieden" habe: Geplagt von unscharfem Sehen mit dem rechten Auge (verursacht durch eine Thrombose am zentralen Blutgefäß), musste ich mir mehrfach in einer Augenklinik eine Spritze ins Auge setzen lassen. Ich gehe davon aus, dass Ihr „Kopfkino" sich vorstellen kann, wenn die Spritze ins Auge dringt ... Begleitet wird diese kleine, aber unangenehme OP jedes Mal von einer langen Phase von

Voruntersuchungen und Wartezeiten. Da mir zahlreiche dieser OP's bis zur vollständigen Genesung des Auges prognostiziert wurden, einer ich mich entschieden, anders über diesen Vorgang zu denken: Ich betrachtete die Tage in der Augenklinik als ein willkommenes Zeitfenster, in dem ich meine Vorträge entwerfe, was mir echt Spaß bereitet. Nun also wurde mir alle vier Wochen ein regelmäßiges Zeitfenster „geschenkt" und ich freute mich schon fast darauf, dem nächsten Vortragsthema in der Klinik Kontur geben zu können. Das eingeschränkte Sehen an den OP-Tagen gab mir zudem willkommene Ruhephasen — wertvolle Momente der Besinnung, in denen so mancher unausgereifte Gedanke vollendet werden konnte. Der Moment der Spritze war zwar immer noch kein angenehmer, aber die Zeit davor war nun keine belastende mehr, sondern eine, der ich positiv entgegensah.

Ihren Einstieg in Ihre ganz persönliche Stress-Selbstanalyse können Sie mit einer ganz einfachen Tabelle durchführen:

Wo?	Was gibt mir Kraft?	Was macht mir Stress?	Wie könnte ich Stressiges positiv „umentscheiden"?
Im Beruf			
Privat			

Anhand der Einträge in der Tabelle können Sie erkennen, was Ihnen als starke Säulen Ihres Lebens dient und somit auch Ihre „mentale Batterie" gegen Stress sein könnte. Das, aus dem Sie Kraft zehren, wenn Stressoren gerade eben diese entziehen.

BEISPIEL

Wenn Ihnen privat Ihre (hoffentlich) geliebten Kinder Kraft geben, dann sollten Sie Bilder von ihnen auf Ihrem Smartphone gespeichert oder nach „alter Schule" in der Brieftasche bei sich haben. In einer stressigen Phase im Job, in der z. B. ein viel zu langes und unverständliches Mail gerade droht, den letzten Nerv zu rauben, unterbrechen Sie die Bearbeitung des Mails und lehnen sich mit einem Blick auf ein paar schöne Bilder von Ihren Kindern zurück. Das mache ich regelmäßig und erlebe dann immer wieder einen Moment der Besinnung, in dem ich mir bewusst mache, was mir wirklich wichtig ist im Leben. Und schon verliert das nervige Mail seine „scharfen Zähne".

Viel Stress macht man sich auch, weil einem in der Kindheit und Jugend eingebläut wurde, wie man als Mensch zu funktionieren hat. Solche **Antriebs-Botschaften** sind dann so fest verankert, dass man nicht mehr dagegen verstoßen will. Aus Sicht effizienten Zeitmanagements sind sie aber oft hinderlich. Hier ein paar Beispiele:

1. **Sei perfekt!**
2. **Mach anderen Freude, sei hilfsbereit!**
3. **Beeil Dich!**
4. **Sei stark!**

Als Erwachsener muss man diese Antriebs-Botschaften analysieren und sich dort, wo sie dem Zeitmanagement entgegenstehen, davon lösen und durch **Rechte** ersetzen:

Ich habe das Recht ...

1. **.. Fehler zu machen,** denn Irren ist menschlich und Perfektionismus hilft meist nicht zeitgerecht zum Ziel!
2. **... mich auch um meine eigenen Gefühle zu kümmern** und mich nicht ständig für die Empfindungen anderer verantwortlich zu fühlen!
3. **... mir Zeit zu nehmen** und in der Gegenwart zu leben!
4. **... nicht ständig stark sein zu können/müssen** und meine Gefühle auszudrücken!

Als Vater von drei Jungs ertappe ich mich regelmäßig, wie ich den Bengels die obigen Antriebs-Botschaften einhämmere. Das geschieht mir bestimmt deshalb häufig, weil ich selbst auch noch nicht ausreichend gelernt habe, sie abzulegen. „Beeil Dich" ist auch ganz häufig notwendig, wenn man sein Kind morgens anhalten muss, sich anzuziehen, damit es rechtzeitig den Weg zur Schule antritt. Und abends will man als Elternteil ja auch irgendwann mal Feierabend haben und dann soll sich das Kind natürlich mit dem Ausziehen und Zubettgehen beeilen. Wie soll ein Kind aber später lernen, dass man sich auch mal Zeit für die wichtigen Dinge im Leben nehmen soll, oder die Zeitfalle „nicht nein sagen können" zu vermeiden (dazu mehr in Kapitel 2.1.2.2.3), wenn man es doch jahrelang gehört hat, dass man hilfsbereit sein soll.

Analysieren Sie Ihre inneren Antriebs-Botschaften und hinterfragen Sie bei diesen, welche Einflüsse sie auf Ihr Handeln nehmen. Sie werden merken, dass da einige jahrelang aufgebaute Mauern eingerissen werden müssen.

Die Leitfragen für diese Selbst-Analyse könnten lauten:

1. Was sind meine **inneren Antreiber bzw. meine Werte**, die mein Handeln mitbestimmen?
2. Sind diese **förderlich oder hinderlich** für gutes Zeitmanagement?
3. Will ich sie **ändern oder beibehalten**, weil sie zu meinem Charakter gehören?
4. Wenn ich sie ändern will, wie erinnere ich mich stetig daran, anders handeln zu wollen? (**Mantra**, z. B. „Wenn ich immer anderen helfe, kann ich mir nicht selbst helfen!")

2.1.2 Das Zifferblatt: Methoden und Prinzipien des Zeitmanagements

Nicht jede Methode hat die gleiche Wirkung auf den Erfolg Ihres Zeitmanagements. Manches hilft ein bisschen, manches bietet für Sie einen riesigen Hebel zur Zeitersparnis. Um die grundsätzliche Priorisierung der einzelnen Methoden zu erklären, habe ich die **Methoden-Pyramide** entwickelt.

Die Pyramide veranschaulicht, dass grundsätzlich für ein gelingendes Zeitmanagement ein gutes festes Fundament vorhanden sein muss. Dieses wird durch Ihre **Einstellung zum Zeitmanagement** gebildet, die im vorangegangenen Kapitel näher beleuchtet wurde. Wenn Sie ein starkes Leitmotiv, z. B. durch Ihr oben empfohlenes Mantra, haben, dann wird Ihr GMV den Rest tun. Wenn Sie das nicht haben, bauen Sie die weiteren Methoden der Pyramide auf Treibsand. Und was darauf gebaut wird, steht bekanntlich nicht lange, bevor es in der Versenkung verschwindet.

Auf diesem Fundament baut als Erstes das **Magische Zeitmanagement-Viereck** auf, denn dieses hat von allen Methoden die größte Auswirkung auf Ihren Zeitmanagement-Erfolg. Dieses von mir entwickelte Prinzip hat an seinen Ecken die vier wichtigsten Fragen, die Sie sich beantworten sollten, bevor Sie handeln.

Als nächstes sollten Sie die **drei großen Ps** berücksichtigen. Mit dieser Kurzform bezeichne ich die drei wichtigen Vorgehensweisen:

1. **P**riorisieren (hierunter verbirgt sich das Eisenhower-Prinzip)
2. **P**lanung
3. **P**rofitieren (hierunter verbergen sich die bekannten Zeitfallen, -diebe oder -fresser)

Wenn man diese Elemente der Pyramide selbst erfolgreich angewendet hat, muss auch die Zusammenarbeit im Team erfolgreich laufen. Hier gibt es Prinzipien und Spielregeln, die Mitgliedern eines Teams dabei helfen, sich nicht gegenseitig beim Zeitmanagement zu behindern.

„Und das soll alles sein?" werden Sie sich jetzt fragen. Jo! Nicht mehr, aber auch nicht weniger benötigen Sie. Und sollten Sie es als zu viel empfinden und sich etwas reduzieren bzw. fokussieren wollen, dann arbeiten Sie sich von unten nach oben vor. So nutzen Sie große Hebel, bevor Sie sich mit den kleineren Hebeln belasten.

Abbildung: Methoden-Pyramide des erfolgreichen Zeitmanagements

Goldene ZuP-Regel

Arbeiten Sie die Zeitmanagement-Pyramide von unten nach oben ab, soweit Sie können! Erst die eigene Einstellung zum Zeitmanagement erarbeiten, dann das magische Viereck, dann die drei großen Ps und dann Zeitmanagement im Team berücksichtigen.

2.1.2.1 Das Zeitmanagement-Viereck

An dieser Stelle des Buches beschreibe ich das im Modell der Zeitmanagement-Uhr als „Masterregel" benannte E^3-Prinzip. Es umfasst die drei wichtigen Faktoren Effektivität, Effizienz und Erfolgreiches Handeln. Die Masterregel lautet deshalb:

Bei allem, was Sie tun, seien Sie effektiv, effizient und erfolgreich im Handeln!

Wenn Sie diese Regel beherzigen, dann haben Sie einen Schlüssel in der Hand, der — richtig angewendet — die Tür zu einem riesigen Zeit-Reservoir öffnet. Dieser Schlüssel hat keinen komplizierten Bart, sondern einfach nur vier Ecken. Reinstecken, Schloss umdrehen und schon geht sie auf, die Tür zu Ihrem erfolgreichen Zeitmanagement. Wie funktioniert dieses magische Prinzip?

Ganz einfach: Bevor Sie in Zukunft handeln, müssen Sie sich nur vier einfache Fragen stellen und beantworten. Die Antworten beinhalten die ganze Magie und bringen Ihnen große Zeitersparnisse. Denn es gilt im Zeitmanagement:

Erst denken, dann handeln!

Damit Sie aber nicht einfach an irgendetwas denken und sich dann wundern, dass es nichts mit der Zeitersparnis wird, lenken die vier Fragen Sie auf die richtigen Denkfelder.

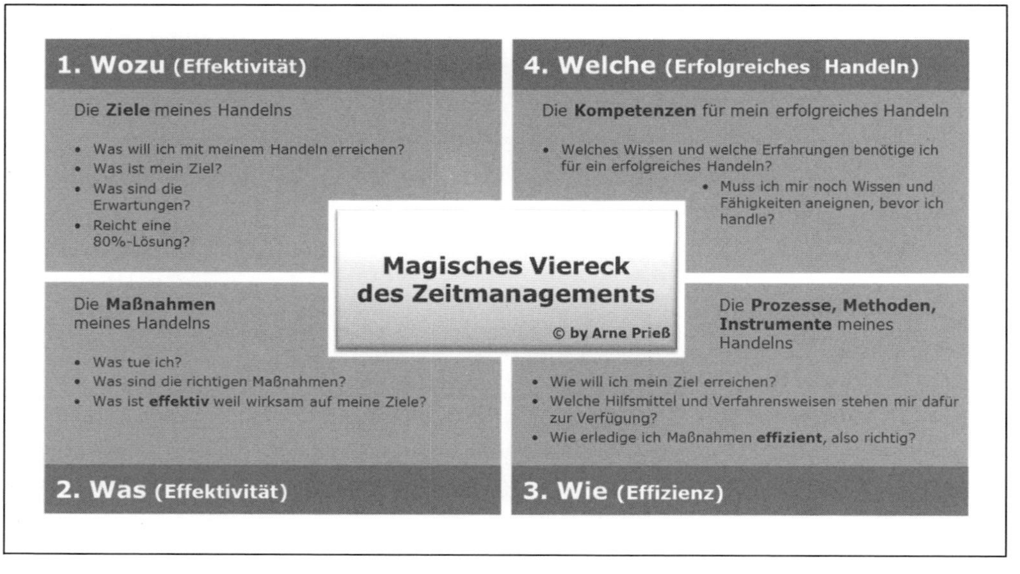

Abbildung: Zeitmanagement-Viereck

Die erste Frage, die Sie sich vor dem Handeln stellen sollten, lautet:

1. Wozu?

Sie ist eine Frage nach **Effektivität** und diese erreicht man, wenn man seine Ziele kennt, um dann wirksame Dinge bzw. Maßnahmen zur Zielerreichung von diesen abzuleiten. Bevor man also schießt, sollte man wissen, was man treffen will. Das hilft ungemein, ansonsten ballert man drauflos und trifft alles Mögliche, nur nicht das, was man eigentlich treffen wollte oder sollte. „Aber Spaß hat's gemacht", sagen dann manche, nachdem sie blind losgelaufen sind. Denn Aktion liegt vielen im Blut. Zielen jedoch erfordert Konzentration und das raubt nur Kraft, die man schon für „super Schweißgeruch im Raum" hätte einsetzen können. Aktion bringt gleich sichtbare Ergebnisse, über Ziele nachdenken wirkt zögerlich. Und Macher wollen Ergebnisse schaffen. Dumm dann nur, wenn es Ergebnisse sind, die keiner brauchen kann.

Vielleicht haben Sie folgenden Satz schon gehört: „Als wir unser Ziel aus den Augen verloren haben, verdoppelten wir unsere Anstrengungen!" Soll angeblich Tom Sawyer zu Huckleberry Finn gesagt haben, als sie auf dem Mississippi unterwegs waren.[1] Ich habe den Satz in ähnlicher Form schon unzählige Male gehört. Als BTC (Berater/Trainer/Coach) komme ich oft zu Unternehmen, bei denen alle Mitarbeiter völlig überlastet sind, Berge von Überstunden gemacht werden und Burn-out um sich greift. Bei all dem Einsatz sollte man dann doch denken, dass die betroffenen Unternehmen auch einen betriebswirtschaftlichen Erfolg aufweisen würden. Weit gefehlt, denn Schweißgeruch bedingt nicht unbedingt Erfolg. Sobald man in solchen Unternehmen dann die Frage nach den Zielen der Anstrengungen stellt, eröffnet sich das Dilemma: Keiner weiß so recht, wo es hingehen soll, aber man ist mit doppelter Kraft und unter Volldampf unterwegs. Man muss sich das so vorstellen: Ein Kapitän ruft in die Mannschaft, „Männer, ich habe keinen blassen Schimmer, wo ich hinwill, aber ich erwarte von jedem an Bord, dass er rudert wie ein Ochse, damit unser Schiff mit voller Fahrt den Ozean durchpflügt!" Einen solchen Kapitän sollte man von Bord jagen – erst eine gepflegte Meuterei anzetteln und dann ab ins Beiboot mit einer solchen Führungsniete.

Im eigenen Zeitmanagement ist man häufig selbst der depperte Kapitän. Man kennt seine Ziele nicht genau, man hat auch nicht danach gefragt, wenn man z. B. von seiner Führungskraft einen Auftrag bekommen hat, aber man rudert los, eben

[1] Die Abenteuer des Tom Sawyer, Originaltitel: The Adventures of Tom Sawyer, Mark Twain, 1876.

dann mit doppelter Kraft, um die Richtungslosigkeit zumindest gefühlt auszugleichen. Deshalb immer zuerst sich fragen: **Wozu?** Hiermit werden die konkreten Ziele des eigenen Handelns erfragt. (Zur Kraft guter Ziele lesen Sie auch gerne im Kapitel 4.2.3.3 meine zusätzlichen Erläuterungen.) Weitere hilfreiche Fragen lauten:

- Was will ich mit meinem Handeln erreichen?
- Was sind die Erwartungen meines Auftraggebers (wenn ich einen habe oder auch z. B. meine Führungskraft)?
- Reicht eine 80%ige-Lösung? Oder muss es perfekt sein, was ich abliefere?

Die letzte Frage ist besonders interessant und kann helfen, eine Menge Zeit zu sparen. Daher darf ich Sie mit einer Ausgestaltung des **Pareto-Prinzips** vertraut machen. Dieses Prinzip beschreibt ein Verhältnis von 80 zu 20 in verschiedensten Lebensbereichen.

Im Zeitmanagement sagt man, dass man eine 80%ige Lösung mit 20 % seiner Zeit schafft.

Eine gute Lösung kann man also oft recht schnell erreichen. Und wenn eine gute Lösung dem Auftraggeber reichen würde, sollte man sich nicht um eine perfekte Lösung bemühen. Denn das Pareto-Prinzip beinhaltet, dass man häufig den Schritt von einer guten zu einer perfekten Lösung mit deutlich höherem Aufwand erkämpfen muss, als vorher für das Erreichen der guten Lösung nötig war. Provokant sagt man, dass man die restlichen 80 % seiner Zeit benötigt, um diesen Schritt zu 100 % zu machen. Wenn dieser aber gar nicht nötig ist, verschwendet man viel Zeit für unnötigen Perfektionismus. Von dieser Erkenntnis leitet sich die **GSP-Regel** ab:

GSP = Gut statt perfekt!

So einfach wie sich dies anhört, so schwer ist es aber für manchen, Abstriche an die eigene Erwartung bzw. Messlatte zu machen. Perfektionismus liegt so manchem im Blut, der unter Zeitmangel leidet. „Bei mir gibt es kein gut, ich liefere nur perfekte Sachen ab, darunter mache ich es nicht!“ Diese Denkweise wird im Leben aber auf Dauer nicht belohnt. Denn Aufwand hat ja auch etwas mit Kosten zu tun. Und wenn man für unnötig perfekte Arbeitsergebnisse immer viel zu viel Zeit einsetzt und zu hohe Kosten verursacht, dann ist man zu teuer für den Job. Deshalb ist man gut beraten, den Empfänger/Auftraggeber einer Handlung sorgsam nach seiner Erwartung bezüglich des Ergebnisses, sprich des Zielzustandes, zu fragen: „Wie soll das erwartete Ergebnis aussehen, wenn es fertig ist? Wie muss die Güte sein, reicht gut oder muss es perfekt sein? Und wenn perfekt, was bedeutet das für Sie/Dich?“

Denken Sie an die beste Definition von Qualität:

Qualität ist die Erfüllung der Kundenerwartung!

Qualitätsorientiert bedeutet also, die Erwartungen vom Empfänger einer Leistung zu kennen. Und diese muss nicht immer lauten, etwas Perfektes zu bekommen. Als Berater habe ich das schnell gelernt. Wenn ein Kunde eine erste Skizze von einem Konzept erwartet, ich aber gleich mit preußischer Manier ein saftiges Budget für eine perfekte und detaillierte Ausarbeitung verursache, dann wird spätestens bei der Rechnung rumgemeckert. Und das zu Recht! Stellen Sie sich vor, ein Projekt „Papierloses Büro" zu leiten und Ihr Auftraggeber sitzt auf der Toilette, als er merkt, wie papierlos das Büro nach Ihrer gründlichen Projektarbeit nun ist ... (googeln Sie mal „Projekt Papierloses Büro", es gibt einen schönen Cartoon dazu im Netz).

Sollten Sie als Führungskraft tätig sein, beschreiben Sie Ihren Mitarbeitern bei der Delegation einer Aufgabe oder der Definition eines Zieles die Güte Ihres gewünschten Ergebnisses. Bremsen Sie etwaige Perfektionisten gleich aus. Damit sparen Sie erhebliche Ressourcen in Ihrem Verantwortungsbereich ein und gewinnen große Produktivitätspotenziale, die Sie dann anderweitig nutzen könnten. Und lassen Sie sich reflektieren vom Mitarbeiter, was er verstanden hat und jetzt gedenkt zu tun. Damit ist sichergestellt, dass effektives Handeln beginnt — also nicht nur reden, sondern auch fragen. Denn Führung kommt von Fragen und nicht von Reden. Sonst hieße es ja Rührung.

Sollte das Ergebnis des Handelns zum Zeitpunkt des Starts noch nicht umfassend beschreibbar sein, müssen Zwischenschritte eingebaut werden, bei denen man die Zieldefinition nachreicht, bevor man den größeren Teil seiner Aktivitäten beginnt.

Neuro-Tipp

Ebenso schlimm wie keine Ziele sind sinnfreie Ziele. Ziele sind nur dann wirklich handlungsauslösend, wenn sie von dem Mitarbeiter als lohnenswert wahrgenommen werden. Nur dann entsteht Dopamin im Gehirn, nur dann haben wir diesen Antriebsbotenstoff für den Weg.

Ziele müssen Sinn entfalten!

Da Effektivität im Zeitmanagement so wichtig ist, beschäftigt sich auch die zweite Frage des Vierecks damit:

2. Was tue ich?

Bei dieser Frage geht es um die richtigen Maßnahmen Ihres Handelns. Was aber sind die richtigen Maßnahmen? Es sind diejenigen, die effektiv, weil wirksam auf Ihre Ziele sind. Dummerweise muss man hier mit Annahmen arbeiten und hat zunächst keine Fakten, da die Maßnahmen ja noch nicht getan und somit auf Effektivität geprüft werden konnten. Hier kommt wieder GMV ins Spiel, also Ihr Gesunder Menschenverstand, mit dem Sie sich plausibel erklären müssen, warum die Maßnahmen wohl die gewünschte Wirkung auf das Erreichen der Ziele haben werden. Umso erfahrener man in seinem Handeln ist, desto sicherer werden die Annahmen sein. Auch wenn man noch unerfahren ist, weil man z. B. Neuland betritt, bringt allein die Beschäftigung mit der Frage schon viel Nutzen, weil sie einen zwingt, erst zu denken und dann zu handeln — und zwar mit zielgerichteten Aktionen.

Nachfolgend finden Sie zwei Beispiele von effektiven Aktionen, damit Sie ein Gefühl dafür bekommen, was damit gemeint ist:

- Wenn ich ein Problem lösen will, dann beginne ich nicht mit der Lösungssuche, sondern analysiere erst das Problem, damit ich es in seinen Facetten verstehe, und definiere dann den Zielzustand. Alle Lösungsmaßnahmen werden danach viel wirksamer sein können.
- Wenn ich für eine Aufgabe nicht die richtige Kompetenz besitze, dann frage ich im Unternehmen erst nach, wer diese besitzen könnte, und zapfe das Wissen dann bei diesem Kollegen an. Das bringt einen schnelleren Wissenszuwachs, als mich durch den Besuch eines vielleicht viel zu breit angelegten Trainings schlaumachen zu wollen.

Die dritte Frage lautet:

3. Wie tue ich es?

Diese Frage beinhaltet die **Effizienz** Ihres Handelns. Das bedeutet, die richtigen Prozesse, Methoden und Instrumente einzusetzen, um mit möglichst geringem Zeit- und Ressourceneinsatz einen direkten Weg zum Ziel zu beschreiten. Die Antwort auf diese Leitfrage muss natürlich lauten: „Ich tue es in der richtigen Art und Weise!" Aber wie wird etwas richtig getan? Indem man Prozesse, Methoden und Instrumente anwendet, von denen man weiß, dass sie für das jeweilige Handlungsfeld Professionalität sicherstellen. Soll ich ein Projekt leiten, wende ich professionelle Projektmanagement-Methoden an. Hat man in Ihrem Unternehmen mit viel Arbeit Prozesse für bestimmte Vorgänge moduliert, dann sollten Sie diese abarbeiten und nicht irgendwie vorgehen und herumwurschteln. Gibt es eine Checkliste, die jemand aufgrund seiner Erfahrung für zukünftige Situationen erarbeitet hat, dann sollten Sie diese nutzen. Und wenn es keine Hilfsmittel etc. gibt, an die man sich halten kann, sollte man andere fragen oder selbst recherchieren. In Zeiten des Internets findet man für alle Fragestellungen schnell Inspiration, wie man richtig, weil effizient handeln könnte.

Unterstützende Fragen zur Sicherstellung der Effizienz könnten sein:

- Wie erledige ich meine geplanten Maßnahmen effizient, also richtig?
- Wie genau will ich mein Ziel erreichen, was ist die konkrete Art und Weise meines Vorgehens?
- Welche Hilfsmittel, Systeme und Verfahrensweisen stehen mir dafür zur Verfügung, von denen ich ausgehen kann, dass sie ein professionelles Vorgehen beschreiben oder unterstützen?
- Wo finde ich oder bei wem erhalte ich Hilfestellung in der Frage, was richtiges Handeln wäre?

Hier noch zwei provokante Zitate, um Sie etwas anzustacheln:

> *„Effizienz ist keine Frage der Zeit. Nur Dummköpfe machen regelmäßig Überstunden."*
>
> *Lee Iacocca, amerikanischer Industriemanager, geb. 1924*

Wenn ich dieses Zitat in meinen Trainings bringe, dann entschuldige ich mich vorher und verweise auf den Erfolg desjenigen, von dem es ist — weil natürlich alle Teilnehmer in Zeitmanagement-Trainings zu viele Überstunden machen und es gar nicht witzig finden, als Dummköpfe bezeichnet zu werden. Aber man muss sich fragen, warum manche Menschen Imperien aufbauen können in ihrer gleichermaßen zur Verfügung stehenden Zeit (24 Stunden am Tag etc.), während andere mit ihren arbeitsvertraglich vereinbarten 35 Stunden ihr Postfach nicht leer gearbeitet bekommen. Die Antwort auf diese Frage hat sicher etwas mit Effizienz zu tun. Sagt Iacocca, also über den meckern, nicht über mich.

Die zweite These stammt von E. Murphy und wird mit Murphys Law II benannt:

> *„Man hat nie genug Zeit, etwas richtig zu machen, aber immer, um es nochmal zu machen!"*
>
> *E. Murphy*

Dummerweise bringt jedes „Nochmal“ einen erneuten Zeitdruck mit sich, insbesondere, wenn der Zeitplan nur einmaliges Vorgehen eingeplant hatte. Als Berater kenne ich solche Momente gut. Der Kunde hat versucht, ein neues Konzept für etwas zu entwickeln und einzuführen. Dabei hat man mal drauflosgelegt, ohne Ziele und schon gar nicht mit einem Plan. Wenn dann der Karren so richtig im Dreck steckt, holt man sich einen Berater, der es dann richten soll. Aber bitte schön flott, weil man ja eigentlich seine Zeit schon aufgebraucht hat. Ich gestehe meine Dankbarkeit angesichts solcher Vorgehensweisen, von irgendetwas muss man ja leben als Berater …

Neuro-Tipp

An dieser Stelle werden wir häufig von unserer Biologie überholt. Von denen, die unter (Überlebens-)Druck zunächst geplant und viel Energie in eine richtige Strategie gesteckt haben, stammen wir nicht ab. Wenn unser Gleichgewicht durcheinandergerät, dann fangen wir als Erstes an, uns zu bewegen. Toll zu beobachten ist das bei Hunden, wenn deren Gleichgewicht durch Hunger aus den Fugen gerät: Dann planen sie nicht, sondern werden unruhig, suchen, bewegen sich. Evolutionär war diese Bewegungsstrategie bei Bedrohung eine Erfolgsgeschichte. Erst im erwachsenen Arbeitsleben wird nun etwas völlig anderes von uns erwartet, nämlich, zunächst das Ziel zu kennen. Wir müssen uns klarmachen, dass wir an dieser Stelle Energie brauchen, um die Biologie in uns zu besiegen.

Um das Ziel voranzustellen und die Impulse zu unterdrücken, brauchen wir Energie!

Nachdem die ersten drei Fragen Ihre Effektivität und Effizienz im Handeln verstärkt haben, kommt die „Gretchen-Frage“:

4. Welche Kompetenzen benötige ich?

Wirklich **erfolgreiches Handeln** gelingt Ihnen durch die professionelle Umsetzung dessen, was Sie bis hierhin herausgefunden haben. Hier gilt es nun aber selbstkritisch zu analysieren, ob Sie die Fähigkeiten dafür besitzen, das zu tun, was Sie als effektiv und effizient einschätzen. Schlimm wäre es, wenn man an dieser Stelle ignorieren würde, dass man keinen blassen Schimmer von dem z. B. nötigen Fachwissen oder den notwendigen Methoden hat, aber trotzdem loslegt. Ich nenne das gerne „einen falschen Reiter im richtigen Sattel“. Das Pferd ist das richtige, das Zaumzeug und der Sattel sind richtig angelegt, aber der Reiter hat außer schicken Stiefeln keine weiteren Kompetenzen für den Beritt von Pferden. Ein solcher Ausritt endet mit vorhersagbarem Scheitern: Man verendet auf offener Strecke mit seinem Ross oder bleibt abgeworfen im Graben liegen, um im Bild zu bleiben. Wie viel Schaden in Unternehmen abgewendet werden würde, wenn die handelnden Personen vor dem Loslegen sich eingestehen würden, dass noch ein Kompetenzaufbau notwendig ist, um erfolgreich sein zu können, lässt sich schwer einschätzen. Aber ein paar Euros für die Kaffeekasse kommen nach meiner Einschätzung sicher zusammen.

Stellen Sie sich deshalb zur Vermeidung folgende unterstützenden Fragen:

- Welches Wissen und welche Erfahrungen benötige ich für ein erfolgreiches Handeln?
- Was von dem, was es zu tun gilt, kann ich wirklich kompetent?
- Muss ich mir noch Wissen und Fähigkeiten aneignen, bevor ich handle?
- Wenn ja, wie kann ich mir das notwendige Rüstzeug aneignen?

Etwas schulmeisterlich kann man sagen: Erfolgreiches Handeln entsteht, wenn man für effektives und effizientes Handeln die passenden Kompetenzen besitzt, weil man sich durch geeignete Personalentwicklungsmaßnahmen darauf vorbereitet hat.

„Reine Theorie, sowas geht in der Praxis nicht", werden nun viele sagen. Im wahren Leben kann man doch nicht immer erst Trainings besuchen, bevor man etwas tut. Da ist sicher etwas Wahres dran und viele Kompetenzen entstehen oft auch erst im Handeln (auch „Training on the Job" genannt). Ein grundsätzliches, stetiges und konsequentes Ignorieren der vierten Frage mit dem Killerargument „reine Theorie" verbessert aber Ihr Zeitmanagement und Ihren Erfolg auf Dauer nicht. Denn es sind ja nicht die kleinen Unzulänglichkeiten, die unnötig die Ressource Zeit verbrennen, es ist das Rumdoktern bei den großen Dingen, bei denen man inkompetent Schaden verursacht oder viel zu lange herumexperimentiert, als sich vorher einmal schlauzumachen. Sich Kompetenzen anzueignen, muss nicht immer großen Zeiteinsatz und Trainingsbesuche bedeuten. Oft reicht es, mal einen erfahreneren und wissenderen Kollegen zu befragen, mal in einschlägigen Quellen nachzulesen oder kompetente Personen einzubinden, die genau das können, was man selbst nicht kann. Vieles entsteht auch im Team, das man vielleicht gezielt nach dem Bedarf an Kompetenzen zusammensetzen kann, bevor man die Ruder in die See sticht und den Takt anschlägt.

Wenn der nötige Kompetenzaufbau für erfolgreiches Handeln aber mehr Aufwand bedeutet, dann muss dieser im Sinne eines sinnvollen Return on Invest für den Gesamtvorgang auch getätigt werden. Die Alternative wäre inkompetentes Loslegen mit vorhersehbarem Schaden, was sicher eine betriebswirtschaftlich unsinnige

Gleichung darstellt. Im Anschluss eines Scheiterns sich dann hinter der Behauptung zu verstecken, „ich hatte ja weder Zeit noch Geld, um mich vor dem Start noch schlauzumachen“, macht den entstandenen Schaden nicht besser und würde nur beweisen, dass Sie wider besseren Wissens und offenen Auges in Ihr Verderben gerannt sind.

Wenn alle vier Fragen des Zeitmanagement-Vierecks mit angemessenem Aufwand durchdacht und die passenden Antworten gefunden wurden, dann haben Sie das 3E-Modell erfolgreich angewendet. Sie haben kurz gesagt den „3E-Zustand“ erreicht, in dem Sie

1. **Effektivität** mit
2. **Effizienz** und
3. **Erfolgreichem Handeln**

zu Ihrem größtmöglichen persönlichen Erfolg verbunden haben. Denken Sie daran: Erfolg macht sexy!

Goldene ZuP-Regel

Bevor Sie loslegen, fragen Sie sich die vier Fragen aus dem Zeitmanagement-Viereck:

1. **Wozu?**
2. **Was?**
3. **Wie?**
4. **Welche Kompetenzen?**

2.1.2.2 Die drei großen Ps

Als nächstes sollten Sie Ihr Zeitmanagement um die drei „großen P's“ bereichern. Es handelt sich hierbei um drei Vorgehensweisen, die ich in Form einer Alliteration zusammengefasst habe, damit man sie sich einfacher merken kann:

1. **P**riorisieren (hierunter verbirgt sich das Eisenhower-Prinzip)
2. **P**lanung
3. **P**rofitieren (hierunter verbergen sich die bekannten Zeitfallen, -diebe oder -fresser)

2.1.2.2.1 Prioritäten: das Eisenhower-Prinzip

Vertraut man auf Charles-Augustin Sainte-Beuve, dann ist dies der Schlüssel zu persönlichem Erfolg:

> *„Wenn Du Erfolg haben willst, begrenze Dich!“*
>
> *Charles-Augustin Sainte-Beuve, 1804 bis 1869, französischer Literaturkritiker und Schriftsteller*

Wenn man diesen weisen Rat in die Neuzeit überträgt, müsste man es vielleicht so ausdrücken:

! WICHTIG

Erfolg stellt sich ein, wenn man gelernt hat,
sich auf wesentliche Dinge zu **reduzieren**,
seine begrenzten Energien auf seine Ziele zu **fokussieren**
und seine Aufgaben stetig zu **priorisieren**!

Der Erfolg geht einher mit der Tatsache, dass man seine zur Verfügung stehenden Ressourcen auf weniger Aufgaben allokieren kann, anstelle sie im „Ich mache immer alles-Modus“ zu breit zu streuen und damit für die Erreichung etwaiger Ziele oft wirkungslos zu vergeuden.

Was man zum Priorisieren benötigt, sind in jedem Fall die eigenen und die übergeordneten Ziele. Nicht zuletzt deshalb war die erste Frage im Zeitmanagement-Viereck **Wozu**? Als Vorgehensweise zum Priorisieren wird auch heute noch gerne das „Eisenhower-Modell“ herangezogen. Dies beschreibt auf recht einfache Weise, wie man schnell seine Prioritäten herausfinden kann. Zur Einführung dieses Modell nachfolgend eine von mir erfundene Anekdote:

Eisenhower war bekanntlich vor seiner amerikanischen Präsidentschaft (1953–1961) Oberkommandierender der alliierten Streitkräfte West im zweiten Weltkrieg. Als Offizier im Krieg hat man häufig folgendes Problem: Die Kommunikationsverbindungen reißen ab, wenn die Gefechte beginnen, denn Krieg hat meist mit Chaos zu tun. Und dann stehen unterstellte Einheiten da und wissen nicht so recht, was nun Priorität hat. Um diese dumme Situation zu erleichtern, hat „Ike“ überlegt, bedarf es eines schön einfachen Modells, nach dem die unterstellten Führer ihre Prios ableiten können. Und schon war das Eisenhower-Modell geboren.

Wie funktioniert es nun, das Prinzip für Ike's „Ich weiß nicht, was ich tun soll, ich kann meinen Boss nicht erreichen-Situation"? Ganz einfach:

Es gibt zwei Achsen und vier Felder:

1. **Achse 1 bildet die „Wichtigkeit".** Sie kann hoch oder niedrig sein. Nach meinem Verständnis könnte an dieser Achse auch Effektivität stehen, da etwas dann wichtig ist, wenn es auf die Ziele wirksam einzahlt. Wirksamkeit auf Ziele erfordert aber natürlich, wie bereits mehrfach erwähnt, die Kenntnis über die gesteckten Ziele. Wenn ich als General also meine Truppen in die Schlacht führe, ohne ihnen zu sagen, was das Ziel der Aktion ist, nützt auch kein Eisenhower-Modell!
2. **Achse 2 bildet die „Dringlichkeit".** Hier geht es einzig und allein um den Erledigungstermin: Bis wann muss etwas spätestens abgeliefert worden sein? In der Praxis wird darüber nicht immer gesprochen und so überstrahlt mangels Informationen zu Terminen die Achse Wichtigkeit ganz schnell die Terminachse. Dann wird sich beeilt, obwohl es ggf. nicht nötig wäre — also immer den Erledigungstermin erfragen. Und wenn Ihnen „aus der Hüfte" einer zugerufen wird und Sie selbst das Gefühl haben, dass der Termin auf Ihre Frage hin gerade willkürlich festgelegt wurde, dann sollten Sie den Mut haben, noch einmal nachzufragen, in welcher Kette von Terminen dieser Termin steht und was nach genauer Betrachtung der spätestens mögliche Erledigungstermin wäre. Meist entspannt sich dann noch einmal die Terminlage.

Aus diesen beiden Achsen ergeben sich nun vier Felder in einer Matrix (siehe nächste Abbildung).

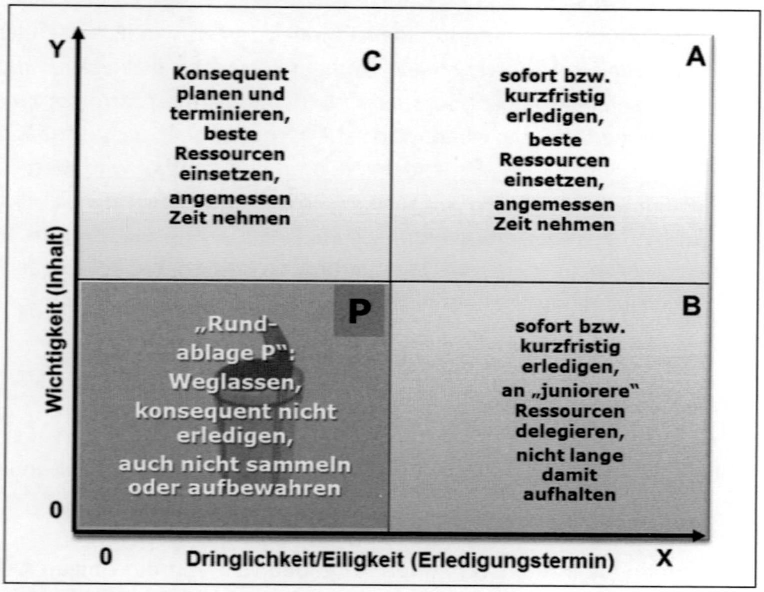

Abbildung: Eisenhower-Prinzip zur Festlegung von Prioritäten

Rechts oben stehen dabei die Themen mit hoher Wichtigkeit, weil beide Achsen auf „hoch“ stehen. Links unten ist aber nach meiner Erfahrung der viel spannendere Bereich. Spannend deshalb, weil aufgrund des Zusammentreffens von geringen Ausprägungen auf beiden Achsen ein „Weglasspotenzial“ entsteht. Und es gehört nach meiner Erfahrung zu den größten Hürden im Berufsleben, Dinge, die auf den Tisch geflattert kommen, nicht zu tun. Hätte ich für jede Äußerung meiner Trainingsteilnehmer, „ich bitte Sie, Herr Prieß, das kann ich nun wirklich nicht tun“, einen Euro bekommen, müsste ich meine begrenzte Lebenszeit sicher nicht mehr mit Arbeit verbringen, sondern könnte das tun, was Sie jetzt gerade tun: bequem auf dem Sofa rumlümmeln und Bücher lesen … Ike's Modell nennt man manchmal auch „Papierkorb-Delegation“, weil links unten die „Rundablage P“ wie Papierkorb das Weglasspotenzial einsammelt. Und dieser Papierkorb darf kein Sammelfach sein, in dem Sie diejenigen Aufgaben stapeln und zu Bergen anwachsen lassen, bei denen Sie noch nicht ganz bereit waren, diese wegzulassen. Das Modell erfordert Mut, die Dinge wirklich aus dem Arbeitsspeicher zu löschen bzw. papierne Unterlagen wirklich in den Schredder zu stecken.

Sehen Sie es einmal ganz gelassen: Wenn eine Aufgabe weder nennenswerte Auswirkung auf Ihre Ziele hat und der Erledigungstermin auch ewig weg ist, dann hat derjenige, von dem die Aufgabe kommt, sie zu dem Zeitpunkt der Erledigung wahrscheinlich selbst schon vergessen. Und wenn nicht, dann muss man eben mutig sagen: „Tut mir leid, das muss wohl unter all den wichtigen und dringlichen Dingen der zurückliegenden Zeit unter die Räder gekommen sein. Bitte senden Sie es mir gerne noch einmal zu, wenn nach heutiger Betrachtung eine Auswirkung auf unsere Ziele zu erwarten ist." So oder ähnlich argumentiert, wird der zu erwartende Rüffel sicher erträglich bleiben. Wahrscheinlicher ist aber, dass nichts passiert. Dass weder nachgefragt, noch irgendeine Auswirkung sichtbar wird. Besser noch wäre es aber im Sinne respektvollen Umgangs miteinander, bei offensichtlich unwichtigen/nicht dringlichen Aufgaben gleich mit dem Aufgabensteller ins Gespräch zu gehen und eine gemeinsame Fokussierung der begrenzten Ressourcen auf wichtigere Themen zu beschließen.

Anwenden der Matrix

Zurück zu Kollege General Ike Eisenhower. Wie funktioniert das nun im Detail mit der Matrix:

1. **Ordnen Sie Ihre anstehenden Aufgaben (die von der obigen A-Team-Liste) den vier Feldern zu.**
   Anfangs zeichnen Sie vielleicht die Matrix noch auf einem Schmierzettel auf (das hilft auch beim Einprägen), nummerieren Ihre Aufgaben von 1-n durch und tragen sie dann mit den Zahlen in die Felder. Später läuft das im Kopf ab. Bei der Zuordnung in die vier Felder unbedingt die Achsen getrennt voneinander abfragen, denn der häufigste Fehler in der Anwendung des Prinzips ist eine Überstrahlung von einer Achse auf die andere. Kommt z. B. eine wichtige Person durch die Tür, wie z. B. Ihr Geschäftsführer, dann überstrahlt die Wichtigkeit der Person sowohl die Achse der Wichtigkeit der Aufgabe (das momentane Anliegen könnte ja durchaus niedrige Auswirkung auf die Ziele haben) als auch die Dringlichkeit. Denn mancher traut sich gar nicht nach dem spätestens möglichen Erledigungstermin zu fragen, weil der Geschäftsführer natürlich immer alles sofort bekommen soll, er ist ja schließlich Numero Uno des Unternehmens. Ike müsste, wenn meine erfundene Anekdote stimmen würde, seine unterstellten Leute dazu angehalten haben, ihm diese beiden Fragen zu stellen, um die Achsen des beschriebenen Modells einschätzen zu können:
   1. Welche Auswirkung hat die Aufgabe auf unsere Ziele (bzw. wie lauten die, wenn noch nicht bekannt)?
   2. Wann muss ich das spätestens erledigt haben?
2. Nachdem Sie alle Aufgaben den vier Feldern zugeordnet haben, raffen Sie Ihren ganzen Mut zusammen und **löschen** die Aufgaben, die links unten im Papierkorb gelandet sind (vielleicht aber mit einem der obigen höflichen Nein-Sätze noch kurz abwehren).

3. Danach bringen Sie die übrigen Aufgaben in eine **Rangreihenfolge** und ordnen Sie diese den Zeitfenstern des Tages/der Woche zu. Dabei können wie bereits erwähnt dringliche und nicht wichtige Aufgaben durchaus zuerst abgearbeitet werden („quick & dirty“, wenn's geht), falls das Zeitfenster bis zum nächsten Termin die sachgemäße Bearbeitung einer wichtigen Aufgabe nicht zulässt.

Eisenhower gibt noch Tipps zum Umgang mit den Themen, diese können Sie der obigen Abbildung entnehmen. Bei der Berücksichtigung der Tipps zum Umgang mit den Themen/Aufgaben in den vier Feldern gilt es Folgendes zu beachten:

1. Rechts unten: Nicht, weil man etwas delegieren kann, ist es in diesem Feld gelandet, sondern weil es wenig Wichtigkeit besitzt. Es ist also nicht der dort aufgeführte Tipp, der die Zuordnung vorgibt, sondern dieser Tipp sollte erst nach der Zuordnung auf Basis der beiden Achsen berücksichtigt werden.
   Solche Rechts-unten-Aufgaben sind übrigens wunderbare Spielwiesen für „Lerner“, weil man bei nicht wichtigen Themen ruhig auch mal einen Fehler machen darf, ohne dass dies gleich schmerzliche Konsequenzen für die Erreichung der Ziele hat.
2. Rechts und links oben: Beste Ressourcen bedeuten nicht automatisch, dass Sie es selbst machen müssen. Chefs neigen dazu, diesen Schluss zu ziehen. Aber manchmal ist es gerade ein Mitarbeiter, der für eine bestimmte Aufgabe die richtigen Skills besitzt.
3. Links oben: rechtzeitig terminieren, wann man starten muss, um noch angemessen Zeit in eine wichtige Aufgabe stecken zu können. Dies erfordert eine gute Schätzung der Dauer einer sachgemäßen Bearbeitung und dann ein Zurückrechnen vom Erledigungstermin auf den geeigneten Starttermin. Dabei vielleicht auch eine kleine Reserve einbauen, damit man bei unvorhergesehenen Ereignissen am Ende nicht doch noch unter Zeitdruck gerät und „pfuschen“ muss.

Im Übrigen werden alle Aufgaben, die heute nicht dringlich sind, dringlicher. Das haben Ihnen hoffentlich meine Beschreibungen im Kapitel 2.1.1.1 zu der ständig dahinfließenden Zeit aufgezeigt. Erledigungstermine kommen so immer näher, bis ggf. nicht mehr genug Zeit für die Bearbeitung verbleibt. Das Weglegen eines wichtigen, aber dringlichen Vorgangs ohne Termineintrag der Bearbeitung im Kalender wäre deshalb fahrlässig und bringt nur vorübergehend Entlastung. Der Zeitdruck entsteht dann später, wenn man hektisch merkt, dass man die Bearbeitung einer Aufgabe längst hätte beginnen müssen.

Ein Trainingsteilnehmer hat mich gefragt, warum man überhaupt die Dringlichkeitsachse benötigt und warum man nicht wichtige Dinge nicht einfach grundsätzlich weglässt, egal, ob sie dringlich sind oder nicht. Gute Frage! Ich habe es ihm und mir so erklärt: Nicht immer können wir alle Aufgaben auf Herz und Nieren prüfen, in welcher Kette sie direkt oder indirekt zu unseren Zielen stehen. Wenn eine oberflächliche Prüfung zunächst einmal nur Dringlichkeit ergibt, aber die Wichtigkeit nicht erkannt werden kann, ist es sicherer, sie schnell und ohne große Aufwände abzuarbeiten. Damit bekommt der Empfänger seinen Input, der ggf. in eine Ergebniskette einzahlt, die dem Empfänger offensichtlich etwas wert ist, auch wenn man selbst dies nicht nachvollziehen kann. Einem Empfänger kurz vor der erwarteten Ablieferung mitzuteilen, „ätsch, mache ich doch nicht", würde ggf. auch mehr Kraft und Zeit zur Konfliktlösung kosten als eine schnelle Fertigstellung. Dies gilt insbesondere dann, wenn die schnelle Fertigstellung mit der von Ike empfohlenen Delegation noch einen Lernerfolg für juniore Kollegen mit sich bringen würde. Haben unwichtige Aufgaben keine Dringlichkeit, kann man sich dagegen der Erledigung entziehen. Der vermeintliche Empfänger kann sich dann noch rechtzeitig um eine andere Lösung bemühen, wenn er partout auf Erledigung pocht.

Das Eisenhower-Prinzip dient neben der Priorisierung der Tagesaufgaben auch der Abwägung von Prioritäten größerer Aufgaben und Fragestellungen. So kann man Projekte miteinander vergleichen und ggf. im Vergleich schlechter abschneidende auf Eis legen oder einfach die Finger davon lassen, damit die kostbaren Ressourcen eines Unternehmens an anderer Stelle mit mehr Wertbeitrag für die Ziele eingesetzt werden können.

Ich habe dieses Kapitel mit einem Zitat begonnen, ich möchte es mit einem persischen Sprichwort beenden:

> *Wer alles erreichen will, wird als Meister des Nichts enden!*

Persisches Sprichwort

Wendet man Ike's Prinzip richtig an, so wird schon einmal jeden Abend der Papierkorb vom „Zeitmanagement-Putz-Kommando" geleert. Sie würden den Großteil Ihrer Ressourcen für diejenigen Aufgaben einsetzen, die den größtmöglichen Erfolg bescheren und keinen Aufschub dulden. Ihre Praktikanten und andere lernbegierige Teammitglieder würden endlich etwas zu tun bekommen, weil Sie unwichtige, aber dringliche Themen abgeben. Und durch eine vorausschauende Starttermin-Festlegung für die wichtigen, aber nicht dringlichen Themen kommen Sie auch nicht mehr in vermeidbaren Zeitdruck. Eine tolle Vision! Danke Ike, wie immer Dein Prinzip wirklich entstanden ist!

2.1.2.2.2 Planung: „My-Time-AG“

Im Zeitmanagement gilt wie oben bereits erwähnt der eherne Grundsatz: **Erst denken, dann handeln!**

In meinen Trainings nutze ich zur Versinnbildlichung dazu schöne Übungen. Eine davon zeigt sehr anschaulich, dass Menschen oft andersherum agieren. Die Aufgabe geht folgendermaßen:

Vor Ihnen liegt ein langes Seil von ca. einem Meter auf dem Tisch, quer ausgestreckt. Greifen Sie das Seil mit beiden Händen und machen mit diesem ohne loszulassen einen Knoten.

Als Rahmenbedingungen gelten:

- „Greifen“ bedeutet, dass nach dem Zufassen alle Finger am Seil bleiben (es darf also keine „Fingerspiele“ geben) und
- der Knoten soll ein einfacher sein, der beim Zuziehen fester wird. Also keine Schlaufen oder umwickelte Gliedmaßen.

Probieren Sie es gerne erst einmal aus, bevor Sie weiterlesen. Nehmen Sie, wenn Sie keine Seilstücke haben, vielleicht ein Schuhband, das geht auch. Versuchen Sie es gerade? Wenn Sie keine Lust haben, es auszuprobieren, dann dürfen Sie jetzt weiterlesen, was den meisten bei dieser Übung passiert: Die Teilnehmer packen zu und versuchen unter Verbiegen ihrer Arme und Verdrehen des Körpers irgendwie den Knoten hineinzukriegen. Aber das ist unmöglich, wenn man erstmal mit beiden Händen zugegriffen hat.

Wenn Sie auch gerade noch mit dem Seil in beiden Händen dastehen und denken, „das geht ja gar nicht“, dann legen Sie das Seil wieder hin und lesen meinen Tipp, den ich in Trainings nach ein paar Minuten gebe:

Manchmal muss man etwas tun, bevor man richtig zugreift!

Also lassen Sie das Seil liegen und denken nach.

Wenn ich diesen Tipp gebe, stehe ich vor den Teilnehmern (also gedanklich jetzt vor Ihnen) mit verschränkten Armen vor der Brust, d. h. mit einem Knoten in den Armen, nicht nur leicht aufeinander gelegt, sondern mit einer eindeutigen Verschränkung der Arme. Bei den meisten „klingelt“ es dann. Wenn Sie nämlich nun mit dem Knoten in den Armen das Seil an den Enden greifen und die Arme auseinanderziehen, dann überträgt sich der Knoten aus den Armen wie von Zauberhand in das Seil. Sieht etwas hakelig aus, klappt aber. Der Trick war also, nicht gleich zuzupacken, sondern erstmal zu überlegen. Denn sobald man das Seil ergriffen hat, gibt es kein Zurück und man ist gefangen in einer unlösbaren Situation, die man sich selbst eingebrockt hat. Im übertragenen Sinne ist Planung dieses „Denken-bevor-man-handelt". Also Planen vor dem Handeln, Kopf vor Aktion, Zielen vor dem Schießen!

In der obigen Seilübung steckt noch eine weitere Erkenntnis: Die meisten Teilnehmer erschweren sich ihre Arbeit, weil sie etwas in die Aufgabe hineininterpretieren, was ich nie gesagt habe: nämlich gleichzeitig zugreifen. Man kann die Aufgabe auch so lösen: erst mit einer Hand zugreifen, das Seil lang hängenlassen und so über den Arm schwingen, dass eine Schlaufe vorn vom Arm herunterhängt. Durch diese Schlaufe nun mit der anderen Hand durchgreifen und das andere Seilende fassen. Dieses dann durch die Schlaufe ziehen und voilá, der Knoten ist drin, auch ohne das Verbiegen aus der ersten Lösung. Auch hierbei hätte geholfen, erst zu denken, nämlich: „Was ist genau die Aufgabe, was ist verboten und was ist erlaubt?" Das erleichtert die Arbeit oft ganz erheblich. Wenn Sie wieder eine Aufgabe von Ihrer Führungskraft bekommen, fragen Sie doch mal vermutliche, aber nicht gesagte Verbote nach und klären damit, wie schwer Ihre Aufgabe wirklich ist. Erst danach loslegen! (Falls ich das mit dem Seil nicht verständlich erklärt habe, müssen Sie wohl doch noch mal ein Training bei mir besuchen …)

Neuro-Tipp

Uns zuerst zu bewegen, ist natürliches Verhalten. Wir müssen also innehalten lernen. Dieses Lernen von Impulskontrolle ist in Kapitel 3.4 mit dem Marshmallow-Test beschrieben. Schon bei Vierjährigen können wir voraussagen, wie erfolgreich dieses Innehalten klappen wird. Die gute Nachricht: Diese Fähigkeit ist noch im hohen Alter zu erwerben.
Lernen innezuhalten, ist eine wichtige Eigenschaft für das Zeitmanagement.

Die Gretchenfrage ist in diesem Zusammenhang: Warum neigen Menschen dazu, loszulegen, Schweißgeruch zu verursachen, Stühle zu rücken, bevor sie richtig nachgedacht haben? Sir John Harvey-Jones, einer der ersten und zu seiner Zeit bekanntesten Managementberater, hat das bereits schön beschrieben: Tausend Gründe gegen eine gute Planung …

> *„Planning is an unnatural process; it is much more fun to do something. The nicest thing about not planning is that failure comes as a complete surprise, rather than being preceded by a period of worry and depression."*

Sir John Harvey-Jones (1924–2008)

Auf Deutsch und im etwas lockeren Fazit: Warum Dinge lange überlegen, die schiefgehen können, das nervt doch nur. Lieber loslegen und dann von den eigentlich vorhersehbaren Missgeschicken schön überraschen lassen, das macht doch viel mehr Spaß!

Noch einfacher:

Nicht planen = Spaß!
Planen = doof und anstrengend!

Als Berater werde ich oft zu Situationen gerufen, in denen die Dinge nicht so gelaufen sind, wie sich die Unternehmen es erhofft haben. Wenn ich mich dann in die Situation einarbeiten möchte und höflich nach der bisherigen Planung frage, erhalte ich das, was Sie schon vermuten: Nichts oder nichts Brauchbares! O. k., als Berater lebt man auch davon! Aber als Zeitmanagement-Trainer und -Coach bin ich immer wieder verwundert, dass alle ihre kostbare Lebenszeit sowie Unternehmen ihre begrenzten Ressourcen einsetzen, ohne sich vorher etwas Zeit für die Frage zu nehmen, wie man eigentlich den Weg zu seinen Zielen beschreiten möchte. Mit etwas entschuldigendem und schuldbewusstem Gesichtsausdruck wird mir dann oft gesagt, dass man im Unternehmen eher eine „Macher-Kultur" pflegt und nicht so theoretisch an die Sache herangeht. Dass die Mitarbeiter doch eher Praktiker und somit stark im Anpacken sind. Was dabei herauskommt, kann man dann sehen: Aktion ohne Plan. Mir geht es in diesem Kapitel auch nicht darum, dass man sich ewig lang Zeit nehmen soll für Planung, anstatt Taten zu erbringen. Aber es geht um eine angemessene Phase des Vordenkens, damit man in der nachfolgenden Phase des Handelns die begrenzten Ressourcen effektiver und effizienter nutzen kann. Ich möchte Sie an dieser Stelle mit einem Gedanken vertraut machen, vielleicht ermutigt er Sie auch, sich mehr Zeit zum Planen zu nehmen:

Erfolgreiche Unternehmen betreiben eine regelmäßige Planungsphase, zumeist als „Strategie- und Businessplanung" bezeichnet, in der sie über ihre lang- und mittelfristigen Ziele nachdenken und entsprechende Maßnahmen planen, die effektiv auf diese Ziele hinwirken. Wenn dieses Prinzip „Erst planen, dann loslegen" für ein Unternehmen zu den Erfolgsprinzipien gehört, warum dieses nicht auch für den persönlichen Erfolg anwenden? Deshalb mache ich Ihnen den Vorschlag: Werden Sie zur „My-Time-AG", stellen Sie Ihren persönlichen Strategie- und Business Plan auf, indem Sie Ihre lang- bis mittelfristigen Ziele und die dazugehörigen Aufgaben planen! So gelingt Ihnen die Fokussierung Ihrer Energien und Sie schaffen die notwendigen täglichen Erfolge auf dem Weg zur Verwirklichung Ihrer langfristigen „Ich-AG-Strategie".

In der Regel unterteilt man die Planungsreichweiten in drei Kategorien:

- **Langfristig**: drei bis fünf Jahre voraus
- **Mittelfristig**: das Geschäftsjahr eines Unternehmens (meist, aber nicht immer das Kalenderjahr)
- **Kurzfristig**: alles, was sich darunter bewegt, also Quartal, Monat, Woche und Tag

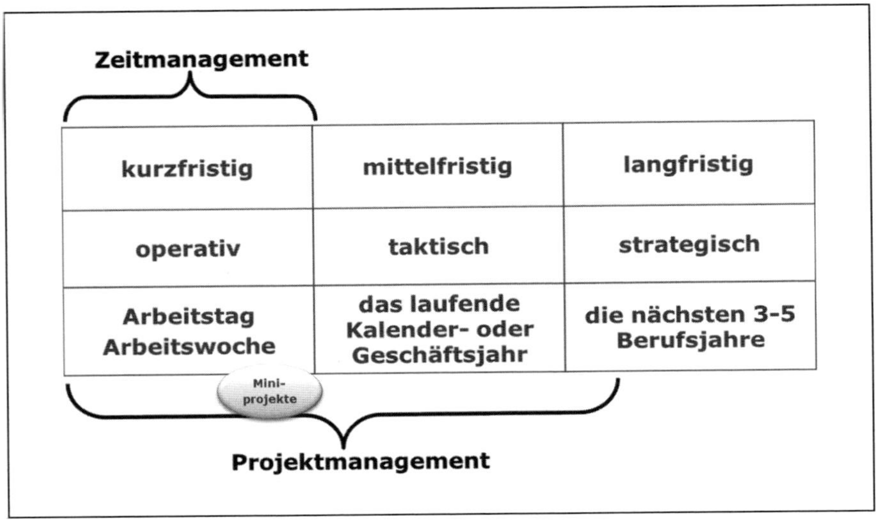

Abbildung: Planungshorizonte und Zusammenhang zwischen Zeit- und Projektmanagement

Planung in ZuP

Auf der Abbildung kann man auch gut den Zusammenhang zwischen Zeit- und Projektmanagement erkennen. Jedes noch so lang laufende Projekt muss an dem Tag, an dem man komplett operativ arbeitet und nur mit gutem Zeitmanagement erfolgreich ist, einen Schritt weiter gebracht werden. Aber für die großen und komplexen sowie häufig länger dauernden Aufgaben benötigt man die dazu passende Methodik Projektmanagement, um die gesteckten Ziele erfolgreich erreichen können. Projekte haben häufig eine mittelfristige Laufzeit, manche wenige sind sogar von strategischer, also langfristiger Laufzeit, und müssen über mehrere Geschäftsjahre hinweg vorangetrieben werden. Aber eine lange Laufzeit bedeutet nicht, dass nicht letztendlich doch jeden Tag erfolgreich gearbeitet werden muss, sodass gutes Zeitmanagement auch für strategische Projekte zum Erfolgsfaktor wird. Und manche (Mini-) Projekte befinden sich auf der Schwelle zwischen Aufgabe und Projekt. Aber

auch diese werden professioneller bearbeitet, wenn man sich an die Grundprinzipien des Projektmanagements hält und ausgewählte Tools aus der Projektmanagement-Toolbox zum Einsatz bringt.
Das eine kann also nicht ohne das andere. Deshalb empfehle ich Unternehmen und Personen auch, sich beide Methoden anzueignen, damit sich der Erfolg einstellt.

Die Übertragung des Planungsprinzips ist ebenfalls für den privaten Bereich empfehlenswert. Ob man glücklich ist oder nicht, hat viel damit zu tun, ob man seine Zeit für Dinge einsetzt, die zu persönlichen Zielen führen. Ich lade Sie ein, sich etwas Zeit für Ihre persönliche strategische und mittelfristige Planung zu nehmen. Dazu nehmen Sie sich ein Blatt und zeichnen die Struktur auf, die in der nachfolgenden Abbildung dargestellt wird.

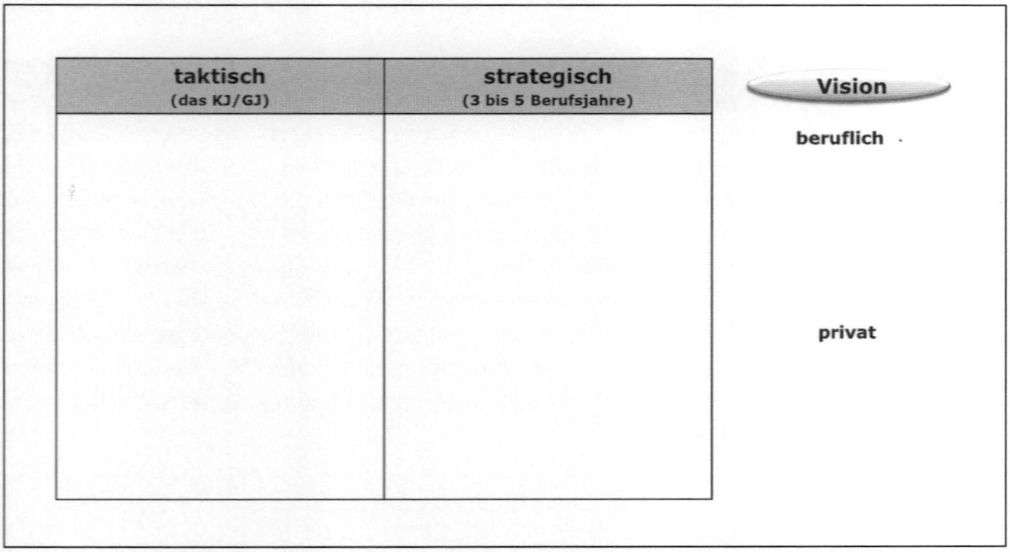

Abbildung: Persönliche Planung

Spannend ist insbesondere die Frage nach der eigenen persönlichen Vision. Wo wollen Sie in 10 Jahren stehen, was wollen Sie beruflich und privat erreicht haben, um zufrieden darauf schauen zu können? Dabei wird sich dann auch zeigen, wie Sie berufliche und private Ziele in Einklang bringen müssen. Erfolgreicher Karrieremacher und liebevoller Familienvater mit viel Zeit für die Lieben zu Hause zu sein steht z. B. in einem klassischen Widerspruch, den man im Rahmen eines Kompromisses zusammenführen muss. Dann müssen Sie zurückrechnen: Wenn Sie X in 10 Jahren erreichen möchten, was müssen Sie in den nächsten drei Jahren dafür tun und womit müssen Sie anfangen, damit es zeitgerecht in Ihre Vision einzahlt? Eine Weiterbildung z. B. in Form eines MBA, das Ihnen neue Karriere- und persönliche Horizonte eröffnen soll, muss man zeitgerecht starten, denn so eine Maßnahme dauert länger. Aber wer nicht beginnt, ist niemals fertig. Mittelfristige Maßnahmen im laufenden oder für das anstehende Jahr sollten plausibel und zielführend Ihren Weg unterstützen. Genauso funktioniert Unternehmensplanung bei den Unternehmen, die ihren Erfolg nicht vom Himmel fallen lassen wollen.

Bevor ich auf Planungsinstrumente eingehe, sollten Sie sich noch mit einem wichtigen Grundsatz vertraut machen:

„Ein Plan ist nichts, Planung ist alles!“

Dwight „Ike“ David Eisenhower, 1890 bis 1969,
34. Präsident der Vereinigten Staaten

Als ich das zum ersten Mal gehört habe, war ich verwirrt, denn ich empfand einen Plan als erfolgskritisch für den Erfolg. Aber beim zweiten Überlegen begriff ich, was Ike gemeint hat: Ein Plan ist das, was nach dem Planen so lange als Grundlage des Handelns herangezogen wird, bis aktuelle Erkenntnisse dazu raten, den Plan zu adjustieren. Man darf sich also nicht an einen einmal erstellten Plan auf Gedeih und Verderb halten, wenn veränderte Rahmenbedingungen oder Ziele eine Änderung des Plans erfordern. Bis man erfolgreich ins Ziel einläuft, muss man daher flexibel bleiben und seinen einmal erarbeiteten Plan nicht „mit Waffengewalt verteidigen“. Man muss offen bleiben für Nachjustierungen, d. h. für wiederkehrende Schleifen, in denen man checkt, ob der Plan noch passt. Wenn nicht, entsteht ein neuer aktuellerer Plan. Dieser rollierende Prozess ist die **Planung**, dargestellt in der nachfolgenden Abbildung.

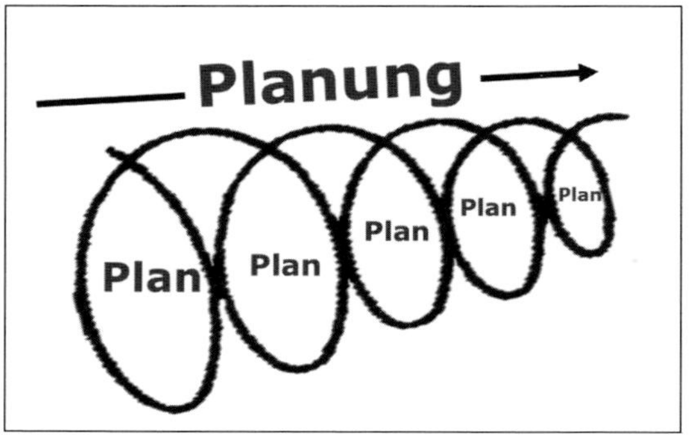

Abbildung: Planung als Prozess wiederkehrender Aktualisierungsschleifen für einen Plan

Zutaten für eine gute Planung

Nachdem ich Sie hoffentlich dafür gewinnen konnte, zu erkennen, dass Planen für Sie wichtig ist, kommen wir dazu, wie man plant. Zunächst einmal gilt:

Die Schriftlichkeit ist oberstes Planungsprinzip!

„Das habe ich alles im Kopf", ist die Lieblingsausrede für diejenigen, die keinen Plan vorzeigen können. Im Kopf verändern sich aber die Dinge, ohne dass man es merkt. Im Kopf befindet sich also ein sich stetig verbiegender Plan, gerade so, wie es einem situativ passt. Das fühlt sich dann tierisch flexibel an, aber nicht immer behält man dadurch seine Richtung, sondern eiert herum und verwirrt alle Beteiligten. Pläne sollten daher immer niedergeschrieben werden!

Neuro-Tipp

Aus neurobiologischer Sicht ist die Schriftlichkeit ein enorm wichtiges Prinzip. Was wir nicht ausschreiben, bleibt in unserem Arbeitsspeicher. Wir wissen ja, dass wir es uns merken müssen. Wie beim Computer ist unser Arbeitsspeicher begrenzt, wenn wir ihn mit Dingen gefüllt haben, die wir noch zu erledigen haben, fällt es uns schwer, neue Dinge hinzuzufügen. In diesem Fall verschwenden wir also Ressourcen, die wir besser für die Bewältigung einer Aufgabe benützen könnten. Nicht-Schriftlichkeit ist so ähnlich, wie beim Computer erstmal alle Anwendungen zu öffnen und sich dann zu wundern, warum er so langsam wird.

Schriftlichkeit macht schneller.

Was gehört ganz allgemein zu einer guten Planung? Sie sollte Folgendes beinhalten:

- eine Festlegung der **Ziele** (zur Sicherung der Effektivität!);
- die Bestimmung der **Mittel und Ressourcen**, die Sie aufbringen wollen und können;
- eine Klarstellung der **Verantwortlichkeiten**, insbesondere, wenn Sie von anderen abhängig sind;
- eine **Aufgliederung der einzelnen Arbeitsschritte** bzw. -abläufe, insbesondere bei großen Aufgaben;
- eine **zeitliche Planung** der Arbeitsschritte, in der Sie Ihr eigenes Tempo realistisch einschätzen sollten (nicht stark anfangen und dann stark abbauen);
- eine Benennung des **Starttermins**, welcher das Erreichen der Ziele bis zum Zieldatum ermöglicht;
- die **Kontrolle** des Zwischenstandes und der erfolgreichen Umsetzung des Plans;
- ausreichend **Zeitreserven, deshalb nicht 100 % der Zeit verplanen,** denn man benötigt Zeitreserven für unvorhergesehene Aufgaben.

Für die Planung gibt es einfache Tools wie Aktivitätenpläne, die im Zeit- wie auch im Projektmanagement gleichermaßen Anwendung finden. In diesen werden Elemente niedergeschrieben, die in einer Planung nicht fehlen sollten:

- In welcher Reihenfolge
- wird was
- im Detail genau
- wie lange (wann beginnend, wann endend, welcher Zeitaufwand)
- mit welchen zusätzlichen Kosten
- von wem getan
- und wie weit ist man mit der Aktivität (z. B. in Prozent: 0 % nicht angefangen, 75 % auf gutem Wege, 100 % fertig)?

Für alle größeren Aufgaben erstellen Sie sich am besten vor dem Beginn eine Aktivitätenliste, wie sie in der nächsten Abbildung gezeigt wird (auch Bestandteil der mitgelieferten Toolbox). Dort, wo die Grenze zu einem Projekt überschritten wird, betreiben Sie Projektmanagement inklusive der darin vorgesehenen Planungsinstrumente (siehe Kapitel 4).

Prio	Aktivität	Beschreibung In Stichworten	Dauer (Tage)	Start	Ende	Aufwand Kosten	Verant-wortlich	Status (in %)
1.		•						
2.		•						
3.		•						
4.		•						
5.		•						
6.		•						
7.		•						
8.		•						
9.		•						
10.		•						
11.		•						
12.		•						
13.		•						
14.		•						
15.		•						
16.		•						
17.		•						
18.		•						
19.		•						
20.		•						
21.		•						
22.		•						
23.		•						
24.		•						
25.		•						
26.		•						

Abbildung: Aktivitätenplan

Um den täglichen Berg an Arbeit zu bewältigen, gibt es einen Prozess, der bei dieser Besteigung hilft: die **ALPEN-Methode**. Sie wird oft zitiert für die Operative

Planung und geht zurück auf den Amerikaner Alan Lakein, das deutsche Merkwort kommt von Lothar Siewert:

- **A** — alle aktiven Aufgaben auflisten,
- **L** — Länge/Dauer der Bearbeitung festlegen,
- **P** — Prioritäten festlegen (Eisenhower-Prinzip, siehe Kapitel 2.1.2.2.1),
- **E** — entscheiden und umsetzen,
- **N** — Nachkontrolle, ob die Arbeit die gewünschten Ergebnisse erbracht hat.

Dieses einfache Prinzip habe ich etwas weiterentwickelt. Die nachfolgende Methode beschreibt genau mein Vorgehen, das ich jeden Tag vornehme, um meinen persönlichen Arbeitsberg erfolgreich zu bewältigen. Ich nenne sie in Anlehnung an eine TV-Action-Serie die

A-Team-Methode:

1. **Auflisten** aller (auch Kleinigkeiten) anstehenden Aufgaben (gerne auf einem Schmierzettel oder in einem dicken gebundenen Heft, das man dann als „Masterbook" das ganze Jahr hernehmen kann):
   - in sinnvollen Clustern (bei mir z. B. Akquise, Delivery, Office, privat);
   - Check der nächsten Tage/Woche: Was steht an, was muss schon heute vorbereitet werden;
   - auch Aufgaben vermerken, die nur terminiert werden müssen, nicht alles muss heute bearbeitet werden: „Konzepterarbeitung XYZ terminieren" (das ist dann ein ganz kurzer Vorgang, der aber durch die Benennung nicht verloren geht.);
   - ggf. auch private Aufgaben vermerken (denken Sie an den notwendigen Ausgleich zwischen Work und Life, also Berufs- und Privatleben).
2. **Terminieren:** Aufgaben mit Zeitfenstern versehen. (Ich umrahme diese zur besseren Sichtbarkeit mit einem kleinen Kasten.)
3. **Einteilen** in eine Reihenfolge der Abarbeitung (hierbei aber nur die nicht terminierten Aufgaben mit Nummern (1-n) versehen, und zwar unter Berücksichtigung von Kapitel 2.1.2.2.1 „Prioritäten" und dem Eisenhower-Prinzip). Kriterien sind hierbei:
   - Wichtigkeit und Dringlichkeit sowie
   - die Bearbeitungszeit, die dafür nötig ist. (Eine lange wichtige und dringliche Aufgabe fällt ggf. auf den Nachmittag, weil Sie vormittags aufgrund von Terminen nicht genügend Zeit am Stück haben.)
4. **Abarbeiten**
5. **Markieren** der fertigen Aufgaben mit grünem Textmarker; was übrig bleibt, wird auf die nächste Tagesliste übertragen.

Wenn Sie nicht gerne mit leeren weißen Zetteln arbeiten, dann nehmen Sie den Vordruck aus der nächsten Abbildung (ebenfalls Teil der Toolbox), dieser kann entweder morgens zu Beginn des Tages oder abends in Vorbereitung auf den nächsten Tag hergenommen werden und hilft beim Strukturieren. Der Vordruck bietet eine Möglichkeit, die nicht terminierten Aufgaben (linke Spalte) mit den terminierten Aufgaben aus Ihrem Kalender (rechte Spalte) in einer Übersicht aufzulisten. So haben Sie alles im Blick, was an einem Tag zu schaffen ist.

Arbeitsblatt für die Tagesplanung

Wochentag: | **Datum:**

Achtung:
Verplanen Sie nur 50 % Ihrer Zeit, Sie benötigen den Rest für unvorhergesehene Aufgaben!

Tätigkeiten ohne Termine	Prio	Uhrzeit	Termine und Aufgaben	ok
		07.00		
		08.00		
		09.00		
		10.00		
		11.00		
		12.00		
		13.00		
		14.00		
		15.00		
		16.00		
		17.00		
		18.00		
		19.00		
		20.00		

Offene Punkte bzw. nicht erledigte Aufgaben gleich auf die Tagesplanung des nächsten Tages schreiben!

Abbildung: Tagesarbeitspläne mit Struktur

Die nicht terminierten Aufgaben können Sie in der Spalte „Prio“ in einer Rangreihenfolge der Abarbeitung priorisieren. Dabei auch daran denken, wie lange Sie für die Aufgaben benötigen. Durch diese Information könnte z. B. eine niedriger priorisierte Aufgabe weiter vorne im Tagesablauf eingeplant werden, wenn solche „kleinen Aufgaben“ in die vielleicht durch terminierte Aufgaben entstandenen kleineren Lücken hineinpassen. Eine wichtige Aufgabe benötigt oft mehr Zeit für die Bearbeitung und muss deshalb dort in den Tag eingepasst werden, wo zwischen Terminen eine ausreichend große Lücke besteht. Hierbei sollten Sie aber idealerweise die bereits vorgestellte persönliche Energiekurve beachten. In der OK-Spalte kann man mit Haken aufzeigen, was schon geschafft wurde. Ich persönlich neige zu einem dicken grünen Textmarker-Balken, so kann man auf einen Blick erkennen, was man schon erfolgreich erledigt hat.

Wenn Ihnen die Bearbeitung von Planungstools ein Gräuel ist, sind Sie nicht der einzige Mensch, bei dem das so ist. Wie bereits beschrieben, mögen viele lieber loslegen. Aber ich kann Ihnen leider nicht die Erkenntnis ersparen:

Gute Planung ist Grundlage eines erfolgreichen Zeitmanagements!

Deshalb kann ich Sie nur ermutigen: Springen Sie über Ihren Schatten und gewöhnen Sie sich das für Sie dauerhaft machbare Ausmaß an Planung an. Lieber etwas planen als gar nichts. Es geht hier nicht um eine reine „Ja- oder Nein-Entscheidung“. Planen Sie, so viel Sie es mit Ihrem Naturell ertragen können und führen Sie sich vor Augen, dass es mit dem Seil und dem Knoten eben nicht geht, wenn Sie erstmal unbedacht zugepackt haben.

2.1.2.2.3 Profitieren: Zeitfallen, -diebe, -fresser & Co.

Wissen Sie, was Kalorien sind? Genau! Das sind die kleinen Tierchen in Ihrem Kleiderschrank, die Ihre Kleider über Nacht enger nähen, damit sie am nächsten Tag über dem Bauch spannen. Ich kann ein Lied davon singen, fiese kleine Viecher sind das. Ich habe drei „ehrliche Solidaritätsschwangerschaften“ hinter mir, und jedes Mal haben sich diese Kalorien-Verbrecher in meinem Schrank eingenistet. Im Gegensatz zu meiner Ehefrau hat bei mir leider keine Niederkunft stattgefunden, sodass die Sachen heute noch spannen. Alles Quatsch, werden Sie sagen, und damit haben Sie Recht! Warum erzähle ich diesen Dönkes also? Ich will auf Folgendes hinaus: Ich möchte zwei falsche, aber viel verwendete Begriffe entlarven. Es gibt keine Zeitfresser, keine Zeitdiebe, keine fiesen dritten Personen oder Tierchen, die sich an Sie heranschleichen und genauso fies und gemein sind wie die obigen Kalorien, Ihre kostbare Zeit mopsen und damit dann freudestrahlend verschwinden und sich an Ihrer Lebenszeit laben. Gibt es nicht! Diese allseits verwendeten Begriffe täuschen über die wahre Natur der Problematik hinweg. Denn es handelt sich um ganz *passive* Zeitfallen, in die man selbst hineintappt und dadurch Zeit verliert. Und dies ganz oft und immer wieder und fast schon zuverlässig — entweder weil man die Fallen nicht kennt bzw. erkennt oder weil das Hineintappen als feste Gewohnheit tief verwurzelt ist. Also lassen Sie uns im Folgenden von **Zeitfallen** sprechen und klar benennen, dass es bei diesem Element des Zeitmanagements darum geht, dass Sie diese frühzeitig erkennen und nicht hineintappen.

Warum nenne ich das dritte der drei P's „Profitieren"? Losgelöst von dem verwendeten Stilmittel der Alliteration als Eselsbrücke, geht es in diesem Kapitel darum, durch ein Vermeiden von Zeitfallen einen Profit an Zeit zu erwirtschaften: Vermeide A und spare B. Denn wer seine Zeitfallen oder neudeutsch „Time Traps" erkennt, umgeht und nachhaltig ausschaltet, hat schnellen und teilweise umfänglichen Profit an gewonnener Zeit!

Die vier folgenden bekannten großen Zeitfallen gibt es:

1. Unterbrechungen (kosten Zeit, um wieder ins Thema zu kommen; auch Sägeblatt- oder Rein-Raus-Syndrom genannt);
2. persönliche Desorganisation (Chaos am Arbeitsplatz, Terminchaos, persönliche Unterlagen im „Alles da, aber nichts zu finden"-Zustand);
3. „Aufschiebies" (nennen Sie es gerne „Management by Aufschieben": eine Sache anfangen, merken, dass man sie nicht mag, aufhören und verschieben);
4. nicht „Nein" sagen können (Masse statt Klasse erreichen, weil zu viel auf den Tisch kommt).

Schauen wir uns diese Fallen einmal genauer an und checken, wie man sie vermeiden kann:

Unterbrechungen

Für eine bestimmte Aufgabe benötigt man in der Regel ein dafür geeignetes Konzentrations-Level. Wenn man z. B. ein komplexes Konzept erarbeiten muss, benötigt man hohe Konzentration, um die miteinander verwobenen Elemente im Kopf zueinander zu fügen. Um auf dieses Konzentrations-Level zu kommen, benötigt man etwas Zeit und einen Anlauf, erst danach ist man so richtig im Thema und die Arbeit geht leicht und effizient von der Hand. Wird man dann durch eine Unterbrechung herausgerissen, verliert man die schwer erkämpfte Konzentration. Ist die

Unterbrechung vorbei, muss man sich wieder auf das Konzentrations-Level hocharbeiten und versucht, erneut richtig tief einzutauchen und voranzukommen. Und peng! Schon kommt die nächste Unterbrechung. Danach beginnt der Kampf um die Konzentration wieder — und so weiter ... Dieses Sägeblatt-Syndrom ist in der nachstehenden Abbildung visualisiert, unschwer ist ein Sägezahn zu erkennen. Alternativ wird es als „Rein-Raus-Syndrom" bezeichnet, sicher auch ein sprechender Begriff.

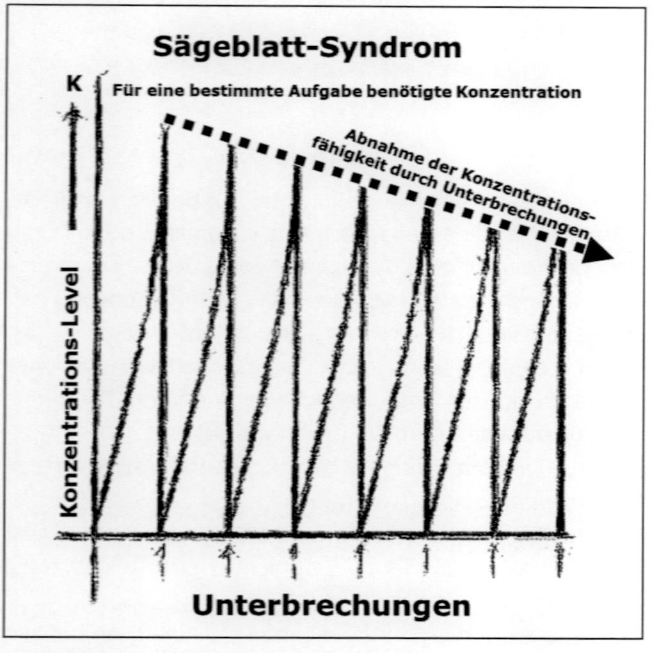

Abbildung: Sägeblatt-Syndrom (Rein-Raus-Syndrom)

Wo steckt jetzt die Zeitfalle? Nach jeder Unterbrechung bedarf es wieder Zeit, bis man wirklich effizient arbeiten kann, weil man einfach noch nicht auf dem erforderlichen Konzentrations-Level angekommen ist und sich erst wieder vertiefen muss. Diese dauernden neuen Anläufe fressen Zeit und Nerven. Fatal an dem Syndrom ist auch, dass man nach jeder Unterbrechung etwas weniger fähig ist, das erforderliche Level der Konzentration zu erreichen. Umso öfter man herausgerissen wird, desto schlechter erreicht man danach die nötige Konzentration. Man merkt leider nicht, dass man eigentlich gar nicht mehr für eine wirklich effiziente Konzeptarbeit fähig ist, um bei dem eingangs genannten Beispiel zu bleiben. Die Unterbrechung bedeutet also nicht nur einen Zeit-, sondern auch einen Qualitätsverlust.

Wie kann man diese fiese „Punji-Zeitfalle“ nun vermeiden? (Zur Erklärung: Punji-Fallen sind Guerrilla-Trittfallen mit spitzen Stöckern, die z. B. im Vietnamkrieg vom Vietcong gegen die US-Streitkräfte verwendet wurden.) Einfach gesprochen:

Vermeiden Sie Unterbrechungen!

Ja, ich höre es schon: „Das ist doch wieder reine Theorie, das geht doch gar nicht.“ Doch, es geht, wenn man es will! Auch in Zeiten von Großraumbüros und „Open-Door-Politik“ kann man sich etwas abschotten, wenn es nötig ist. Ich habe es selbst gemacht, es geht!

Dazu ein paar Empfehlungen:

- Stellen Sie in Ihrem Mailsystem unter „Optionen“ das Pop-up aus, das Ihnen aufzeigt, dass eine neue Nachricht eingegangen ist. Durch nichts wird man öfter unterbrochen als die eigene Neugierde, z. B. wenn man nach Eintreffen einer Nachricht erstmal schauen muss, wer geschrieben hat. Und zack, schon ist man drin im „Mails-lesen-und-bearbeiten“-Modus!
- Vereinbaren Sie im Team, dass Kommunikationswünsche ohne einen begründeten Zeitdruck nach Terminvereinbarung erfolgen. Das vermeidet das typische „Hast Du mal eben fünf Minuten“-Syndrom.
- Erledigen Sie konzeptionelle bzw. konzentrationsbedürftige Arbeit am Heim- bzw. Telearbeitsplatz (wenn erlaubt und technisch möglich) oder in freien Besprechungsräumen, die Sie sich vorher reservieren! So, als wenn Sie einen Workshop haben und für die Zeit nicht erreichbar sind. Haben Sie ja auch, nur eben allein.
- Stellen Sie ein Schild auf: „Denker braucht Ruhe“, und vereinbaren Sie im Team Rücksichtnahme für diese Konzentrations-Zeit!
- Bitten Sie Ihre Führungskraft um regelmäßige Jour fixes für die Aufgabenbesprechung und -delegation. Vermeiden Sie dadurch eine „Können Sie mal kurz“-Mentalität!
- Stellen Sie Ihr Telefon auf Ihre Kollegen oder — falls vorhanden — Ihre Assistenz um. Wenn dann der andere konzentriert arbeiten muss, nehmen Sie sein Telefon an.
- Vereinbaren Sie mit sich selbst einen „Ich-Termin“, also einen Termin, bei dem Sie sich nicht stören lassen. Einen solchen Termin sollten Sie genauso respektieren wie einen mit jemand anderem!

Persönliche Desorganisation

Wenn der Arbeitsplatz nach Bombeneinschlag aussieht, der Kalender auf Schmierzettel oder auf Post-its stattfindet und im Terminchaos endet und Ihre Unterlagen Berge verursachen, die bei jeder Anfrage eine Expedition ins Hochgebirge bedeuten, dann sind Sie nicht ausreichend organisiert.

Neuro-Tipp

Ideal sieht ein Schreibtisch aus, auf dem nur eine Aufgabe liegt. Wir können nicht „multitasken". Unser Verstand kann immer nur eine Sache auf einmal bearbeiten. Wenn wir nun drei Arbeiten gleichzeitig beginnen, dann befinden wir uns schon im Rein-Raus-Prinzip.

Vermeiden Sie, an mehreren Aufgaben gleichzeitig zu arbeiten.

Es gibt eine Reportage über eine Zeitmanagement-Trainerin, die wie eine Dampflock durchs Unternehmen rollt und allen Mitarbeitern erklärt, dass nicht mehr als vier Ordner im Schrank stehen dürfen und private Bilder und Pflanzen nichts auf dem Schreibtisch zu suchen haben. Das sind sicher Auswüchse, die einem das Gefühl von „Hier mag ich gerne arbeiten" schnell verderben. Aber man muss zur Kenntnis nehmen, dass der Arbeitsplatz nicht als privates Wohnzimmer herhalten darf. Bei allem Verständnis für Individualität und Wohlgefühl am Arbeitsplatz würde ich folgende Grenze ziehen: Wenn Sie einer Vertretung nicht mehr in angemessener Zeit (je nach Komplexität Ihres Jobs) erklären können, wie Ihr Arbeitsplatz strukturiert ist und wo man was findet, dann ist eine Grenze der Individualität überschritten. Stellen Sie sich vor, Sie fahren morgen an den Baum, rumms! Dann müssten Sie einem Kollegen vom Krankenbett telefonisch eine Einweisung in Ihren Arbeitsplatz geben können, damit nicht alles bis zu Ihrer Genesung liegenbleibt und so gegebenenfalls großer Schaden entsteht. Bei all dem kommt wieder der gute alte GMV ins Spiel: Ein gut organisierter Arbeitsplatz ist mit gesundem Menschenverstand sicher leicht einzurichten. Probieren Sie, Ihrem Stellvertreter zu erklären, wo man was findet. Wenn er es versteht, dann ist alles gut.

Hier noch ein paar Tipps dazu:

- Schaffen Sie sich eine Kollegmappe an, in der Sie die wichtigsten Unterlagen abheften, die Sie am Arbeitsplatz und unterwegs benötigen; was nicht mehr hineinpasst, zwingt zur Reduzierung und Fokussierung!
- Schaffen Sie sich ein Ablagesystem unter Einbeziehung des GMV (elektronisch sowie in Ordnerform), mit beschrifteten Ordnern und Kästchen; erstellen Sie für jeden Ordner zu Beginn immer ein Inhaltsverzeichnis, bevor Sie ihn befüllen!

- Geben Sie Dateien eine klare Bezeichnung inkl. Datum rückwärtsgeschrieben (Jahr-Monat-Tag), dann steht der neueste Stand einer Datei immer unten („Bezeichnung_140402)!
- Besprechen Sie mit Ihrer Vertretung Ihr Ordnungssystem; kann man es nachvollziehen? Lassen Sie sich Verbesserungsvorschläge unterbreiten!
- Reduzieren Sie Ihre Zeitmanagement-Werkzeuge (nur ein Kalender, nur eine Datenbank plus Sicherung, nur eine Tabelle für einen Sachverhalt, keine redundanten Werkzeuge etc.)!
- Machen Sie in regelmäßigen Abständen einen „Kehraus", um unnötigen Ballast loszuwerden; am besten zweimal jährlich als Kalendereintrag fixieren!
- Fragen Sie sich bei jeder Ablage und Dateispeicherung: „Benötige ich dies wirklich irgendwann?" Immer daran denken: Was nicht da ist, muss man nicht pflegen und bewirtschaften!
- Verwenden Sie das Direkt-Prinzip: Was ich nicht benötige, geht direkt in den Müll, wird nicht irgendwo zwischengelagert; was abgeheftet werden muss, wird jetzt abgeheftet, nicht irgendwann später; ein gelesenes Mail wird direkt gelöscht und verbleibt nicht im Posteingang! Und so weiter …

„Aufschiebies"

„Der Aufschub ist der Dieb der Zeit — Procrastination is the thief of time." Das hat schon Edward Young gesagt (englischer Dichter, 1683—1765). Dabei gab es zu seiner Zeit sicher noch keine Zeitmanagement-Literatur. Aber an diesem Satz ist etwas sehr Wahres dran. Denn jeder Mensch hat Arbeiten, die er gerne erledigt und andere, die er nicht mag und sie deshalb regelmäßig vor sich herschiebt. Ich z. B. hasse die Reisekostenaufstellung, blöde stumpfe Fleißarbeit, die aber sein muss. Und auch die Pflege der Angebotsliste wird durch jede eintretende Unterbrechung herzlich gerne aufgeschoben. Hier verbünden sich im Übrigen zwei Zeitfallen aufs Gemeinste. Unterbrechungen werden plötzlich zu Rettungsankern und man kann gerade begonnene Aufschiebies gar nicht schnell genug zur Seite legen, denn man ist ja schließlich unterbrochen worden und kann gar nichts dafür. Aufschiebies sind aber Arbeiten, die irgendwann eben doch gemacht werden müssen, man kann sie also nicht ewig vor sich herschieben, sonst könnte man sie ja einfach weglassen. Man fängt also gezwungenermaßen an, das Aufschiebie zu bearbeiten, wurschtelt etwas unmotiviert daran herum, bis man wieder mal merkt, wie blöd man es findet und schwupps, legt man es zur Seite, um ein anderes Mal erneut den Anlauf zu nehmen. Das Aufschiebie ist dann aber noch nicht wirklich weiterentwickelt und man hat eigentlich nur Zeit verschwendet. Beate Uhse als erfolgreiche deutsche Unternehmerin hat einmal geraten: „Fass kein Papier zweimal an!" Und Aufschieben bedeutet, mindestens zweimal anzufassen. Also nix mit erfolgreich sexy Unterwäsche verkaufen und erfolgreiche Unternehmerin werden wie Frau Uhse, wenn Sie sich nicht an den Rat halten.

Hier ein paar Tipps, um die Aufschieberitis in den Griff zu bekommen:

- Machen Sie sich die Aufgaben bewusst, die Sie gerne aufschieben. Erstellen Sie eine Liste, die Sie ständig aktualisieren: „Meine Aufschiebies!"
- Setzen Sie sich selbst Fristen und halten Sie sie ein! So, als wenn Sie einen Termin mit Dritten hätten, den würden Sie auch nicht einfach verstreichen lassen, nur weil die Arbeit gerade nicht super Spaß macht!
- Führen Sie für sich ein Belohnungssystem ein, nach dem Motto: „Wenn ich das erledigt habe, gehe ich nach Hause; wenn ich das Aufschiebie jetzt erfolgreich abarbeite, hole ich mir einen leckeren Kaffee; wenn ich meine Aufschiebie-Liste diese Woche vollständig abgearbeitet habe, schenke ich mir selbst etwas" (z. B. einen schönen Film, eine Uhr, einen Porsche, ein Rennpferd, eine Yacht oder was Sie eben so sammeln und für angemessen halten)!
- Vereinbaren Sie mit Assistenz/Mitarbeitern/Kollegen/Führungskraft regelmäßige Kontrollen der Aufschiebies! Das ist eine Allianz für den Kampf gegen die Aufschieberitis!
- Starten Sie den Arbeitstag mit den Aufschiebies und gönnen Sie sich erst dann die schönen Aufgaben!
- Unterteilen Sie große Aufschiebies in Teilstücke, dann sind sie leichter zu schaffen und die Anfangshürde ist nicht so hoch!

Nicht „nein" sagen können

Das kleine Wörtchen „Nein" kommt einem angesichts der ganzen Erziehung hin zur Hilfsbereitschaft und einer üblichen Unternehmenskultur des „Wir helfen uns im Team gegenseitig" nicht so leicht über die Lippen. Und gerade deshalb ist Nicht-nein-sagen-können eine der größten Zeitfallen, in die man regelmäßig hineintappt und sich wundert, warum der Berg an Arbeit immer größer wird. Man will nicht unhöflich sein, man will seiner Führungskraft zeigen, dass man ein richtiger Weg-Arbeiter ist, und Sätze wie wie „nein, mach doch selber" oder „sorry, das pack ich nicht auch noch" wirken da wie ein Offenbarungseid, den man nicht abgeben möchte. Aber bedenken Sie Folgendes: Karriere macht, wer Qualität und Klasse abliefert. Und das geht mit Ja-Sagen selten einher. Denn wie die Abbildung unten aufzeigt:

- Bei **JA-Sagen** ist der Filter für hereinkommende Arbeit weit geöffnet, d. h. viel mehr Aufgaben werden angenommen, können aber mit der zur Verfügung stehenden Zeit nur in niedriger bis mittlerer Qualität abgeliefert werden. Man produziert also durchschnittliche Masse! Nichts, womit man positiv auffällt oder wofür man befördert wird. „Fleißige Arbeitsameise" kann man es nennen, wenn man böse wäre.

- Bei **NEIN sagen** ist der Filter nur so weit geöffnet, wie man es sich zutraut, in der zur Verfügung stehenden Zeit die jeweils benötigte Qualität auch leisten zu können. Es entsteht Klasse, mit der man positiv wahrgenommen wird und mit der man sich selbst auch wohlfühlt.

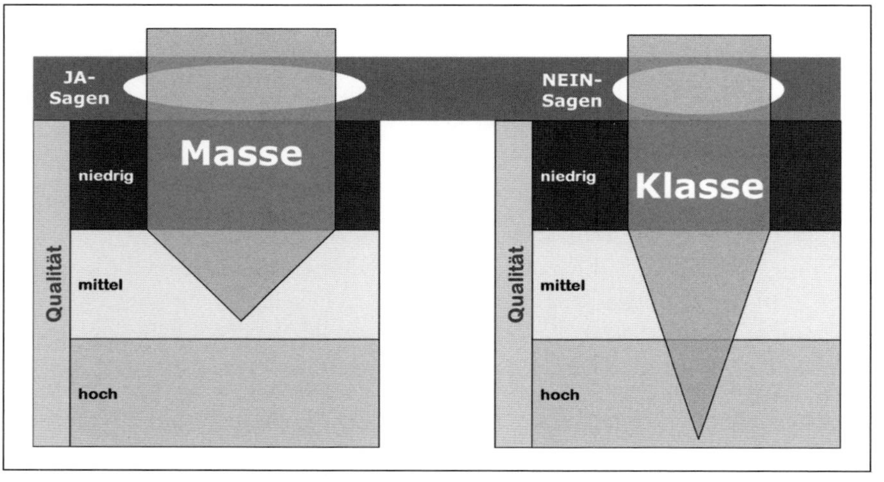

Abbildung: Auswirkung von Ja- und Nein-Sagen

Machen Sie sich deshalb nachdrücklich bewusst, dass „Ja“ sagen zu Quantität, nicht zu Qualität führt, und dass man Sie auf lange Sicht für Ihre Hilfsbereitschaft und Gutmütigkeit nicht belohnen wird. Dies soll kein Plädoyer für Eigennutz und Egoismus werden, aber man muss lernen, seine Hilfs- und Arbeitsbereitschaft in einem gesunden und für die Qualität sinnvollen Rahmen zu halten. Darum geht es und das ist nach meiner Erfahrung ein täglicher Kampf!

Aber wie kann man Nein sagen, wenn es doch so schwerfällt, man will ja auch nicht zum Abblocker werden. Die Antwort lautet: Legen Sie sich höfliche Nein-Sätze zurecht, damit es Ihnen leichter fällt, abzulehnen. Diese könnten so lauten:

- „Ich kann mich gern darum kümmern, aber das, was ich gerade tue, verzögert sich dadurch. Ist Ihnen das recht?“
- „Ich werde das gerne für Sie erledigen. Allerdings kann ich erst damit beginnen, wenn ich meine jetzige Arbeit beendet habe. Das ist am/um ...“
- „Es tut mir leid, aber ich habe leider keine Zeit, eine neue Arbeit zu übernehmen. Ich melde mich bei Ihnen, sobald mein Terminplan wieder etwas übersichtlicher geworden ist.“

- „Ich weiß Ihr Vertrauen zu schätzen, kann diese Angelegenheit aber derzeit nicht in meinen Terminplan einbauen und würde Ihnen nicht die gewünschte Qualität abliefern können. Ich darf Sie aber an meinen Kollegen verweisen, der über ebenso viel Erfahrung auf diesem Gebiet verfügt."
- „Seien Sie mir nicht böse, aber ich stecke gerade ganz tief in einem anderen Thema. Darf ich mich bei Ihnen melden, wenn ich Ihnen wieder meine volle Aufmerksamkeit entgegenbringen kann?"

Das liest sich doch gar nicht so schlimm, oder? Solche Sätze bergen auch für den Ablieferer einer Arbeit die Möglichkeit, kurz innezuhalten und darüber nachzudenken, ob man die Arbeit nicht anderweitig vergeben sollte.

Neuro-Tipp

Es gibt evolutionär einen guten Grund für unser Verhalten. Wir stammen von Menschen ab, die in Gruppen von bis zu 160 Personen gelebt haben. Ohne diese Gruppe waren wir nicht überlebensfähig. Um die komplexe Sozialstruktur der Gruppe für uns auszunutzen, haben wir unser Gehirn.
Unser Gehirn ist ein Sozialorgan: Eine Ablehnung einer Aufgabe, so rational begründet sie sein mag, ist immer mit der sozialen Ausschlussgefahr verbunden. Nein sagen kann nur der, der sich sicher fühlt, nicht aus der Gruppe zu fliegen. Die Arbeitsplatzsicherheit und die soziale Kultur des Unternehmens haben also einen großen Einfluss auf die Ja- und Nein-Sagen-Fähigkeit. Da Sie diese Werte nur sehr bedingt beeinflussen können, bleibt nur, die Wahl des Arbeitgebers sehr sorgfältig zu treffen. Wenn Ihnen die Ablehnung von Aufgaben auf Ihrer jetzigen Stelle ungewöhnlich schwerfällt, dann könnte dies ein Zeichen dafür sein, dass der Arbeitgeber der falsche ist.

Wenn Ihnen Nein sagen schwerer fällt als sonst, ist das ein Zeichen für Unsicherheit.

Ich möchte dieses Kapitel mit zwei kleinen Anekdötchen von meiner mir anvertrauten Gemahlin abrunden. (Das Nicht-nein-sagen-können hat im Übrigen nichts mit mangelnder Intelligenz zu tun, wie man an meiner Frau als Doktor der Medizin und Fachärztin für Radiologie schön ablesen kann.) Als meine Frau noch als Ärztin in der Klinik arbeitete und die Heimkehr immer später wurde, fragte ich sie nach dem Grund der stetig länger werdenden Arbeitstage. Sie erklärte mir, dass sie eben häufig von anderen Kollegen und insbesondere von den Oberärzten Arbeit übernehmen muss. Diese kämen täglich vorbei und klagten über dringende Abendtermine und wichtige Gründe für zeitnahen Feierabend, und deren nette Bitten, ob sie vielleicht noch offene Restarbeiten übernehmen könnte, mochte sie nicht ablehnen. Das würde sich ja in einem Team schließlich nicht gehören. Unnötig zu sagen, dass es immer die gleichen Pappenheimer waren, die bei Frau Dr. Prieß eine willige Abnahmestelle gefunden hatten und den Hilfsbereitschaftsknopf fleißig drückten.

Eine weitere schöne Anekdote erklärt das Nicht-nein-sagen-können-Syndrom ebenfalls ganz anschaulich. Eines Tages wurde ich von ihr mit der erfreulichen Nachricht begrüßt, dass wir nun bald richtig Steuern sparen werden. Wer würde das nicht wollen, dachte ich mir und fragte nach der Erklärung dieses anstehenden Geldsegens. Sie hätte einen Anruf gehabt von einem Lohnsteuerhilfe-Verein, der praktisch ganz aus sozialen Gründen vorbeikommen würde und uns nun endlich die Steuerlast verringern könnte. Wie denn die Steuersparmethoden so aussehen, hatte sie nicht gefragt. Und auch der naheliegende Verdacht, dass hier jemand unter dem Deckmantel eines Vereins Versicherungen verticken und Vermögensberatung leisten will, war ihr nicht gekommen. Der Start der Beratungsstunde begann verheißungsvoll. Der versierte Lohnsteuerspar-Berater erklärte schon in der Begrüßung, dass er total überrascht war, dass meine Frau am Telefon sofort einem Treffen zugestimmt hat und dass er als gerade umgelernter arbeitsloser Bäcker ja noch ganz neu im Geschäft sei. Als meine Frau dann nach der Vergeudung von zwei ihrer begrenzten und deshalb kostbaren Lebensstunden diesen Möchtegern-Steuersparer hinauskomplimentiert hatte, nahm ich sie in den Arm und fragte mitleidig, aber nicht ganz ohne Schadenfreude, ob sie denn nun etwas gelernt hat in Punkto Nein sagen.

Dieses zweite Beispiel ist zwar eines aus dem Privatbereich, aber Zeitmanagement hat fließende Grenzen zwischen beruflichem und privatem Verhalten. Während das erste Fehlverhalten im beruflichen Kontext zur deutlichen Kürzung der privaten Freizeit beiträgt, reduziert das zweite Fehlverhalten diese ohnehin kürzere Freizeit dann erneut, sodass am Ende kaum noch Zeit für die Erholung von den vielen Pflichten übrigbleibt. (Nachdem ich meiner Frau dann die obigen höflichen Nein-Sätze erklärt habe, wurde ihr Mut zum Nein sagen deutlich ausgeprägter.)

Neben den obigen vier „Klassikern“ der Zeitfalle gibt es natürlich noch einige mehr. Immer dann, wenn man eine sich wiederholende Verhaltensweise an den Tag legt, mit der man unnötig Zeit verliert, hat man eine Zeitfalle vor sich. Solche Verhaltensweisen findet man sicher reichlich, wenn man nur einmal auf die Suche danach geht. Sie zu erkennen ist der erste Schritt zur Zeitersparnis, der Versuch, sie zu unterbinden, ein zweiter. Wenn man die gefundene Zeitfalle nicht komplett unterlassen kann, dann muss man versuchen, die Verhaltensweise effizienter zu gestalten.

Hier drei Beispiele aus unserer modernen und allzu dynamischen Welt:

1. **Reisen mit Flugzeug, Bahn oder Auto und die damit unvermeidlichen Wartezeiten wegen Verspätungen**
   Wie oft sitzt man herum und wartet auf verspätete Reisemittel. Neben dem frustrierenden Ärgernis wird ja auch kostbare Zeit vergeudet. Deshalb sollten Sie immer kleinere Arbeiten dabeihaben, die Sie als Lückenfüller nutzen können. In

Zeiten von Smartphones kann man auch am Flugsteig oder auf dem Bahnsteig Mails bearbeiten oder einen vorausschauenden Blick in den Kalender werfen. Man kann seine wichtigen Fachartikel lesen oder das nächste Projekt auf einem kleinen Schreibblock oder dem iPad skizzieren. Als Führungskraft kann man einen seiner Mitarbeiter anrufen und damit Wertschätzung und Interesse aufzeigen oder konkrete Hilfe und Rat anbieten. Was immer Sie tun, um die Wartezeit zu überbrücken, es sollte so klein sein, dass Sie anschließend das Gefühl haben, das jeweilige Thema einen Schritt vorangetrieben zu haben. Angefangene und dann bei Eintreffen des Reisemittels wieder unterbrochene Themen verursachen ja wie oben beschrieben das ineffiziente und frustrierende „Rein-Raus-Syndrom".
Diese Lückenfüller-Vorschläge gelten natürlich nicht für die Zeiten, in denen Sie selbst am Lenkrad Ihres Autos sitzen. Hier gilt die Bearbeitung von Mails und Artikellesen als Fahren in der „Todeszone" für Sie und Ihre Mitmenschen. Das Äußerste ist das Nutzen der Zeit für Telefonate, aber auch nur mit Freisprechanlage. Man sollte grundsätzlich das Autofahren durch öffentliche Verkehrsmittel ersetzen, wann immer es möglich ist. Das favorisiere ich nicht nur wegen meiner ökonomischen und ökologischen Grundeinstellung, sondern weil es aus Sicht des Zeitmanagements eine weise Entscheidung ist. Beim Autofahren bleibt eben keine Möglichkeit zu arbeiten, hier muss man lenken und sich konzentrieren, um heil anzukommen und andere nicht zu gefährden. Im Zug können Sie Ihren Laptop aufklappen und los geht's. Sie sollten sich nur einen Wecker stellen, damit Sie rechtzeitig einpacken und nicht am Reiseziel mit Laptop unter dem einen Arm und Koffer am anderen langen Arm hektisch heraushasten müssen. Der Zug ist, wenn sinnvoll, dem Flieger aufgrund dieser möglichen Nutzung als Arbeitsplatz auch immer vorzuziehen, denn kurze Flüge verursachen in der Regel gestückelte Reiseabschnitte, bei denen man meistens nur zu den kleinen Lückenfüllern kommt. (Mein erstes Buch habe ich übrigens überwiegend im Zug geschrieben, da ich zu der Zeit gerade in einem Projekt an einem Standort mit idealer, weil durchgehender Zugverbindung arbeitete.) Für Staus im Auto empfehle ich Hörbücher zur Unterhaltung oder Weiterbildungs-CDs, z. B. Fremdsprachen für die persönliche Entwicklung. Wenn auch Sie selten zum Lesen kommen, ist das eine tolle Alternative. Ich bemerke Staus mittlerweile kaum noch, weil mich das eingelegte Hörbuch so gut unterhält, dass ich manchmal denke, hoffentlich dauert die Fahrt etwas länger, damit ich das Finale noch mitbekomme und nicht auf die nächste längere Fahrt mit dem Auto warten muss.
Alternativ zur Arbeit an Lückenfüllern können Sie sich bei unverhofften Wartezeiten auch entscheiden, mal die Seele baumeln zu lassen. Nicht jede Minute muss gearbeitet werden. Aber dann müssen Sie mit der Entscheidung herangehen, dass eine Wartezeit eine unverhoffte Phase der Ruhe und des Besinnens ist. Stress ist ja eine Sache der persönlichen Entscheidung, wie man eine Situation beurteilt. In den Momenten, in denen ich unerwartete Leerzeiten habe

und mir keine kleinen Lückenfüller zur Verfügung stehen, lehne ich mich zurück und beobachte meine Umgebung. Superspannende Momentaufnahmen ergeben sich, wenn man Menschen mit Distanz beobachtet und Annahmen trifft, was diese am Reiseziel wohl zu tun haben, welchen Hintergrund sie haben und ob sie glücklich sind oder mit ihrem Leben hadern. Nichts ist spannender als die Wirklichkeit! Freuen Sie sich über die nächste Wartezeit und nutzen Sie sie für einen neugierigen Blick auf die Welt!

2. **Social Media – immer drin, immer aktiv**
Bei diesem Thema werden die Vertreter älterer Generationen unter Ihnen vielleicht die Stirn runzeln und sich fragen: „Warum ist das eine Zeitfalle, ich nutze die Sozialen Netzwerke doch gar nicht?“ Die jüngeren aber, insbesondere diejenigen aus der Generation Y (so nennt man in der Soziologie diejenige Bevölkerungskohorte, deren Mitglieder um das Jahr 2000 herum Teenager waren; deshalb auch manchmal „Millennials“, also zu Deutsch „Jahrtausender“ genannt) wissen, von was ich spreche. Die darauffolgende Generation ist natürlich noch wesentlich mehr davon betroffen, das sie schon mit Smartphones und Internet praktisch seit der Muttermilch aufwachsen. Und auch die um „Anschluss bemühten“ Vertreter der Generation X kennen das Problem: Man ist in mehreren Sozialen Netzwerken engagiert (z. B. Facebook, Xing, LinkedIn) und muss diese Netzwerke privat sowie beruflich auch aktuell halten, damit man nicht zur „Social Media-Leiche“ wird. Früher sagte man: „Ich denke, darum bin ich!“ Heute heißt das Grundgesetz menschlicher Daseinsberechtigung: „Ich poste, darum bin ich!“ Wer nicht morgens schon „bin wach“ postet und sich damit im sozialen Funkkreis meldet, der gilt ja praktisch als verschollen.
Was soll man nun dieser angelernten und für das Zeitmanagement riskanten Einstellung zu Social Media entgegensetzen? Bei den Xern wird wahrscheinlich schon der Rat reichen, sich in der Woche oder am Tag ein festes Zeitfenster für den Besuch der Sozialen Netzwerke einzuplanen (z. B. immer am Samstagvormittag auf der Couch mit einer Tasse Kaffee oder immer am Abend in der Bahn auf dem Weg nach Hause). Den Rest der Zeit sollten die Seiten geschlossen sein, um gar nicht in Versuchung zu kommen. Für die Generation Y und die nachfolgende Generation bedarf es wohl eher der Hilfe durch einen Suchtberater. Da ist es mit klugen Ratschlägen in einem Fachbuch nicht getan. Insbesondere dann nicht, wenn es nicht elektronisch bei Facebook als Pop-up in komprimierten Botschaften verfügbar ist. An dieser Stelle entschuldige ich mich bei allen betroffenen Lesern für die ketzerische Äußerung, die nur als Zeichen meiner Hilflosigkeit zu verstehen ist.
Vielleicht hilft ja aber auch schon die grundsätzliche Erkenntnis aus dem Zeitmanagement, dass Zeit kostbar ist, und dass die auf Social Media verwendete Zeit, wenn sie keinen privaten und beruflichen Nutzen stiftet, vergeudet und unwiederbringlich verloren ist. Wenn der Eintritt in die privaten Accounts nur

noch eine Gewohnheit ist, dann muss man sie auch wie diese behandeln (siehe Kapitel 2.1.1.3) und hätte die dort genannten Tipps zum Umgang mit der Gewohnheit zur Verfügung. Vielleicht wäre es aber auch schon eine weise Entscheidung, die Anzahl der Netzwerke zu reduzieren und einige wenige Kanäle sinnvoll zu bestücken, anstatt viele mit Social-Media-Plattitüden ohne Tiefgang zu beackern.

Neuro-Tipp

Die größte Gefahr bei der extensiven Nutzung der Medien ist, nicht auf dem Schirm zu haben, dass es sich um eine Aktivität handelt. Durch das Sitzen und das vermeintliche Nicht-Bewegen ordnen wir die Tätigkeit eher in den Bereich Ruhe. Nichts könnte aber verkehrter sein. Das blaue Licht des Computers und die emotionale Beteiligung führen zu einer Aktivierung unseres vegetativen Nervensystems.

Wenn Sie bei Facebook posten wollen, dann morgens, nicht in der Entspannungsphase am Abend!

3. **Kommunikation per Mail — untergehen im täglichen „Mail-Tsunami"**
   Im beruflichen Umfeld ist das Mail immer noch der Hauptkanal schriftlicher Kommunikation. Sicherlich nimmt auch die Unternehmenskommunikation über Soziale Netzwerke zu, aber die täglich hereinstürzende Flutwelle an Mails dürfte wohl das größere Problem sein. Deshalb hier ein paar Tipps:
   - **Vermeiden Sie einen „Mail-Stakkato-Stil"**, schreiben Sie lieber höflich und verständlich. Das dauert zwar länger, zwingt Sie aber dadurch zur Reduktion der Mailanzahl, also Qualität statt Quantität. Also kein „@Arne: machen!", sondern „Lieber Arne, darf ich Dich bitten …".
   - **Verwenden Sie große „Cover my ass-Verteiler"** nach dem Motto: „Wenn alle auf meinem Verteiler sind, könnten sie ja lesen, was ich verzapfe." Und nicht: „Wenn keiner meckert, bin ich abgesichert und kann später behaupten, hättest Dich ja rühren können nach meinem Mail, haste aber nicht!" Verwenden Sie den Verteiler lieber so:
     - An: Wer das Mail lesen muss und auch Arbeiten davon ableiten soll, der sollte direkt angeschrieben und im Mail dort erwähnt werden, wo er etwas zu tun hat.
     - CC: Wer auf cc sitzt, kann, muss aber nicht den Inhalt lesen. So kann jeder im Rahmen seines Zeitmanagements selbst entscheiden, ob er Zeit und Interesse hat, das Mail zu lesen. Es darf ihm dann nicht angelastet werden, wenn er es nicht gelesen hat. Die CC-Funktion sollten Sie möglichst restriktiv nutzen. Überlegen Sie gut, wenn Sie jemanden auf CC setzen. Wenn es demjenigen keinen echten Informationsmehrwert bietet, lassen Sie ihn außen vor. Insbesondere Ihre Führungskraft kön-

nen Sie auch im regelmäßigen Jour fixe über laufende Aktivitäten kurz mündlich informieren, das ist viel effizienter, als die Führungskraft in jede Mailschleife einzubinden.

- **Schreiben Sie in die Betreffzeile einen verständlichen Hinweis auf den Inhalt des Mails**, damit der Empfänger besser einschätzen kann, um was es sich handelt und mit welcher Priorität etwas zu bearbeiten ist. Sie können auch mit kleinen Intros kenntlich machen, wie mit dem Mail umzugehen ist:
  - „Info: ...": So weiß der Empfänger gleich, dass hier nur eine Information erfolgt und kein To-do im Text steht.
  - „Aktion erforderlich: ...": Damit ist klar, dass Sie vom Empfänger Handlungen erwarten, wenn er unter „An" steht. Durch eine zusätzliche Zeitangabe verhindert man unnötigen Zeitdruck, wenn der Erledigungstermin noch lang hin ist, bzw. man vermeidet ein „Verpennen" eines Abgabetermins, wenn es eilt und die Zeitangabe im Text ggf. untergehen würde.
  - „Feedback gewünscht: ...": So weiß der Empfänger, dass eine Meinungsäußerung erforderlich ist. Auch hier würde eine Zeitangabe helfen, das eigene Zeitmanagement zu unterstützen.
- **Strukturieren Sie Ihr Mail sinnvoll** und unterstützen Sie das Verstehen durch Farbwahl, Fettdruck, Aufzählungen und sonstige sinnvolle optische Akzente. Nichts ist schlimmer als ein ewiglanger Sermon, in dem man nicht versteht, was vom Absender eigentlich beabsichtigt ist und wo die wichtigste Botschaft verborgen ist.
- **Schotten Sie sich ab** gegen Spams und unnötige Informationen. Nehmen Sie aufdringliche Absender, die Ihnen keinen Mehrwert bringen, auf die „Blacklist". In jedem Mailsystem lässt sich eine E-Mailadresse mit einer Regel versehen, damit sie direkt im „Papierkorb" landet. Wenn Ihnen zu viele Werbemails reinkommen, dann sprechen Sie mit Ihrer IT-Abteilung, damit der Spam-Filter nachjustiert wird.
- **Stellen Sie in Ihrem Mailsystem Farben** für bestimmte Absender ein, die für Sie wichtig sind, sodass diese z. B. automatisch rot markiert werden.
- **Löschen Sie Mails, wenn sie abgearbeitet sind**. Der Posteingang im Mailsystem ist kein Archiv und Sie verlieren den Überblick, wenn Sie nicht löschen. Mails mit bleibendem inhaltlichen Wert (z. B. wichtige Entscheidungen oder länger geltende Regelungen) sollten Sie separat in Ihrem Dateisystem abspeichern. Im Mailsystem können Sie aber auch Unterordner einrichten, in dem als Infoquellen öfter benötigte Mails hingeschoben werden.
- **Sorgen Sie für eine einwandfreie Synchronisation zwischen Ihren „Devices"**. Ihr Smartphone sollte mit dem Mail- und Kalendersystem sauber synchronisieren, damit Sie unterwegs wirklich nachhaltigen Fortschritt erar-

beiten können. Wie oft habe ich schon die Klage gehört: „Mein Smartphone synchronisiert leider nicht, deshalb muss ich nach Rückkehr von einer Reise am Computer erstmal stundenlang Mails bearbeiten und löschen." Meistens ist das technisch aber lösbar, wenn man nur will. Ich selbst muss eingestehen, dass ich aus Loyalität mit meinem Provider viel zu lange Synchronisationsprobleme ausgehalten habe. Die stetigen Versprechungen, „aber jetzt kriegen wir das bestimmt in den Griff", habe ich allzu lange geglaubt und war tatsächlich wieder mit ausgedrucktem Papierkalender unterwegs. Nachdem ich die überfällige Entscheidung für einen Providerwechsel getroffen hatte, waren meine Probleme schlagartig beendet und alle Geräte waren bestens miteinander vernetzt.

- **Prüfen Sie immer, ob nicht das persönliche Gespräch effizienter ist als ein langes Mail**. Ein persönlicher Dialog, bei dem idealerweise auch die nonverbale Kommunikation erkennbar ist, die immerhin 80 % der Gesamtkommunikation ausmacht, geht häufig schneller als das Verfassen eines druckreifen komplexen Mails. Der Kommunikationskanal des Mails kann nur dann effizienter sein, wenn gleich mehrere Empfänger erreicht werden, die in einem persönlichen Meeting nur schwer zusammenzubekommen wären. Halten Sie sich in diesem Zusammenhang an die erfolgreichste Methode der Kommunikation: zwei Menschen, zwei Stühle und Zeit!

Diese Tipps würden noch besser helfen, wenn man sie im Unternehmen kollektiv vereinbaren würde. Die Versuche in Unternehmen, durch Spielregeln für alle Mitarbeiter dieser „Unternehmensseuche Mail" Herr zu werden, gelingen aber nicht immer, sodass manche Unternehmen zu drastischeren Maßnahmen greifen, wie z. B. Verbot von Mails an Personen, die im gleichen Gebäude sitzen. Hier muss gemäß Unternehmensanweisung telefoniert oder persönlich miteinander gesprochen werden. Eine solche Anweisung zeigt schon die damit verbundene Verzweiflung im Kampf gegen dieses Problem auf. Ob die Unternehmen damit erfolgreich sind, kann man leider derzeit noch nicht erfahren. Ich würde stattdessen vorschlagen, dass man sich allein an Regeln halten und nur in kleinen Teams in der Hierarchie von oben nach unten Regeln für sinnvolles Verhalten mit Mails vereinbaren sollte: erst das Management-Team, dann die Management-Mitglieder mit ihren unterstellten Führungskräften und diese wieder mit ihren Teams. So könnte vielleicht aus der Summe von Inseln der „Mail-Glückseligkeit" ein Unternehmenskontinent entstehen; ich weiß, ein fast philosophischer Ansatz, aber vielleicht mit mehr Hoffnung auf Eintreten als unternehmensweite Lösungsversuche. Welchen Weg auch immer Sie einschlagen, halten Sie sich an die oben genannten Regeln/Tipps (technische Feinheiten muss ich in Unkenntnis darüber, welches Mailsystem Sie verwenden, leider weglassen).

Sicher fallen auch Ihnen noch einige Zeitfallen ein. Suchen Sie danach und gehen Sie dann wie folgt damit um:

1. **Aufschreiben**: Schreiben Sie sich die Verhaltensweisen und Situationen auf, bei denen Sie vermuten, dass unnötig Zeit vergeudet wird.
2. **Vermeidbarkeit**: Überprüfen Sie diese Zeitfallen daraufhin, ob sie vermeidbar sind oder nicht.
3. **Einfluss**: Fragen Sie sich, welchen Einfluss Sie auf die Vermeidung haben. (Wer ist Verursacher, ich oder andere?)
4. **Maßnahmen**: Legen Sie fest, wie Sie damit in Zukunft umgehen wollen.
5. **Auf dem Radar**: Hängen Sie sich diese Tabelle in Ihren Sichtbereich an die Wand, dann behalten Sie die Zeitfallen auf dem Radar und verfallen nicht in alte „Ich tappe so gerne hinein in jede Zeitfalle“-Gewohnheiten.

Für diese Arbeitsschritte könnte Ihre Arbeitstabelle so aussehen:

Was sind meine ganz persönlichen Zeitfallen?	Sind diese veränderbar, habe ich Einfluss darauf? (Ja/nein)	Was sind meine Lösungen für die Zukunft, wie werde ich damit umgehen?

Im folgenden Kapitel finden Sie noch Informationen zur kollektiven Zeitfalle „Meetings“. Keine Angst, diese Geißel moderner Unternehmen wird nicht vergessen. Und immer daran denken: Belohnen Sie sich ab und zu, wenn Ihnen das Vermeiden von Zeitfallen gelungen ist, das motiviert zum Dranbleiben!

Goldene ZuP-Regel

Berücksichtigen Sie, wo immer möglich, die drei großen Ps:

1. **Priorisieren** Sie ihre Aufgaben unter Berücksichtigung von Wichtigkeit und Dringlichkeit und haben Sie den Mut, Aufgaben nicht zu tun, wenn sie „null Prio“ haben!
2. **Planen** Sie angemessen, bevor Sie handeln, denn Schweißgeruch im Raum ohne Verstand dient keinem!
3. **Profitieren** Sie durch die Vermeidung von Zeitfallen durch direkte Zeiteinsparung!

2.1.3 Das Gehäuse: Zeitmanagement im Team

So schön wie Teamarbeit sein kann — im Zeitmanagement bedeutet ein Team oft ein Hindernis. Wer schon etwas Teamarbeit erlebt hat, der kann sicher ein Lied davon singen, wie man sich gegenseitig die Zeit gestohlen hat und nichts nach einem Meeting oder Workshop besser oder anders war als vorher. Nur dass man eben Zeit miteinander verbracht, oder besser verschwendet hat. (Natürlich aber haben Teams auch ihre guten Seiten ...) Dies alles mag Robert Copeland dazu bewogen haben, Folgendes zu sagen:

> *„To get something done, a committee should consist of no more than three people, two of whom are absent." („Ein Team besteht am besten aus drei Leuten, von denen zwei krank zu Hause geblieben sind.")*
>
> *Robert Copeland*

Nun will ich hier kein Plädoyer halten für Einzelarbeit und Einzelkämpfertum, aber jeder sollte sensibilisiert sein, dass Teams Potenzial zu Ineffizienz in sich tragen. Deshalb ist es so wichtig, dass es immer dann, wenn Teams beieinandersitzen und etwas schaffen wollen, eine Person gibt, die sich aufrafft, die Rolle des Moderators oder Teamleiters für die Zeit des Treffens zu übernehmen. Diese müsste idealerweise ein paar Fähigkeiten besitzen, damit aus 1 + 1 + 1 nicht 3, sondern 5 wird. Leider ergibt die Berechnung oft aber: 1 + 1 + 1 = 1,5. Insbesondere in den vielen Meetings, die heutzutage die Kalender pflastern, läuft es auf diese Negativ-Formel hinaus. Auch dazu gibt es ganz wunderbare Zitate, denn Meetings sind unerschöpfliche Quellen weiser Erkenntnisse (natürliche nur für diejenigen, die nicht dabei sind, und Zitate vom Turm blasen können):

> *„Meetings are indispensable when you don't want to do anything."*
>
> *(„(Schlecht gemachte) Meetings sind eine super Sache, wenn Sie keine Lust zum Arbeiten haben!")*
>
> *John Kenneth Galbraith*

> *„If you had to identify, in one word, the reason why the human race has not achieved, and will never achieve its full potential, that word would be 'meetings'."*
>
> *(verkürzt: „Der Grund, warum die Menschheit niemals ihr volles Potential entfalten wird, sind (schlecht gemachte) Meetings!")*
>
> *Dave Barry*

> *„None of us is as dumb as all of us."*
>
> *(„Keiner von uns ist so blöd wie wir alle zusammen." (wenn wir im Meeting sitzen!)*
>
> *vom Motivations-Poster zum Thema „Meetings" der Firma Despair Inc.*

Nun aber genug geschimpft, kommen wir zur Sache. Man muss zur Kenntnis nehmen, dass Zeitmanagement nicht auf einer einsamen Insel der Glückseligkeit stattfindet, sondern im Verbund mit anderen gelingen muss.

Mikro-, Mini-, Makro-Kosmos-Modell

Üblicherweise arbeitet man in unterschiedlich großen Organisationseinheiten. Man gehört zu einem kleinen Team, dieses zu einer Abteilung, diese wiederum zu einem Bereich und der zu einem Unternehmen und dieses eventuell zu einem Unternehmensverbund oder einem Konzern. Und um dies herum bewegen sich weitere Schnittstellen wie Kunden, Partner und zu guter Letzt auch noch die eigene Familie, die Ansprüche anmelden. In diesem mehr oder minder organisierten Netzwerk ergeben sich Arbeitsbeziehungen, in denen Sie jemand anderen beeinflussen und umgekehrt.

Ich nenne das gerne das „Mikro-, Mini-, Makro-Kosmos-Modell". Im Mikro-Kosmos haben Sie Ihr Zeitmanagement selbst in Händen, das sind Sie als Einzelperson. Im Mini-Kosmos nehmen schon die Teammitglieder aufeinander Einfluss. Und im Makro-Kosmos kommen eine Vielzahl von weiteren Schnittstellen im Unternehmen und den darum kreisenden Satelliten zustande. Diese gegenseitige Beeinflussung muss man erkennen und einzeln daraufhin prüfen, ob sie, unter Zeitmanagement-Prinzipien betrachtet, hilfreich und förderlich geschieht oder eben nicht. Was spricht denn dagegen, eher bremsende Beziehungen zu klären und Hindernisse und Störmechanismen auszuräumen? Dies würde der gegenseitige Respekt eigentlich gebieten — dennoch nimmt man viel zu lange hin, dass man gebremst oder verlangsamt wird, und ärgert sich tüchtig darüber, anstatt es höflich anzusprechen.

Hilfreiche Fragen bei der Analyse der Arbeitsbeziehungen sind:

- Wen beeinflusse ich in/mit meiner Arbeit?
- Von wem werde ich beeinflusst?
- Gibt es dabei Probleme für das Zeitmanagement und wie könnte man diese lösen?
- Welche Prozesse stören mich?
- Was genau in den Prozessen verhindert gutes Zeitmanagement und wie könnte man dies ändern?
- Wie komme ich zu nachhaltigen Verbesserungen, wie muss ich mit wem eine Vereinbarung dazu treffen?

In diesen Fragen steckt viel Kraft und es würden sich zahlreiche Potenziale heben lassen, wenn man mit den jeweiligen Personen in den Arbeitsbeziehungen gute Lösungen finden und vereinbaren würde.

Eine der wichtigsten Arbeitsbeziehungen ist sicher die zwischen **Führungskraft und Mitarbeiter**. Diese sollte unbedingt aktiv und bewusst so gestaltet werden, dass eine erfolgreiche Zeitmanagement-Partnerschaft entsteht, bei der idealerweise beide Beteiligten ein gemeinsames Verständnis von den Elementen guten Zeitmanagements haben.

Folgendes sollte vereinbart werden:

- **Führungskraft:** Ich muss Vorbild und Partner sein, wenn es um die Einhaltung von Zeitmanagement-Regeln geht!
- **Mitarbeiter:** Ich bin keine Marionette, d. h., ich muss und kann ansprechen, wenn die Führungskraft bewusst und unbewusst ungünstigen Einfluss auf mein Zeitmanagement nimmt. Weiterhin sollte sich man sich als Mitarbeiter darüber bewusst sein:
  - Ich kann mit meiner Führungskraft verbindliche Vereinbarungen treffen, die mein Zeitmanagement unterstützen.
  - Die Führungskraft kann nur einhalten und verhindern, was sie weiß, deshalb muss ich Themen ansprechen.
  - Konstruktiv-kritische Mitarbeiter mit verbessertem Zeitmanagement sind besser als „unproduktive Schweiger“.
  - Ich bin verantwortlich und zuständig für mein Zeitmanagement und meine Work-Life-Balance, nicht die Führungskraft!
  - Am Ende zählt für alle der Erfolg; was dazu verhilft, ist immer willkommen!

Egal in welcher der beiden obigen Rollen Sie sich befinden, machen Sie den ersten Schritt und initiieren Sie ein Gespräch mit Ihrem Zeitmanagement-Partner. Drängen Sie auf eine Vereinbarung dazu! Eine kleine schriftliche Aktennotiz, die beide abzeichnen, dürfte reichen. Diese können Sie anreichern durch eine Anlage, in der Sie tabellarisch aufführen, was von wem in diese Partnerschaft konkret eingebracht wird und die folgendermaßen aussehen könnte:

Was die Führungskraft verspricht zu tun/ lassen, um das Zeitmanagement des Mitarbeiters zu unterstützen:	Was der Mitarbeiter verspricht zu tun/ lassen, um das Zeitmanagement der Führungskraft zu unterstützen:

Viel Potenzial steckt natürlich auch in den Arbeitsprozessen, aber dieses Buch kann und will keine Abhandlung zur Prozessmodulation und keine für das riesige Thema Organisationsentwicklung sein. Wenn Sie die Erkenntnis gewonnen haben, dass Ihre Prozesse und das Organisationsdesign Zeitmanagementprobleme verursachen, dann sollten Sie spätestens bei der Frage 4 des Zeitmanagement-Vierecks „Welche Kompetenzen benötige ich?" antworten: Ich benötige Kompetenzen in der Prozessmodulation und Organisationsentwicklung, bevor Verbesserungen entstehen können. An diesen beiden Themen kann man nämlich monatelang herumdoktern und macht die Dinge damit noch schlimmer als vorher, weil man sie inkompetent anpackt.

Neben diesen beiden großen Themenfeldern gibt es weitere Störfelder im Team, die man in einem Zeitmanagement-Workshop gemeinsam und ohne externe Hilfe herausarbeiten kann. Die Fragen für ein gemeinsames Brainstorming oder -writing (z. B. mit Karten oder Haftzetteln, die gesammelt und bearbeitet werden) können lauten:

- **Ändern und stoppen:** Was behindert uns beim erfolgreichen Zeitmanagement im Team und sollte geändert oder abgestellt werden (unsere Zeitfallen)?
- **Beibehalten**: Was hilft uns bei einem effizienten Zusammenwirken für gutes Zeitmanagement und sollte beibehalten werden?
- **Beginnen**: Was sollten wir neu beginnen, um unsere Zeit und unsere Ressourcen effizienter zu nutzen?

Die drei Fragen können Sie auf einer Pinnwand mit Metaplan als Tabelle mit drei Spalten skizzieren und dann die vom Team eingebrachten Impulse strukturiert sammeln. (Nichts anderes würde ich als externer Moderator tun.) Die Ergebnisse solcher kleinen Workshops sollten anschließend in Maßnahmen überführt werden, die für die Verbesserung des kollektiven Zeitmanagements nachhaltig geeignet sind. Alternativ und in Anlehnung an die weiter oben vorgestellte Selbstanalyse zu persönlichen Zeitfallen kann man auch im Team analysieren, welche Zeitfallen das Team behindern und wie man damit umgehen will. Auf einer Pinnwand oder per Beamer an die Wand geworfen könnte die Arbeitstabelle dann so aussehen:

Was sind unsere Zeitfallen im Team? Wo vergeuden wir Zeit?	**Sind diese veränderbar, wenn ja von wem? Ja/nein/von wem**	**Was sind unsere Vereinbarungen für die Zukunft, wie werden wir damit umgehen?**

Die Vereinbarungen von Spielregeln, für die man einen „psychologischen Vertrag“ eingeht, geben jedem Teammitglied die Möglichkeit, sich selbst und die anderen an die vereinbarten Verbesserungen zu erinnern. Der psychologische Vertrag kann durch Unterschrift aller unter einem Flipchart oder einem bedrucktem Poster erfolgen. Als eingerahmtes Poster im Büro oder Besprechungsraum aufgehängt, dient es dann der täglichen Erinnerung.

Spielregeln verblassen aber schnell wieder, wenn man nicht dranbleibt. Man könnte im Team z. B. für den Fall disziplinierter Einhaltung eine gemeinsame Party ausloben. Dazu kann man ein Punktesystem etablieren, bei dem jeder am Ende einer Arbeitswoche für z. B. fünf gelungene Zeitmanagement-Tage fünf Punkte (könnten Murmeln in einem großen Glas sein) vergeben darf, dann bleibt das Thema bei allen Teammitgliedern auf dem Radar. Sicher fallen Ihnen noch mehr kleine Incentives ein, die man vereinbaren könnte. Sonderurlaub wäre z. B. ein echter Zeitgewinn angesichts einer Effizienzsteigerung im Team auf Basis nachhaltig umgesetzter Zeitmanagement-Verbesserungen. Die könnte der Arbeitgeber ausloben für die Erhöhung einer vorher vereinbarten Produktivitätskennzahl für das Team.

Ganz wichtig ist in jedem Fall, auch die Kultur eines Teams bei etwaigen Verbesserungen im Blick zu haben. Spielregeln können noch so plausibel sein, wenn aber im Team z. B. eine Kultur nach dem Motto „Wer am längsten bleibt, ist am wichtigsten“ entstanden ist, dann werden alle Spielregeln im „Bunte-Bilder-an-der-Wand-Modus“ verbleiben. Ganz viel Einfluss liegt hier bei der Führungskraft, die als Vorbild und „Einforderer“ eines kulturellen Wandels fungieren muss. Wer Ergebnisorientierung propagiert und dann Bemerkungen fallen lässt wie „Meier, haben Sie jetzt einen Teilzeit-Job?“, wenn Meier um 17.00 Uhr angesichts guter Ergebnisse Feierabend machen will, der muss sich nicht wundern, wenn Verbesserungen im Zeitmanagement reine Lippenbekenntnisse bleiben.

Team-Meetings

Ich möchte mich für den Rest dieses Kapitels auf die Momente fokussieren, in denen das Team zusammenkommt und eine der oben schon erwähnten kritischen Situationen miteinander verbringt: Meetings! Kennen Sie die gemeinste Definition von Meetings?

Viele gehen rein,
nichts kommt raus!

Jetzt werden Sie sicher denken: „Um Prozessmodulation und Organisationsentwicklung drückt er sich, aber das Thema Moderation soll hier mal eben abhandelt werden ...“ Und Sie haben Recht! Auch dieses Thema kann tagelange Seminare füllen, obwohl es schon einige wenige Dinge gäbe, mit denen man Meetings zu Doings machen könnte. Ein schönes Wortspiel, das aufzeigt, was die Treffen eigentlich sein sollten: Nicht vertane Zeit, sondern wertvolle und ergebnisreiche Momente des Tages, in die man etwas einbringen und aus denen man einiges mitnehmen kann.

Hier eine übersichtliche Anzahl von wirksamen Tipps für ein gelungenes Meeting:

- **Teilnehmeranzahl klein halten**
  Der erste Tipp ist nicht von mir, ist aber eine wichtige Vorbedingung für gelungene Meetings: „Halten Sie Besprechungen klein, indem Sie nicht benötigten Leuten die Sicherheit vermitteln, nichts zu versäumen. Eine schriftlich vorliegende Tagesordnung, die streng eingehalten wird, ist die einfachste Möglichkeit, ihnen diese Gewissheit zu geben.“[2] Nur darf man dann eben nicht mal schnell über Themen von nicht eingeladenen Kollegen sprechen. Wenn diese das anschließend hören, kommen sie doch wieder in jedes Meeting, damit das nicht nochmals passiert.
  Laden Sie also nur ein, wer:
  - etwas einbringen kann, um das Thema oder die anderen Teilnehmer weiterzubringen und
  - etwas mitnehmen kann, damit er selbst mit seinen Themen weiterkommt.
- **Moderator ab drei Teilnehmern**
  Ab drei Teilnehmern beginnt eine Gruppe, dafür ist ein Moderator unerlässlich. Wenn zwei Personen beieinandersitzen, dann findet sich der Austausch intuitiv. Ab drei beginnen sich neue Konstellationen und Allianzen zu entwickeln und jeder will seine Redezeit haben und sich einbringen. Umso größer die Gruppe wird, desto komplexer wird das Geflecht der Beziehungen und umso notwendiger werden Moderationstechniken, mit denen man strukturiert und systematisch die Ressourcen der Gruppe zum Erreichen der gesteckten Ziele abfordern kann. Ab einer Gruppengröße von fünf beginnen introvertiertere Menschen, sich zurückzuhalten und die extrovertierten „übernehmen die Macht“. Da entstehen viele Schallwellen um der Wellen wegen und die Schweiger bringen ihre vielleicht wertvolleren Ideen nicht mehr ein, weil ihnen das Plenum einfach zu groß ist. Entweder befürchten sie, dass ihre Ideen nicht richtig aufgenommen, dumm kommentiert oder ignoriert werden. Oder sie kommen einfach nicht zu Wort, wenn kein Moderator die Redezeiten zuteilt und allzu sprachgierige Plauderer zur Räson bringt.

[2] Tom DeMarco: Der Termin – Ein Roman über Projektmanagement, S. 236.

- **Gute Vorbereitung statt Ad-hoc-Meetings**
  Nur durch eine gute Vorbereitung gelingt ein erfolgreiches Meeting. Dabei sollten Sie mindestens die nachfolgenden Tipps berücksichtigen. Spontane Meetings müssen zwar auch mal sein, wenn es die Situation erfordert, dann sollten Sie die Tipps zu Beginn klären, um das Gelingen sicherzustellen:
  - **Ziele des Meetings:** Was soll am Ende des Meetings herauskommen, was ist nachher besser bzw. anders als vorher?
  - **Ab drei Themen benötigt man eine Agenda**: Mit ihr müssen Themen gesammelt, mit den jeweiligen Zielen versehen, nach Priorität geordnet und mit einem Zeitfenster versehen werden. Und am besten sollte dies sichtbar auf einem Flipchart oder bei kleinen Gruppen mit einem Zettel auf dem Tisch vorgenommen werden. So kann der Moderator die Gruppe zielorientiert und straff durch das Meeting leiten.
  - **Eine passende Zeitplanung:**
    - Für die Länge eines Meetings bedeutet dies nur so lange wie nötig und nicht länger als nötig zu tagen.
    - Für die Verteilung der Zeit bedeutet dies, im Rahmen der Agenda Zeitanteile nach Komplexität und Wichtigkeit zuzuordnen und die Zeitfenster auch stringent zu nutzen. Sonst verplaudert man seine begrenzte Zeit für Nichtigkeiten und wenn es darauf ankommt, muss man husch-husch noch mal eben die wichtigen Themen durchwinken.
- **Startphase für Ad-hoc-Meetings**
  Starten Sie Meetings, bei denen keine Zeit für Vorbereitungen bestand, mit diesen Fragen:
  1. Wer leitet/moderiert die Besprechung?
  2. Brauchen wir eine Agenda? (ab drei Themen in jedem Fall)
  3. Was muss auf die Agenda und wozu (Ziele) müssen wir es besprechen/bearbeiten?
  4. Wer führt Protokoll?
- **Meetings dienen dem Lernen**
  Nutzen Sie in Meetings alle sinnvollen Kommunikationskanäle, damit die Teilnehmer möglichst viele Erkenntnisse mitnehmen können! Genau wie gute Trainer es bei Trainings tun, sollten die Teilnehmer in Meetings nicht nur reden (auditiver Lernkanal), sondern auch mit Flipchart/Whiteboard/Pinnwand (visueller Lernkanal) visualisieren. Wichtig ist zudem die interaktive Zusammenarbeit im Meeting, deshalb bauen Sie ruhig auch mal eine kleine Arbeitsphase ein. Stehen Sie dazu auf und bewegen Sie sich an den Arbeitsmedien bzw. werkeln Sie mit den typischen Workshop-Mitteln (Pinnwand, Karten, Haftzettel, Kleingruppenarbeit am Flipchart etc.). Das hält das Blut in Wallung und das Gehirn bleibt sauerstoffversorgt. Manches Meeting führt dann vielleicht schneller zum richtigen Ergebnis und kann so schneller und ergebnisreicher beendet werden.

- **Schriftlichkeit der Ergebnisse gegen das Vergessen**
  Ein Ergebnisprotokoll sollte direkt während der Besprechung mit einem Laptop geschrieben werden. Erinnerungsprotokolle, die im Nachgang von einem Teilnehmer erstellt werden, spiegeln meist nur die Erinnerung des Schreibers wieder und die entspricht naturgemäß nicht dem tatsächlich Besprochenen oder Vereinbarten. Im schlimmsten Fall gehen sie bis zum Vorliegen einer von allen Beteiligten mitgetragenen Version mehrfach hin und her. Anschließend sollte das Protokoll auch allen zugestellt werden. Beim nächsten Meeting muss man darauf aufsetzen, ansonsten werden To-dos blasse Erinnerungen unangenehmer Aufgaben, die man lieber schnell unter den Teppich kehrt. Dies ist wohl der Klassiker schlechten Zeitmanagements in Teams: Man vereinbart die richtigen Dinge, hält sie aber nicht nach und dann ärgert man sich anschließend, wenn sich irgendwie nichts ändert.

Wenn Sie Führungskraft sind, verweise ich in diesem Zusammenhang noch einmal auf unser Buch „Führen mit dem Omega Prinzip“, in dem noch weitere Tipps und Methoden für Meetings beschrieben werden.

Neuro-Tipp

Wichtig ist die neue neurobiologische Erkenntnis, dass ein sozialer Ausschluss zu denselben Schmerzsymptomen im Gehirn führt wie körperlicher Schmerz. Dies ist der Grund, warum bei Meetings so viele Teilnehmer erscheinen, obwohl die Anwesenheit nicht zwingend erforderlich gewesen wäre. Bei einem Nichterscheinen sind die Schmerzbahnen wegen des sozialen Ausschlusses aktiviert. Hier helfen nur eine sehr gute Kommunikation und das Wissen um diese „Falle“. Ich habe „Falle“ in Anführungsstriche gesetzt, weil sie unsere Vorfahren noch vor dem Ausgestoßen-Sein bewahrt hat. Unter diesem Blickwinkel müssen wir Meetings betrachten: **Die Agenda ist nicht nur für die Anwesenden wichtig, sondern ebenfalls für die Abwesenden,** das Protokoll ist nicht nur für die kommenden Aufgaben entscheidend, sondern auch für die Nicht-Anwesenden ein wichtiges Instrument der Zugehörigkeit.

Goldene ZuP-Regel

Heben Sie Zeitmanagement-Potenziale in Ihrem Team, indem Sie:

- Ihre Schnittstellen im Team und zu den übergeordneten Organisationseinheiten und außenstehenden Partnern etc. auf Verbesserungen im Zusammenspiel analysieren und proaktive Vorschläge einbringen!
- Ihre Beziehung im Kleinteam „Führungskraft und Mitarbeiter“ auf den Prüfstein stellen und vereinbaren, was in Zukunft anders und besser gemacht werden kann!
- Zeitfallen im Team herausarbeiten und deren Vermeidung vereinbaren!
- aus ineffizienten Meetings spannende und produktive Doings machen!

2.2 Das Uhrwerk: Konsequenz im Handeln und der „heilige Gral“

Inkonsequenz und Gewohnheiten lassen einen schnell wieder in alte Verhaltensmuster und in die oben beschriebene Komfortzone zurückfallen. Nennen Sie es gerne Ihren „inneren Schweinehund“ und geben Sie ihm am besten auch noch einen Namen, dann haben Sie wenigstens einen Gegner vor Augen, den Sie beim Namen nennen und besiegen können. Meines Erachtens ist es erfolgskritisch, dass Sie sich von der ersten Minute an mit einem Mantra versehen, das dabei hilft, sich an die Tatsache zu erinnern: Die Zeit fließt unerbittlich und das Ihnen zur Verfügung stehende Lebenszeit-Budget ist in Stunden gemessen leider nicht so riesig, dass man damit schludern sollte. Aber der tägliche Kampf um diszipliniertes und professionelles Zeitmanagement ist ein müßiges Geschäft, der innere Schweinehund (haben Sie schon einen Namen für ihn?) ist ein starker und tückischer Gegner und deshalb bedarf es eines starken inneren Antriebs. Das Mantra muss also Kraft besitzen, damit es nicht im täglichen Gewohnheitstreiben untergeht. Ich habe mir für meinen eigenen täglichen Kampf mit meinem inneren Schweinehund ein persönliches Mantra zugelegt, ich habe mir sozusagen meinen **„heiligen Gral“ des Zeitmanagements** eingehämmert. Dieser erinnert mich immer wieder an die Wichtigkeit und den Nutzen meines Handelns. Das Mantra lautet:

Zeit ist Leben! Leben ist Zeit!
Zeitmanagement ist Management des Lebens!

Warum ist mir ein solches Mantra so wichtig, warum möchte ich, dass Sie entweder das obige berücksichtigen oder besser noch, ein eigenes mit hoffentlich für Sie starker Kraft entwickeln? Weil alle guten Vorsätze schneller wieder in der Komfortzonen-Bequemlichkeit zerrieben werden, als Ihnen und mir lieb ist. Weil 50 % Ihres Erfolges bei der Umsetzung nicht in der rhetorischen und methodischen Brillanz meiner Ausführungen verborgen liegen, sondern darin, mit welchem Rückenwind Sie Ihre täglichen tausendfachen kleinen Entscheidungen konsequent an dem Respekt gegenüber Ihrem eigenen Leben ausrichten.

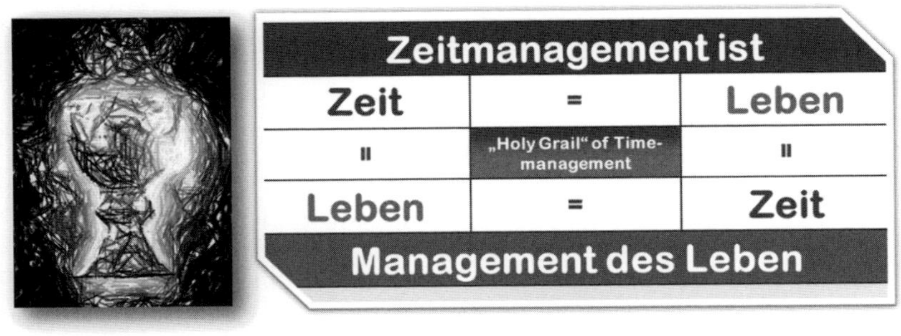

Abbildung: Der heilige Gral des Zeitmanagements

Wenn Sie hier eine Verknüpfung mit dem eingangs gewählten Zeitmanagement-Bild der Uhr herstellen möchten, dann wäre die Verwendung eines Mantras das tägliche Aufziehen eines Uhrwerkes, das die Uhr erst stetig laufen lässt. Das Mantra gibt Ihnen Kraft und unterstützt Sie bei konsequentem Handeln. Man kann sich zusätzlich aber auch mit kleinen Incentives bei der Stange halten. Deshalb empfehle ich Ihnen, sich ab und zu zu belohnen. Wenn Sie das Gefühl haben, dass ein Tag von gelungenem Zeitmanagement erfüllt war, dann belohnen Sie sich z. B. mit einem Restaurantbesuch, kaufen sich mal wieder eine schöne Musik-CD, einen spannenden Film oder was immer Ihnen selbst Freude macht. Selbst-Incentivierung macht Spaß und ermuntert, dranzubleiben. Ich kaufe mir nach einer gelungenen Arbeitswoche gerne einen neuen Film und belohne mich dann mit einem „Puschenkino-Abend“ auf der Couch bei einem leckeren Guinness samt Whisky.

Weiter vorne empfahl ich Ihnen, darüber nachzudenken, was Sie mit der gewonnenen Zeit anfangen wollen. Ich hoffe, Sie haben die kleine Übung durchgeführt. Wenn Sie gewonnene Zeitfenster dann konsequent für die von Ihnen festgelegten Ziele verwenden (Sport treiben, ein Buch lesen ...), dann erleben Sie am direktesten die Früchte Ihres Zeitmanagements und werden es zu schätzen wissen, wenn Sie wieder ein Zeitfenster erwirtschaftet haben. Nur so bleiben Sie selbst angespornt. Disziplin durch Belohnung ist sicher ein guter Treibstoff für die Langlebigkeit des Motors bzw. ein robustes Uhrwerk für ein hohes Alter Ihrer persönlichen Zeitmanagement-Uhr. Ich möchte dieses Kapitel mit einem kleinen Fazit abrunden:

Gutes Zeitmanagement ist nicht nur ein Zeichen von Methodenkompetenz.
Es ist vielmehr ein Beweis für eine hohe Intelligenz!
Denn was gibt es Dümmeres, als kostbare Lebenszeit zu vergeuden!

Goldene ZuP-Regel

Bleiben Sie bei der Stange, indem Sie Folgendes tun:

- Formulieren Sie sich ein Mantra mit starker Kraft für die Eigendisziplinierung. Nichts ist leichter als der Rückfall in alte zeitvernichtende Gewohnheiten!
- Belohnen Sie sich für erfolgreiche Zeitmanagement-Tage oder -Wochen mit kleinen Selbstgeschenken!
- Nutzen Sie konsequent gewonnene Zeit für die von Ihnen beabsichtigten Handlungen, dann verspüren Sie den besten Return on Investment!

2.3 Toolbox für das Zeitmanagement

Sozusagen „im Preis mit drin" ist eine ZuP-Toolbox, bestehend aus Dateien in Word, Excel und Powerpoint, die Sie auf Arbeitshilfen online finden können. Darin finden Sie auch einige elektronische Vorlagen, mit denen Sie Ihre ZuP-Arbeit erleichtern und beschleunigen können. Die Toolbox enthält für Zeitmanagement nur einige wenige Tools, aber die Instrumente aus dem Projektmanagement können Sie für viele Situationen auch im Zeitmanagement adaptieren. So können z. B. Aktivitätenpläne die Planung auch von „mittelgroßen" Aufgaben unterstützen. Ein Projektstrukturplan kann z. B. auch eine größere Aufgabe transparenter machen und damit die Bearbeitung erleichtern.

Was ich Ihnen aber mit einem Buch und einer Toolbox nicht abnehmen kann, ist die effiziente Verwendung Ihrer sonstigen Arbeitsmittel (einer der Flügel des Zeitmanagement-Propellers). Ob Sie Ihren Kalender mit Outlook oder anderen Softwarelösungen betreiben, ist sicher oft eine kollektive Entscheidung im Unternehmen. Und wenn man mal die Annahme treffen darf, dass moderne marktübliche Software-Lösungen grundsätzlich funktionieren, dann ist der Schlüssel zum Erfolg letztlich nicht das Tool, sondern Ihre Fähigkeit in der Anwendung Ihrer zur Verfügung stehenden Tools. In Dienstleistungsberufen ist sicher eine miteinander verbundene und sich stetig synchronisierende Lösung aus PC oder Laptop und einem Smartphone für Mails und Kalender Standard. So vermeidet man redundante Pflegearbeiten und ist flexibel arbeitsfähig. Nur funktionieren muss die Gesamtlösung, sonst ist sie ein immerwährender Quell des Frusts.

Manche Autoren nutzen die Weiterentwicklung der Equipment-Angebote auch für neue Bücher (z. B. „Zeitmanagement mit dem iPad" von Lothar Seiwert). Persönlich glaube ich aber, dass man den Glauben an „Devices" im Rahmen erfolgreichen Zeitmanagements nicht übertreiben sollte. Deshalb habe ich meine Schwerpunkte in diesem Teil des Buches auch auf technik-unabhängige Themen und Modelle gelegt, denn diese setzen meines Erachtens die größte Kraft frei und bringen den nachhaltigsten Nutzen. Und dies ganz losgelöst von den schwindelerregend schnellen Veränderungen im technischen Schnickschnack-Angebot. Nennen Sie mich gerne altmodisch, aber ich bin immer froh, wenn kein Smartphone-Wechsel ansteht und kein Update, das natürlich alles verbessern sollte, dummerweise aber erstmal das funktionierende Gesamtsystem ausbremst, bis endlich die Bugs alle behoben sind. Ich will nicht so weit gehen wie „never touch a running system", aber ich aktualisiere die technische Ausstattung nur, wenn mir der Effizienzvorteil einer neuen Lösung plausibel erscheint. Ansonsten wird nach meiner Wahrnehmung der ständige Auswechsel- und Updateaufwand eine Zeitfalle für sich, die stetig gefüttert werden will mit frischer Beute.

3 Neurowissenschaft: Wenn das eigene Gehirn zum Problem wird

Zum umfassenderen Verständnis zu den Tücken und Chancen von Zeitmanagement finden Sie im folgenden Kapitel die biologischen Hintergründe. Es passieren im Gehirn sehr viele Dinge gleichzeitig und wir nehmen nur einen Bruchteil bewusst wahr. In der Steuerung, welchen Bruchteil wir wahrnehmen wollen, liegt die Chance, sich gut zu organisieren. Dieses Kapitel gibt einen Überblick über das biologische Verständnis von Zeitmanagement und es werden Steuerungsmechanismen für unser Gehirn vorgestellt. Ein besonderes Augenmerk liegt auf der Wahrnehmung von Zeitdruck. In vielen Gesprächen mit Seminarteilnehmern im Ersten Deutschen Zentrum für Leistungsmanagement stellen wir immer wieder fest, dass für viele der Zeitdruck wächst und der Aufgabenberg größer wird. Als Ausgangspunkt unserer biologischen Betrachtung behaupten wir:

! WICHTIG

Diese Wahrnehmung wird vor allem vom Neuro-Biosystem gesteuert. Die Aufgabenlast wird häufig subjektiv als viel empfunden.

Unser Gehirn ist und hat das Problem, nicht die Aufgabe ist das Problem.

Ein Teil dieses Problems ist, dass wir uns mit verschiedenen Aufgaben zeitgleich auseinandersetzen. Dass Menschen Multitasking besonders gut können, ist eine Mär, deren Unwahrheit sich schon bei den meisten herumgesprochen hat. Fakt ist: Unser Gehirnbereich für bewusstes Erleben und Entscheiden, der Präfrontale Cortex, kann zwar sehr viele Dinge, aber doch nur seriell arbeiten. Wenn also mehrere Aufgaben anstehen, z. B. eine Mail schreiben, eine andere Mail lesen und ein Telefongespräch führen, dann kann unser Präfrontaler Cortex zwischen diesen Aufgaben springen, sodass wir das Gefühl von Gleichzeitigkeit haben, aber in Wirklichkeit sind die Abstände des Wechselns nur sehr gering. Es gibt kein Multitasking, nur eine serielle Bearbeitung von Aufgaben, zumindest bei allen Aufgaben, die bewusstes Denken erfordern. Wirkliche Parallelität ist nur mit unbewussten Handlungen möglich, meistens betrifft dies motorische Tätigkeiten — wirklich parallel können wir z. B. gehen und uns kratzen.

Zeitdruck empfinden Menschen dann, wenn sie das Gefühl haben, zu viele Aufgaben in der zur Verfügung stehenden Zeit erfüllen zu müssen. In diesem Fall neigen sie zu einer parallelen Arbeitsweise. In Versuchen wurde nachgewiesen, dass dann die Fehlerquote stark steigt. So arbeitet ein „multitaskender“ 50jähriger Manager plötzlich auf dem geistigen Niveau eines 12-Jährigen. Zeitmanagement ist daher ein prädestiniertes Feld, auf dem die Neurowissenschaften hilfreiche Handlungsempfehlungen für Verhalten geben können.

Neuro-Tipp
Seien Sie sich bewusst: Unser Verstand kann nur seriell arbeiten.

In den Seminaren des Ersten Deutschen Zentrums für Leistungsmanagement verwenden wir das folgende Modell, um die Bedeutung von Biologie deutlich zu machen:

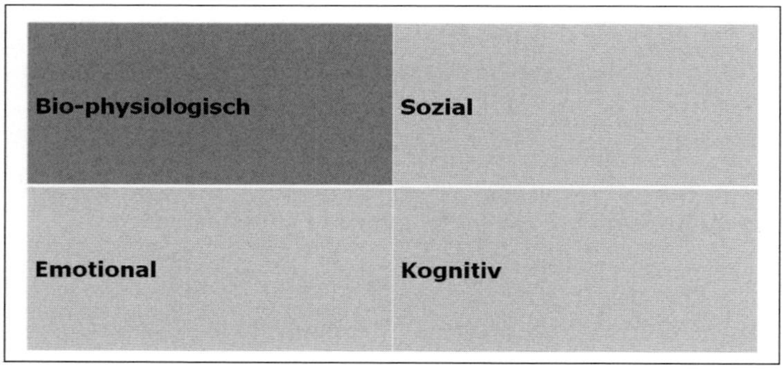

Abbildung: Vier Ecken von Krankheit und Motivation

Dieses Modell wird oft in der klinischen Psycho-Neuro-Endokrino-Immunologie verwendet. Dort gehen die Therapeuten davon aus, dass jede Krankheit diese Ebenen hat. So kann man wissenschaftlich gesichert behaupten, dass eine effektive Heuschnupfenbehandlung eines Dreijährigen eine Verhaltens-Psychotherapie der Eltern ist. Hier wirkt die soziale Ebene, also die Stabilität der Eltern, stark auf die biologische Ebene, also das Immunsystem des Kindes. Bei Übergewichtigen spielen Glaubenssätze oft eine Rolle („Iss den Teller auf, sonst gibt es morgen schlechtes Wetter ...“) So wirkt die kognitive Ebene unbewusst auf die anderen Ebenen.

Aus unserer Sicht ist dieses Modell aber nicht nur gültig für Krankheiten — jedes Verhalten hat immer diese vier Ebenen. So betonen beispielsweise Motivationstrainer die Kraft der Gedanken. Ein ganzer Forschungszweig, die kognitiven Psycho-Neurowissenschaften, beschäftigt sich mit Motivation. Überträgt man die Motivation, erfolgreich zu sein, auf das Modell, sind die Folgerungen daraus:

BEISPIEL

- **Kognitiv:** Wenn Du glaubst, Du hast Erfolg, dann wirst Du Erfolg haben.
- **Sozial:** Umgib Dich mit Menschen, die erfolgreich sind.
- **Emotional:** Fühl Dich wie ein Sieger, dann wirst Du ein Sieger.

Eigentlich müssten dann nur motivierte Sieger in den Unternehmen zu finden sein. Warum ist das aber nicht der Fall? Bei vielen ist die Biologie nicht in der Lage, Motivation und Begeisterung auszulösen. Es fehlen einige Gehirnhormone für einen erfolgreichen Siegerstoffwechsel, die auch Einfluss auf das Zeitmanagement haben.

Was unterscheidet also einen guten Zeitmanager von einem schlechten? Sicher auch die drei oben genannten Ebenen, zu denen bereits viel veröffentlicht wurde. Vor allem ist aber die Neuro-Biologie wichtig. Diese herauszufiltern, ist Ziel und Anspruch dieses Kapitels.

3.1 Biologische Perspektive

Um Neuro-Biologie zu verstehen, ist eine der wichtigsten Fragen:

Welchen evolutionären Sinn hat ein Verhalten?

Damit verbunden ist die Frage: Welchen evolutionären Sinn hat Zeitdruck? Um diese Aussage zu erklären, verwenden wir das Beispiel des Sinns von Depressionen.

Menschen mit Depressionen haben nahezu immer einen Serotoninmangel im Gehirn. Serotonin ist der Stoff, der uns entspannt und wohlig und wohlwollend werden lässt. Es hilft uns, eine Ungerechtigkeit uns gegenüber mit einem Lächeln wegzustecken. In einem Versuch wurde der Serotoninspiegel bei Studenten gesenkt und das Gerechtigkeitsempfinden im Vergleich zu einer Kontrollgruppe ermittelt. Die Gruppe der Serotonindefizitären hat wesentlich empfindlicher auf Ungerechtigkeiten reagiert als die Gruppe der „Normalen". Der Sinn von verschiedenen Serotoninspiegeln in der Bevölkerung kann darin liegen, dass es in unserer sozialen Gruppe Menschen geben muss, die besonders gerechtigkeitsempfindlich sind, weil sich der Rest der Gruppe sonst nicht an die Regeln halten würde. Wenn es allen egal wäre, ob z. B. Nahrung ungerecht verteilt würde, wäre die Gruppe schlechter dran. So gibt es demnach in der Gesellschaft einen Bedarf an „Gerechtigkeitswächtern". Diese sind nicht so entspannt und wohlwollend mit anderen, erfüllen aber eine wichtige Funktion. Ein Sinn dieser Grundposition eines niedrigen Serotoninspiegels ist folglich die Gerechtigkeit in der Gruppe. Wenn in einer Gesellschaft immer mehr Depressionen auftreten, könnte dies ein Signal von zunehmend empfundener Ungerechtigkeit sein.

Sinn von Zeitdruck

Wie sieht es nun mit Zeitdruck aus? Was ist der Sinn von Zeitdruck? Menschen mit Zeitdruck kommen in unsere Seminare und sagen:

- „Ich weiß nicht, wo ich anfangen soll. Ich könnte ständig arbeiten, meine Gedanken sind immer schon bei den nächsten drei Aufgaben."
- „Wenn ich das nicht erledige, dann ..."
- „Ich stehe unter Last ..."

Das Signal an das Gehirn ist immer gleich: „Es droht eine Gefahr, wenn ich nicht schnell reagiere." Genau für diese Situation haben wir ein körpereigenes System: unser Energie-Bereitstellungs-System.

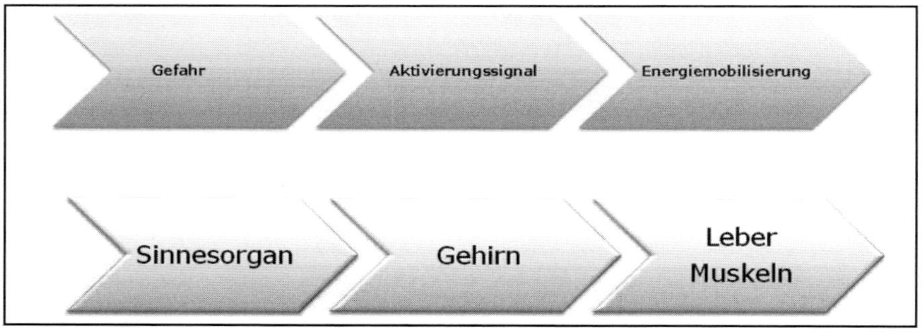

Abbildung: Energiemobilisierung

1. Wir nehmen über die Sinnesorgane wahr, dass eine Gefahr ein schnelles Handeln erfordert.
2. Sofort wird über einen Gehirnkern, den Nukleus coeruleus, ein Signal an das aktivierende Nervensystem (Sympathikus) gegeben.
3. Energie wird aus der Leber und aus den Muskeln ausgeschüttet, damit wir dieser Herausforderung begegnen können.
4. Es werden auch andere Systeme aktiviert, z. B. verfügen wir über eine verstärkte Aufmerksamkeit. Wir nehmen beispielsweise Töne besser wahr.

Der evolutionäre Sinn, wenn wir Druck empfinden, ist also die Energiebereitstellung im Körper für unsere Aufgaben und eine erhöhte Aufmerksamkeit für Abweichungen in unserer Umwelt.

3.1.1 Besser agieren mit viel Energie im Blut

Durch die Sympatikus-Aktivierung und die vermehrt ausgeschüttete Energie können wir vieles besser: Zum Beispiel sind wir in der Lage, in die Ferne zu schauen und wir können besser Töne wahrnehmen, die nicht zu unserem Alltag gehören. Hier liegt die Erklärung, warum wir unter Druck/Stress geräuschempfindlicher werden. Gleichzeitig fließt evolutionsbedingt mehr Zucker in die Muskeln. Wir können uns also besser bewegen und tun dies im Idealfall unter Druck auch. In diesem Fall setzt eine negative Feedbackschleife ein und das Gehirn empfängt das Signal: Wir arbeiten an der Bewältigung. So reduziert sich die Aktivität des Sympathikus und der Druck lässt nach. Bewegen wir uns nicht, weicht der Druck auch nicht und all die Vorteile der Energiebereitstellung (besser hören, Energie in den Muskeln) wandeln sich langfristig in Nachteile (ständige Geräusche im Ohr und Diabetes).

Unter Druck können wir zudem ausgezeichnet Abweichungen von der Norm erkennen. Einen Text auf Rechtschreibfehler zu korrigieren, geht unter Druck besser als ohne Druck. Auch dies hat evolutionäre Ursachen. Für Steinzeitmenschen waren Abweichungen lebensgefährlich und wurden mit einer Energiebereitstellung beantwortet – so konnte der Mensch schneller die Gefahr erkennen und im Ernstfall auch besser fliehen.

Neuro-Tipp

Unter Druck können Sie besser Fehler finden.

3.1.2 Was kann ich schlechter?

Wo so viele Vorteile sind, da sind auch Nachteile. Die Energiebereitstellung ist „teuer". Der Körper braucht für die Bewältigung des Drucks viele Reserven und unser Energiehaushalt sinkt nach einer Drucksituation. Ständig unter Zeitdruck zu stehen, verlangt von uns eine hohe Energiebereitstellung, die Gewichtszunahme ist nur eine Folge, eine Insulinresistenz der Muskeln eine weitere. Unter Druck verlieren wir Kreativität und Visionsvermögen, da die Fokussierung dem Gehirn keinen Freiraum für alternative Lösungsvorschläge mehr lässt, sondern nur die Erledigung der dringenden Aufgabe zulässt.

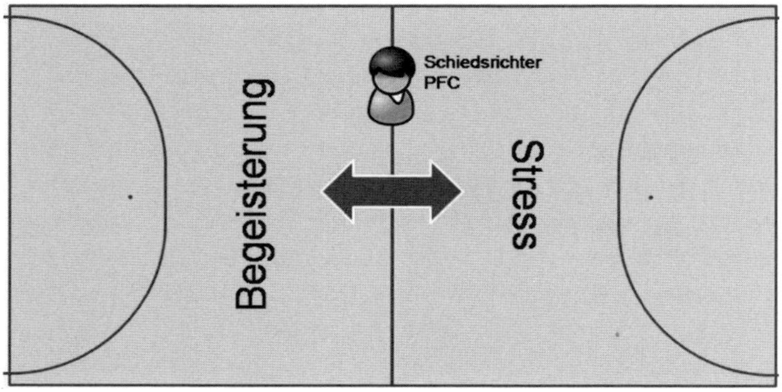

Abbildung: Unsere beiden Bewegungssysteme

Wie in diesem Bild dargestellt, haben wir zwei Antriebssysteme. Druck oder Stress setzt Energie frei und uns in Bewegung. Begeisterung bringt uns ebenfalls in Bewegung, durch Begeisterung erhalten wir Antrieb. Dieses zweite große Antriebssystem funktioniert über den Gehirnbotenstoff Dopamin. Dopamin sorgt für Antrieb, Bewegung und Motivation. An der Columbia Universität hat das Team um den Psychologieprofessor Kevin Ochsner Versuche gemacht, die die Systeme anschaulich anhand von Bildern des Gehirns erklären können. Den Versuchspersonen wurden Bilder gezeigt, die eine weinende Frau vor einer Kirche zeigten. Beim Betrachten der Bilder lagen die Versuchsteilnehmer in einem fRMT, einem Scanner, der die aktiven Gehirnregionen bei einer gegebenen speziellen Situation (in diesem Fall die weinende Frau) anzeigt und daraus die Gehirnbilder errechnet. Unten sehen Sie ein Bild der besonders aktiven Gehirnareale – in diesem Fall der Amygdala. Die Amygdala ist ein Gehirnareal, das mit Angst und Vermeidung in Verbindung gebracht wird.

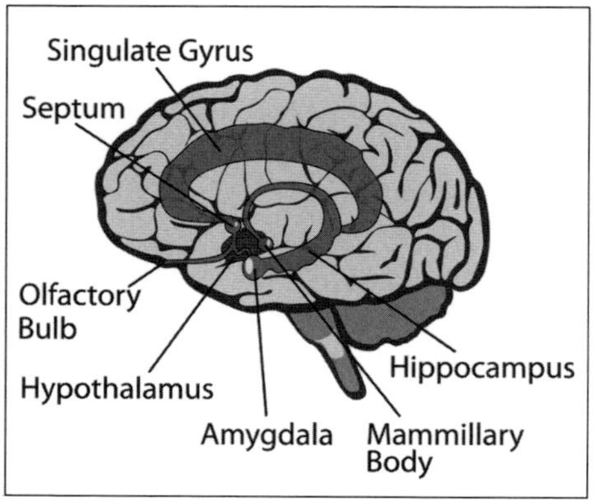

Abbildung: Amygdala

Anschließend wurde eine Technik aus der kognitiven Verhaltenstherapie angewandt, das sogenannte Reframing. Ochsner sagte den Teilnehmern, die Frau warte auf ihre Tochter, die gerade geheiratet hat und nun aus der Kirche käme. Schlagartig war das eben aktive Angstzentrum ruhig und das Zentrum für Begeisterung (der Nukleus Accumbens) wurde aktiviert. Das Gehirn hat also die Fähigkeit, blitzschnell umzuschalten, wenn wir eine Gefahrensituation als falsch oder sogar als das Gegenteil erkennen. Hierin liegt das Potenzial dieser Technik, denn man kann beeinflussen, ob die Schaltkreise für Begeisterung im Gehirn mobilisiert werden sollen. Reframing ist eine der besten Methoden, kognitiv aus einer Druckspirale zu entkommen.

Neuro-Tipp

Schalten Sie mit dem Verstand blitzschnell zwischen Angst und Begeisterung um.

Es gibt in der modernen Neuro-Biologie einen Leitsatz:

! **WICHTIG**

Gedanken erzeugen Biologie und Biologie erzeugt Gedanken!

Über die Gedanken können wir Gehirnareale an- und ausschalten. Daraufhin folgen chemische Botenstoffe und beeinflussen unser Verhalten. Die Spirale von Zeitdruck sieht dementsprechend so aus:

1. Empfundener Druck in einem Projekt.
2. Das Gehirn stellt sich auf die Drucksituation mit der Anhebung der anregenden Botenstoffe ein und regelt Serotonin herunter.
3. Das Projekt mit dem Zeitdruck dauert ein paar Monate, unser Köpersystem ist aber auf die Lösung innerhalb von wenigen Stunden, maximal Tagen eingerichtet.
4. Der empfundene Druck ist in dieser Zeitspanne nicht weg, das Biosystem muss weiter in Richtung Anspannung regeln. Adrenalin hoch, Serotonin runter.
5. Dadurch empfinden wir den Druck noch stärker.
6. Es kommt zu einer weiteren Minderung des Serotoninspiegels.
7. ...

Auf diese Weise können zunächst stressbedingt Schlafprobleme entstehen. Serotonin ist ein Vorläuferhormon von Melatonin, dem „Schlafhormon“. Wenn Serotonin fehlt, fehlt auch Melatonin, daher die Schlafstörungen. Darüber hinaus gibt es noch andere Serotoninmangelerkrankungen. Die bekannteste ist die Depression: Gesellen sich widrige Lebensumstände zum Serotoninmangel, z. B. Jobverlust, Traumata, Trennung, dann sind diese Menschen anfälliger für eine klinische Depression.

Bei einer solchen Spirale verändert sich auch unser Gehirn. Teile unseres Gehirns sind fähig, sich den Gegebenheiten anzupassen. So besitzt der Hippocampus, unser Lern- und Stressbewältigungsareal, die Fähigkeit, bis ins hohe Alter zu wachsen und zu schrumpfen.

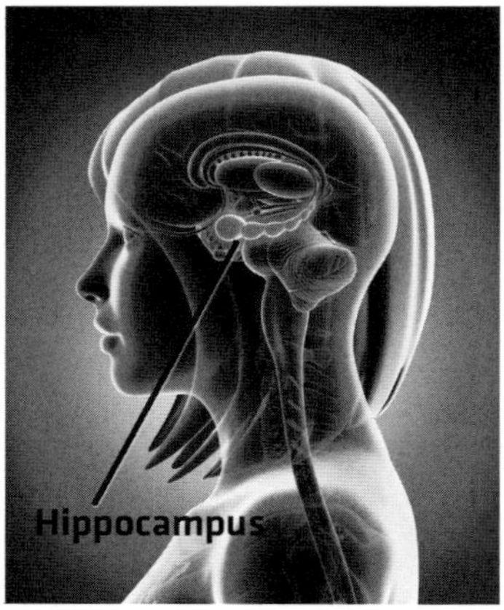

Abbildung: Hippocampus

Bei einem Cortisol-Überschuss, also einer ständig hohen Belastung und Ausschüttung von Cortisol und einem Serotoninmangel, wird der Hippocampus kleiner. Durch diese Anpassungsreaktion wird unsere Stressverarbeitungskompetenz schlechter. Mit dem anhaltend empfundenen Stress schrumpft der Hippocampus immer weiter — der Anfang einer unheilvollen Spirale, denn Situationen werden dann als noch bedrohlicher empfunden. Zum Beispiel kann passieren, dass ein Mensch sagt: „Früher hatte ich keine Höhenangst, aber seit zwei Jahren habe ich plötzlich Panik beim Klettern." Dann kann es ein Zeichen dafür sein, dass immer mehr Situationen, die früher in der gleichen Form nicht als Bedrohung galten, nun plötzlich im Gehirn als solche wahrgenommen werden. Meistens steckt ein biologischer Anpassungsprozess dahinter. Evolutionär beschrieben bedeutet das: Die Welt wird fortwährend als gefährlich wahrgenommen (Kredit, Eheprobleme, Kinder in der Schule schlecht, Jobängste, Zeitdruck im Projekt etc.) und das Gehirn lernt, in einer gefährlichen Welt zu leben. Damit werden andere ehemals alltägliche Dinge immer mehr als ebenso gefährlich wahrgenommen (das nächste Projekt, Fliegen etc.). In diesem Fall nützt Zeit- und Projektmanagement nichts mehr, dann ist eine neurobiologische Intervention gefragt. Die Gabe von selektiven Serotonin-Wiederaufnahme-Hemmern (sog. Antidepressiva) ist eine solche. Sie sorgen für die Vergrößerung des Hippocampus und damit für eine erhöhte Stressverarbeitungskompetenz. Der Nachteil: Die körpereigene Serotoninproduktion wird weiterhin gedrosselt. Das Gehirn lernt nicht, das Hormon selbst wiederherzustellen. Somit bewirkt eine Medikamentengabe allein nicht den gewünschten Effekt. Einen ähnlichen Effekt scheinen übrigens auch andere Mittel wie Omega-3-Fettsäuren zu haben, diese können einen Serotoninmangel abmildern. Meine These ist daher: Ein gutes Zeit- und Projektmanagement ist an der Küste leichter, wenn dort der Fischkonsum (Omega 3) höher ist.

Wenn wir um die heilvolle Wirkung von Serotonin wissen, dann stellt sich die spannende Frage: Was verhindert die Produktion biologisch? Die Herstellung von Serotonin erfolgt über Tryptophan, einer Aminosäure in Verbindung mit B-Vitaminen und Sauerstoff. Nun werden B-Vitamine im Körper auch für andere Vorgänge gebraucht, zum Beispiel zur Energiegewinnung. Wenn diese anderen Stoffwechselprozesse viele B-Vitamine brauchen, dann bleibt eventuell weniger für die Produktion von Serotonin über. Dies könnte eine Nebenwirkung der Pille sein. Die Pille braucht B-Vitamine, um wirksam zu sein: Die Serotoninproduktion wird gedrosselt. So wie dieses Beispiel gibt es viele Störfaktoren unseres inneren Gleichgewichts, manchmal kann eine kleine Änderung wie ein Wechsel der Pille oder Gabe von B-Vitaminen ein erfolgreiches Arbeiten maßgeblich erleichtern.

3.2 Chronobiologie: Unser Leben ist Rhythmus

Schon vor 200 Jahren haben Biologen festgestellt, dass Lebewesen einen inneren Rhythmus haben. So haben Pflanzen auch dann ihre Knospen geöffnet, wenn sie 24 Stunden in einem dunklem Raum waren. Bis dahin ging die Wissenschaft davon aus, dass die Knospenöffnung vom Sonnenlicht abhängig sei. Die Pflanze konnte aber auch ohne Hilfe von außen ihren Rhythmus zeitgerecht durchführen. Höchst spannend waren die Ergebnisse eines Experiments an Bienen. Diese lernten in Paris, dass es um 9.00 Uhr Futter gab. Wurden sie nach New York emigriert, suchten sie um exakt 3.00 Uhr nach Nahrung, was der Pariser Zeit entsprach. Sie hatten also eine genaue Zeit programmiert, unabhängig von ihrer restlichen Umwelt.

Das führte zu der These der inneren Uhr: Pflanzen, Tiere und Menschen ticken in einem bestimmten Rhythmus. Chronobiologen, also die Fachleute dieser jungen Wissenschaft[1], raten dazu, Körperfunktionen wie Herzschlag, Blutdruck, Hormone oder sogar Verhalten und Gewohnheiten wie Musik zu verstehen und zu deuten. Ein erstes Beispiel ist unser Tag/Nacht-Rhythmus. Nachts schlafen wir normaler-

1 Chronobiologie untersucht die Zeit unter biologischen Aspekten, z. B. wie viel Schlaf brauchen wir.

weise. Wann genau wir einschlafen, scheint von einer genetischen Bestimmung abzuhängen. So gibt es Menschen, die gern sehr früh aufstehen (die Lerchen) und Menschen, die am liebsten bis kurz vor Mittag schlafen und in der Nacht ihren Aktivitätshöhepunkt haben (Eulen). Dazwischen kennen wir viele Zwischenformen. Das hat evolutionär sehr viel Sinn: So können die nachtaktiven Eulen die Gruppe schützen. Sobald die Eulen ins Bett gehen, übernehmen die Lerchen wieder. Nun leben wir in einer Gesellschaft, die nachts keine Gefahren mehr kennt und eher früh einen Aktivitätshöhepunkt fordert — einer Lerchengesellschaft. Die Schule beginnt um 8.00 Uhr, bei der Arbeit ist ein grundsätzliches Erscheinen gegen Mittag eher unüblich. Auch die Glaubenssätze prägen uns in Richtung des frühen Aufstehens („Der frühe Vogel fängt den Wurm"). Hier entsteht das Problem für die Eulen. Sie können erst spät einschlafen, müssen aber früh aufstehen. So baut sich ein Schlafdefizit auf. Kaum ein Mensch braucht weniger als 7 Stunden Schlaf in der Nacht. Wenn die Nacht oft durch einen Wecker beendet wird, statt durch eine natürliche Aufwachreaktion mittels Cortisol, fehlt uns die abgeschlossene Erholung. Als Faustregel gilt in diesem Fall: Wer drei oder mehr Tage mit einem Wecker aufstehen muss, schläft zu selten aus. Die natürliche Aufwachreaktion wird auch Cortisol awakening response genannt. Findet diese nicht statt, beginnt der Tag „bleiern".

Neuro-Tipp

Stehen Sie an mindestens vier Tagen in der Woche ohne Wecker auf.

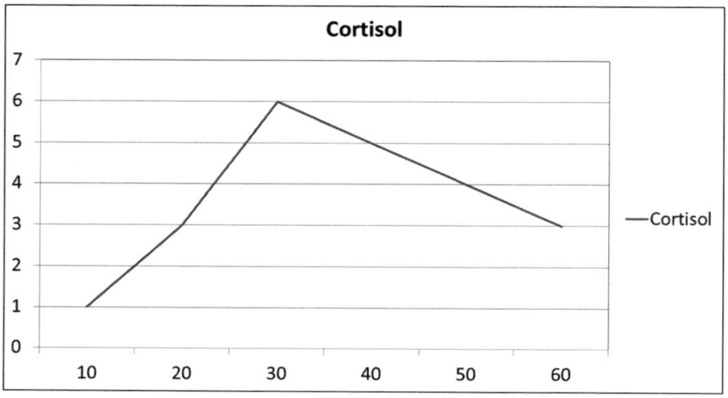

Abbildung: CAR

Es entsteht ein ähnliche Spirale, wie wir sie bereits beim Serotonin kennengelernt haben. Dem Körper wird signalisiert: Das Leben ist so gefährlich, wir dürfen nicht ausschlafen. Das führt hormonell zu Stress und auf längere Sicht zu ausbleibender Vitalität. Die Lösung dieses Dilemmas ist ein Umstellen des Rhythmus oder ein Wechsel des Arbeitsplatzes mit der Möglichkeit, im eigenen Rhythmus aufzustehen. Es gibt Faktoren, die uns signalisieren, dass Tag ist. Dazu zählen Licht, Nahrung, soziale Kontakte und Bewegung. Wenn wir diese Dinge am Tag haben, dann sind wir in unserem Rhythmus, aber wenn wir zum Beispiel durch künstliches Licht den Tag verlängern, dann kommen wir ein Stück aus dem Rhythmus. Auch ist Nahrungsaufnahme grundsätzlich ein Signal von Tagesaktivität. Wenn dies nach Einbruch der Dunkelheit stattfindet, kommt der Körper aus dem Rhythmus; der wahrgenommene Tag verlängert sich.

Das System unserer inneren Uhr ist inzwischen sehr gut bekannt. Das dafür zuständige Gehirnareal ist der Nukleus Suprachiasmaticus im Hypothalamus. Dieser Kern liegt im Gehirn so zentral, dass er von allen Seiten gesehen genau in der Mitte liegt. Seinen Namen verdankt er der Lage über den Nervenverbindungen der Augen. Maßgeblich wird er durch Helligkeit und Dunkelheit eingestellt. Im bayerischen Andechs, einem Ort, der deutschlandweit für sein gutes Bier bekannt ist, wurden zum inneren Taktgeber spannende Experimente gemacht. Forscher haben Menschen in Bunkern eingesperrt: Völlig ohne Informationen lebten sie dort 30 Tage. Obwohl die Versuchspersonen keine Informationen über Tag/Nacht hatten, lebten sie relativ konstant in ihrem Rhythmus, der ca. 24-25 Stunden betrug. Von diesem zentralen Rhythmusgeber empfangen alle Organe und anderen Systeme ihre Informationen. Die Leber schüttet zum Beispiel über den Tag Zucker aus, damit wir mobil und aktiv sind und regeneriert sich nachts. Wenn unser Rhythmusgeber aus dem Takt kommt, wird ein falsches Signal an die Leber gegeben und wir schütten auch abends und nachts Zucker aus. Das kann zum nächtlichen Gang an den Kühlschrank und später zu Diabetes führen.

Langsam wird klar, in welche Probleme unsere (Arbeits-)Gesellschaft driftet. Wir täuschen unseren Taktgeber ständig durch künstliches Licht. Besonders auf Blaulicht reagiert unser Helligkeits-Sinn. Hier liegt das Problem: Fast alle Bildschirme, Tablets und Monitore haben einen hohen Blaulichtanteil. Das bedeutet, die Nutzung der Medien signalisiert immer wieder dem Nukleus Suprachiasmaticus: Es ist Tag. Eine Folge ist die Drosselung der Produktion unseres „Schlafhormons“ Melatonin. Eine der Folgen sind die zunehmenden Schlafprobleme. Das ist nicht nur ein individuelles oder gesundheitsgesellschaftliches Problem, sondern bedeutet auch einen Wertschöpfungsverlust der Unternehmen. Übermüdete Mitarbeiter machen mehr Fehler, sind weniger kundenorientiert und häufiger krank.

Die Lösung ist ein Wiederherstellen des biologischen Rhythmus. Dazu muss zunächst eine Tagesrhythmik gefunden werden. Nahezu jeder Mensch hat ca. 12 Aktivitätsstunden und 12 Ruhestunden. Diese Zahl schwankt um maximal eine Stunde. Die Aktivitätsstunden sind normalerweise an die Sonne gekoppelt, also an Licht mit

Blausequenz. Ruhestunden sind an Dunkelheit, im Besonderen an die Abwesenheit von Blaulicht gekoppelt. Nur bei Abwesenheit von Blaulicht wird ausreichend Melatonin produziert. Eine Möglichkeit, einen gesunden Rhythmus herzustellen, ist die Verwendung einer Blaulichtfilterbrille. Diese speziellen Brillen filtern aus dem Lichtspektrum das blaue Licht heraus. Damit wird unserem System das Signal gegeben: Der Tag ist zu Ende, die Nachthormonproduktion geht los. Ideal wäre die Verwendung einer solchen Brille nach 12 bis 13 Stunden.

Neuro-Tipp

Kaufen Sie sich eine blaulichtreduzierende Brille, wenn Sie abends am Rechner sitzen.

Messung von Rhythmus

Die Messung der Herzratenvariabilitat (HRV) hilft uns zu erkennen, wann der Mensch tatsächlich im Ruhemodus oder im Aktivitätsmodus ist. Aktivität ist durch den dunklen Bereich gekennzeichnet. Dabei ist der sogenannte Sympathikus, das anregende Nervensystem, aktiv. Der helle Bereich zeigt das Aktivitätsfeld des Vagus oder Parasympathikus, das beruhigende Nervensystem, an. Ideal ist eine Verteilung mit einem gleichmäßigen Rhythmus zwischen anregend und beruhigend.

Zusammen werden Vagus und Sympatikus als autonomes Nervensystem bezeichnet. Es heißt auch autonom, weil es unserem Willen entzogen ist. Die Signale für Ruhe sind simpel: Keine Nahrung, kein Licht und wenig soziale Interaktion. Dann, und nur dann, wird der Vagus aktiviert und wir entspannen wirklich.

Ein idealer Tag sieht ungefähr so aus: Wir haben eine hohe Tagesaktivität, z. B. einen fordernden Job, eine tolle Aufgabe. Das erkennen wir an den dunklen Säulen. Mittags haben wir eine kurze Pause und abends gegen 20.00 Uhr beginnt der Vagus aktiv zu werden, ca. zwei Stunden vor dem Zubettgehen. Um 22.00 Uhr schläft unser Musterteilnehmer und steht am nächsten Morgen fit und erholt auf.

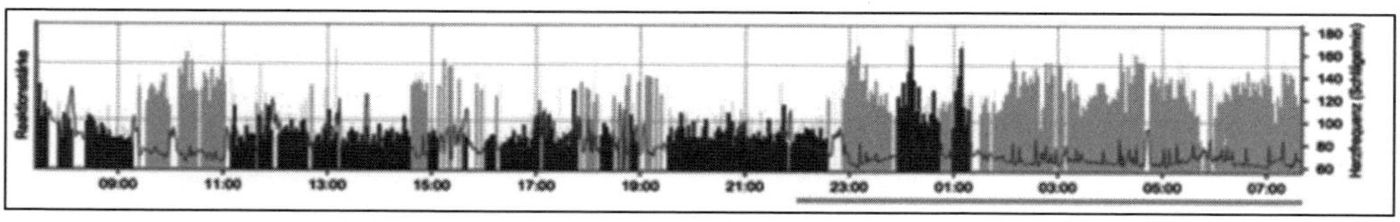

Abbildung: Hier ein Beispiel für einen gelungenen Tagesablauf: viele Pausen von Anspannung und Entspannung

Beim Problemteilnehmer hingegen erkennen wir nahezu keine Pausen im Tag und vor allem keine Abwechslung. Abends geht dann die anregende (sympathische) Belastung weiter. Wie unschwer zu erkennen ist, findet der Teilnehmer auch nachts keine wirkliche Ruhe. Er schläft zwar, aber der anregende Teil des Nervensystems ist ständig aktiv. Morgens wacht er „wie gerädert" auf, der Tag ist eher eine Qual als ein Vergnügen. Dieser Teilnehmer steht auch nachts häufiger auf, egal ob zum Toilettengang oder aus Hunger – der Rhythmus aus Cortisol, Melatonin, Immunsystem und Nervensystem funktioniert nicht mehr.

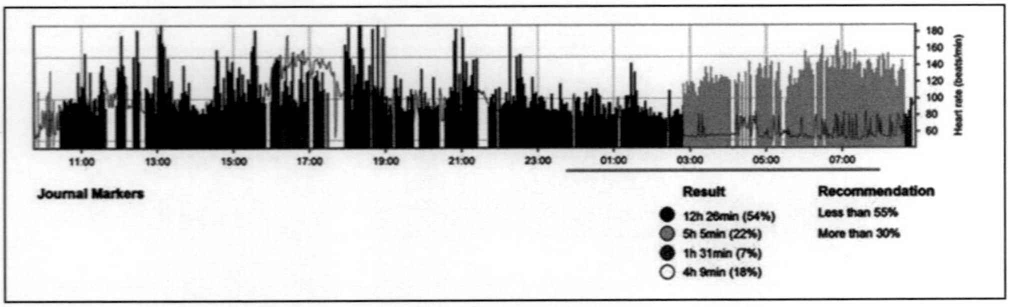

Abbildung: Problematischer Tagesverlauf ohne wirkliche Pause, nächtliche Erholung setzt erst verzögert ein.

Anhand der HRV können wir auch Aktivitäten auf tatsächliche Entspannung untersuchen. So lässt sich an der HRV eines Teilnehmers, der abends mit sehr hoher Intensität Sport gemacht hat, erkennen, dass die hohe abendliche Belastung Erholung in der Nacht kostet. Der Vagus wird erst gegen 02.00 Uhr aktiv. Bis dahin ist das Gehirn des Teilnehmers auf „Tagesaktivität" gestellt, trotz des Schlafs. Wir können sogar im Schlaf auf der Flucht sein.

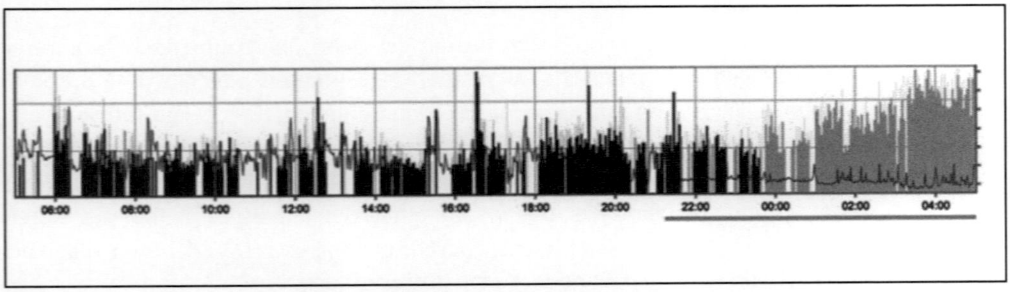

Abbildung: Zu intensiver Sport am Abend (16.00 bis 17.30 Uhr). Erholung erst ab 03.00 Uhr

Fernsehen hat einen ähnlichen Einfluss: Ein Teilnehmer hat nach einem mittelanstrengenden Arbeitstag noch zwei Stunden ferngesehen, eine Aktivität, von der die meisten sagen, sie sei entspannend. Wir sehen immer wieder das Gegenteil: Fernsehen aktiviert unseren Sympathikus und drosselt den Vagus. Fernsehen bedeutet chronobiologisch „Tagesaktivität". Das liegt unter anderem an dem Blaulicht, aber wahrscheinlich auch an der Vielzahl und Schnelligkeit der Reize.

Neuro-Tipp

Wenn Sie fernsehen wollen, dann morgens.

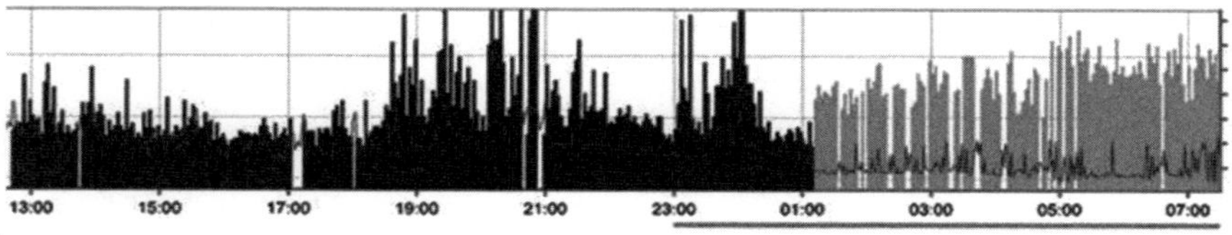

Abbildung: Fernsehen ab 18.00 Uhr, hier klar zu sehen, wie aktivierend Fernsehen wirkt.

Mit einem Augenzwinkern hier noch zwei geschlechtertypische Beispiele für chronobiologische Tatsachenverdrehung. Frauen behaupten oft: „Ich kann sehr gut mit den Kolleginnen beim Mittag abschalten", ein typisch männlicher Satz ist: „Beim Autofahren komme ich runter." Beides könnte biologisch nicht verkehrter sein. Sicher sind beides wahrgenommen angenehme Aktivitäten, allerdings sind beide hoch anregend.

Viele Teilnehmer fragen nun: Was dürfen wir denn überhaupt noch? An dieser Stelle ist mein Anliegen nicht, Aktivitäten zu verbieten oder zu unterdrücken, sondern vielmehr eine Aufforderung zur Wahrnehmung, dass einige Tätigkeiten in den Tag gehören, denn dann sind diese Aktivitäten biologisch richtig aufgehoben. Sport, Fernsehen, Essen oder sozialer Austausch am Abend (bei Dunkelheit) bringt unser System durcheinander. Das System erhält den Impuls: Es ist Tag. Hier wären ruhige Tätigkeiten eher angebracht, zum Beispiel Klassische Musik hören, Lesen bei Kerzenschein, Kuscheln, vor dem Kamin ins Feuer schauen.

Neuro-Tipp

Verlegen Sie aktivierende Tätigkeiten auf den Tag, legen Sie beruhigende Tätigkeiten in die Ruhezeit.

Wenn die biologischen Systeme im Rhythmus tanzen, dann fallen uns auch die Techniken des Zeitmanagements leicht.

3.3 Was ist aus neuro-biologischer Sicht das Geheimnis von Projekterfolgen?

Die Neuro-Biologie kann viele Erfahrungswerte stützen oder wissenschaftlich zu Fall bringen. Ich möchte mich im Zusammenhang mit Projektmanagement diesbezüglich auf vier wesentliche Aspekte von Projekten konzentrieren:

1. Projektraum
2. Personalauswahl
3. Zusammenarbeit im Team
4. Individuelle Veränderungsbereitschaft

3.3.1 Der Projektraum

Ein Projektraum wird von vielen Teams abgelehnt oder gar nicht erst in Erwägung gezogen, dabei ist dieser aus neurobiologischer Sicht sehr wertvoll, insbesondere hinsichtlich unserer Sinne. Die Hirnanatomie verrät uns schon sehr viel über unsere bevorzugten Sinne. Wir haben grob ein Drittel unseres Hirns für Bewegung, ein Drittel für das Sehen und ein Drittel für den Rest. Der dominante Sinn ist das Sehen. Diesen Kanal nicht voll zu nutzen, ist eine unternehmerische Verschwendung. Ein entsprechend ausgestatteter Projektraum kann helfen, diesen Sinn stark zu aktivieren und so gute Verknüpfungen entstehen zu lassen.

Neuro-Tipp

Alles, was möglich ist, zu visualisieren, sollte auch visualisiert werden.

Das zweite Argument für einen Teamraum entspringt aus einem Phänomen, das die Psychologen „Priming“ oder „Bahnung“ getauft haben. Wenn Forscher Versuchsteilnehmern einen Text über ein Altersheim vorlegen, dann laufen diese Menschen im Anschluss an das Lesen 20 Prozent langsamer. Wenn Versuchsteilnehmer mit

Geld gebahnt wurden, waren sie danach egoistischer und aggressiver. Oder wenn Menschen etwas über Bibliotheken vorgelegt bekommen haben, haben sie nach dem Lesen leiser gesprochen. Unsere letzten Wahrnehmungen bahnen uns für die nächsten Tätigkeiten. Natürlich passiert dies auf einer unbewussten Ebene. Keiner der Teilnehmer hat angegeben, dass er leiser gesprochen hat oder langsamer gelaufen ist. Aus dieser Perspektive sollte auch der Teamraum einen Bahnungseffekt erreichen. Die Ziele müssen visualisiert hängen, die Meilensteine oder Sprintziele sollten klar dargestellt und die aktuellen Aufgaben mit einem Fokus auf Erfolg zu erkennen sein. Wenn der Raum nicht dauerhaft genutzt werden kann, dann sind zumindest Metaplanwände immer möglich.

Neuro-Tipp

Schaffen Sie ein Veränderungsumfeld.

3.3.2 Personalauswahl: Outsider haben Schmerzen

In Projekten entstehen oft neue Teams. Was ist bei der Teamfindung aus der neurobiologischen Perspektive zu beachten? Bis Ende des letzten Jahrtausends war die wissenschaftliche Gemeinde nahezu einig, dass körperlicher Schmerz sehr klar von emotionalem Schmerz zu trennen ist. Ein Beinbruch ist etwas völlig anderes als eine Trennung oder der Verlust eines geliebten Menschen. Diese Sichtweise ist inzwischen überholt. Immer mehr Studien zeigen, dass emotionaler Schmerz für das Gehirn auf ähnliche Weise repräsentiert wird wie körperlicher Schmerz.

Dazu haben Matthew Liebermann und Kollegen vor einigen Jahren eine Untersuchung gemacht. Sie haben Versuchspersonen zu dritt „Cyberball“, eine Art virtuelles Tennis, spielen lassen. Ein Spieler wurde währenddessen von dem Spiel durch die anderen beiden ausgeschlossen und ein Hirnscanner nahm auf, was im Kopf des ausgeschlossenen Spielers passierte. Die Gehirnregion, die für körperlichen Schmerz zuständig ist, war auch bei emotionalem Schmerz besonders aktiv. Wenn ein Spieler ausgeschlossen wird, empfindet er neuronal Schmerzen, so als würde er ständig vor das Schienenbein getreten. An eine gute Arbeitsleistung ist bei ständigem Schmerz nicht zu denken. Auch das haben wir der Evolution zu verdanken. Schmerz ist ein wichtiges Signal und hat eine Art Vorfahrtsstraße unter den Nervenzellen. Wenn wir uns verbrennen, dann sollen wir nicht warten, bis Zeit ist, die Hand aus dem Feuer zu nehmen, sondern müssen sofort reagieren.

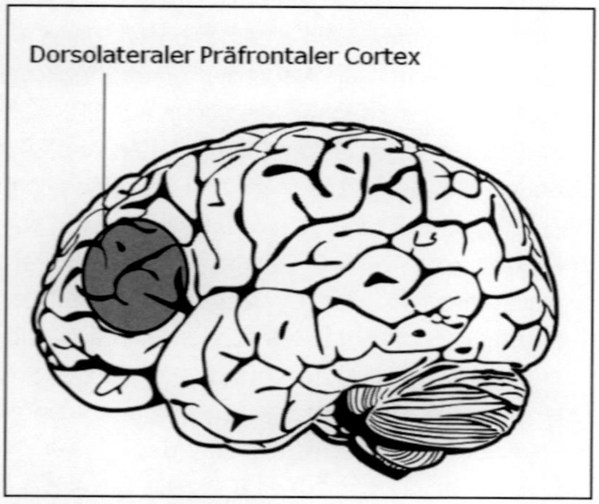

Abbildung: Dorsolateraler Präfrontaler Cortex

Wenn sich nun emotionaler und körperlicher Schmerz derselben Vorfahrtsstraße im Gehirn bedienen, dann hat das Projektteam, das einen Outsider dabei hat, ein großes Problem. Bei jeder Sitzung, bei jeder Entscheidung arbeitet ein Kollege unter Schmerzen mit. Seine Beiträge können nur angstvoll, überlebenssichernd, risikoscheu, vermeidend sein. Biologisch gesehen aktiviert die Schmerzvorfahrtsstraße nämlich als dringendste Aufgabe den uns schon bekannten Nukleus Coeruleus. Dieser sorgt zuallererst dafür, dass unser Gefahrenabwehrsystem aktiviert wird, Adrenalin ausgeschüttet wird und wir auf unser Überleben hier und jetzt fokussiert sind. An eine visionäre Entscheidung ist nicht mehr zu denken. Praktisch heißt dies, dass man sich viel Zeit für die Integration der Projektmitglieder nehmen muss. Alle müssen das Gefühl haben, mit an Bord zu sein. Ein Außenseiter wird den Projekterfolg gefährden.

Neuro-Tipp

Beziehungs- vor Sachebene.

Neuro-biologisch bedeutet in diesem Fall auch: Bevor uns dieser Mechanismus bewusst wird, ist unser Alarmsystem bereits aktiviert. Die Pforte zum Bewusstsein, den Thalamus, überwindet das Schmerzsignal erst nach der Aktivierung des Nukleus coeruleus. Wenn wir unsere Hand im Feuer haben, müssen wir nicht erst nachdenken, sie zurückzuziehen. Übertragen auf unser Berufsleben bedeutet das: Wenn wir Außenseiter sind, müssen wir nicht erst nachdenken, bevor unser Gefahrenabwehrsystem aktiviert wird.

In diesem Zusammenhang ist ein weiterer spannender Punkt die inflationäre Verbreitung von schmerzhemmenden Medikamenten. Diese wirken auf die Schmerzvorfahrtsstraße und machen die Neuronen unempfindlicher. In dem Moment der Medikamenteneinnahme sollten die Menschen auch für sozialen Schmerz unempfindlicher sein. Problematisch wird es durch einen Anpassungseffekt. Das Gefahrensignal Schmerz hat durch die Medikamente eine schmalere Vorfahrtsstraße. Wenn wir unsere Hand verbrennen, muss das Signal also stärker sein, damit wir die Hand zurückziehen können. Wenn wir aus der Gruppe ausgeschlossen werden, muss das Signal stärker sein, damit es angemessen wahrgenommen wird. Werden die Schmerzmittel nun abgesetzt oder reduziert, dann haben wir ein überstarkes Signal auf der nun wieder breiten Vorfahrtsstraße des Schmerzes. Ergebnis sind Menschen, die extrem stark auf soziale Störung und Ausgrenzung reagieren. Diese Mitarbeiter brauchen ständige Bestätigung, dass sie für die Gruppe wichtig sind. Hier hat ein biologischer Eingriff für eine soziale Verschiebung gesorgt.

Neuro-Tipp

Menschen mit chronischem Schmerz (Migräne oder häufigem Rückenschmerz) haben unter Umständen eine veränderte soziale Wahrnehmung, wenn sie dagegen Schmerzmittel nehmen.

3.3.3 Zusammenarbeit im Team: Umgang mit dem Chef

Was können wir aus der Biologie in Hinblick auf das Verhältnis Chef-Mitarbeiter ableiten? Robert Sapolski, ein amerikanischer Biologe, hat dazu einige interessante Beobachtungen gemacht. Affen leben in einer geordneten Hierarchie. Ab und zu versucht ein niedrigrangiger Affe sich nach oben zu kämpfen. Der Chef verteidigt dann seine Position. Gelingt ihm das nicht, tauschen die Affen die Position. Die Hierarchiestufe bestimmt über Nahrungs- und Partnerverteilung. So weit so normal, und vielleicht dem einen oder anderen auch bei anderen Säugetieren bekannt. Auch niedrigrangige Affen scheinen damit keine Probleme zu haben; sie haben ihren Platz im System und können den Alphas gut aus dem Weg gehen.

Sapolski hat bei allen Affen Stressmarker gemessen und festgestellt, dass diese sowohl bei Alphas als auch bei den untergeordneten Affen unauffällig waren. Nun kam es zu einer Besonderheit im Serengeti-Nationalpark: Die Affenpopulation wuchs so rasant, dass die Regierung sich entschlossen hatte, Affen in Lager einzusperren. Sapolski nutzte diese Maßnahme wiederum, um erneut Stressmarker zu messen und stellte fest, dass die untergeordneten Affen viel höhere Stresswerte aufwiesen und innerhalb von Monaten stressassoziierte Krankheiten entwickelten. Diese Affen bekamen Depressionen (oder sog. Sickness-Behaviour), Krebs,

Bluthochdruck und Diabetes; entweder nur eine dieser Krankheiten oder gleich mehrere auf einmal. Die Ursache war: Konnten die Untergeordneten den Alphas nicht aus dem Weg gehen, bekamen sie Stress. In freier Wildbahn war dies kein Thema, es war genügend Raum da, in den Käfigen aber konnten die Untergeordneten dem Stress nicht aus dem Weg gehen.

Viel spricht dafür, dass Menschen biologisch ähnlich reagieren. Ist der Chef anwesend, gehen unsere Stressmarker hoch, Cortisol und Adrenalin steigen und wir können unsere Ressourcen besonders gut zum Fehlerfinden nutzen. Kreative Tätigkeiten sind dann aber nur noch eingeschränkt möglich. Wahrscheinlich ist das sogar recht unabhängig vom Führungsstil des Chefs.

Neuro-Tipp

Wenn Sie kreative Ergebnisse wollen, lassen Sie die Mitarbeiter allein.

Während die Mitarbeiter also tendenziell gestresst sind, wird der Chef hingegen allein durch die Position in seinem Gehirn belohnt. Durch das Wissen, dass er Alpha in seiner Gruppe ist, werden Begeisterungshormone (Dopamin) ausgeschüttet, wenn er seine „Untergeordneten“ sieht. In unseren Messungen haben die Chefs (Geschäftsführer und Vorstände) oft die besten Stresswerte.

In der Projektpraxis haben diese biologischen Versuche einige Auswirkungen. In Projekten, die nach dem Framework Scrum (Scrum ist ein Ansatz des agilen Projektmanagements) durchgeführt werden, sollen die Projektteilnehmer eigenverantwortlich abgestimmte Ziele, sogenannte Sprintziele, erreichen. Hierbei habe ich häufig erlebt, dass die Führungskraft sich selbst in das Team eingegliedert hat, meistens als „Scrum-Master“, also als eine Art Supervisor. Biologisch betrachtet ist dies eine schlechte Konstellation. Eigenverantwortung, kreatives Denken, Visionen und Zeitmanagement entstehen gerade durch die Abwesenheit von Cortisol-verstärkenden Reizen, also in dem Fall durch die Abwesenheit der Führungskraft. Wenn dann, wie beim Scrum, noch die Hierarchiefreiheit Teil des Regelwerkes ist, dann wird es komplett grotesk: Auf der einen Seite ist der Chef in seiner Projektleiter-Funktion Chef, auf der anderen Seite ist er gleichberechtigtes Teammitglied mit einer Supervisorfunktion. Das kann nicht gut funktionieren.

Ein weiterer Aspekt, den wir uns schmunzelnd betrachten dürfen, ist, wie eine Chefposition unseren Körper verändert. Von Milind Watve stammt eine These, die besagt, dass es im Wesentlichen zwei erfolgreiche Überlebensstrategien gibt. Zum einen wäre dies die Kraft, also dem Rivalen an Muskeln überlegen zu sein, zum anderen Intellekt, also klüger und findiger zu sein. Watve unterteilte Affen in Soldaten und Diplomaten. Ein Alphaaffe ist normalerweise Alpha, weil er kräftiger ist.

Und Alpha-Sein bedeutet einen weiteren Kraftzuwachs. Diese Affen werden muskulöser, nicht fetter. Sie bekommen mehr Nahrung, bauen aber Muskeln auf und nicht Bauchfett. Die besonders cleveren Diplomaten, die viel Zugang zu Nahrung haben, bauen Bauchfett auf. Vielleicht verändert unser Status sogar unsere Energiespeicherung, Chefs führen die Energie in die Muskeln, Mitarbeiter in das Bauchfett. Sozialer Status führt bei Affen zu einer Energieverteilung entweder in die Muskeln oder als Einspeicherung ins Fettgewebe. Das Botensystem heißt Insulin, bei den Alphas werden die Muskeln also besonders insulinsensibel, bei den Diplomaten insulinresistent. Der Sinn für die Insulinresistenz der Muskeln, also für die Cleveren, ist die bessere Glukoseversorgung des Gehirns. Wenn die Muskeln nicht so viel Zucker brauchen, dann bleibt mehr zum Denken. So entstehen schlaue Affen. Entweder schlau oder stark, wenn man sich den einen oder anderen Bodybuilder anschaut, dann scheint die These zu stimmen. Sollte sich Watves These bewahrheiten und ähnlich auf Menschen übertragbar sein (das ist nicht immer so einfach bei Tierversuchen), dann müssten Chefs seltener Diabetes bekommen. Außerdem besteht eine gute Chance, dass Entscheidungen von Chefs besser sind, weil sie einen geregelten Blutzucker haben. Insulin ist ein Hormon, dessen Hauptaufgabe die Regulierung des Blutzuckers ist. Haben wir eine ausreichende Menge Zucker in unserem Blut, dann sind unsere Entscheidungen risikofreudig und unser Begeisterungssystem ist aktiv. Haben wir zu wenig Glukose im Blut, ist der Ball automatisch in der Stresshälfte.

Wer hätte gedacht, dass sozialer Status einen Einfluss hat auf

1. unser Diabetesrisiko und
2. unsere Risikofreude bei Entscheidungen?

3.3.4 Zusammenarbeit im Team: optimales Teambuilding

In der Vergangenheit gab es einige Versuche, ein optimales Team aus Eigenschaften zusammenzustellen. Auch die Neuro-Biologie hat dazu eine Vorstellung: Ein gutes Team besteht optimaler Weise aus einer Mischung der verschiedenen Neurotransmittertypen:

1. **Dopamin, der Chef:** Dopamin und Zukunftsgewandheit stehen in einer engen Korrelation. Ein Mensch mit besonders viel Dopamin sieht in jeder Aussage eine Chance, ist meistens vier Schritte weiter als die anderen und teilt seine Visionen über das Projekt gern mit. Der dopaminerge Typ ist hochkreativ. Details oder Hürden sieht er nicht, sein Blick ist hocherhoben, nicht auf den Weg schauend.

2. **Serotonin, der Entspannte:** Ein Mitarbeiter mit besonders viel Serotonin ist für die gute Laune zuständig. Er wirkt immer ein bisschen high und lächelt viel vor sich hin. Versäumnisse kann er lächelnd wegstecken, auch seine Ambitionen in erster Reihe zu stehen, sind eher begrenzt. Eine große gewinnbringende Eigenschaft ist sein Optimismus und die Zuversicht, mit der er Aufgaben angeht und löst. Stress scheint ihm wenig auszumachen.
3. **Cortisol und wenig Serotonin:** Dieser Mitarbeiter wird bei jeder Schwierigkeit das Projektende sehen. Kaum eine Hürde, die er nicht erkennt, kaum eine Chance, die nicht auch als Schwierigkeit gesehen wird. Er sorgt dafür, dass es gerecht in der Gruppe zugeht, dass niemand einen persönlichen Vorteil daraus bezieht. Sollte sich dass alles eher negativ anhören, dann liegt das daran, dass
   a) der Autor eher dopaminerg ist (sonst würde niemals ein Buch entstehen) oder
   b) wir diese Menschen oft als Bedenkenträger abstempeln. Ihr Beitrag ist aber wichtig. Sie sollten nur keine Führungsrolle übernehmen. Damit tun diese Menschen weder sich noch anderen einen Gefallen.
4. **Acetylcholin:** Dieser Mitarbeiter lernt gern Neues. Seine Motivation ist, alles Neue auf der Welt zu erfahren. Er wechselt alle zwei bis vier Jahre die Stelle und Position und vertieft sich gern in ein neues Problem. Seine Detailkenntnis und schnelle Auffassungsgabe helfen der Gruppe bei komplexen Themenstellungen.
5. **Glutamat:** Dieser Mitarbeiter ist besonders schnell. Er kommt schnell zur Sache, will Dinge auch schnell zu Ende bringen. Seine Stärke liegt auf der ersten Hälfte des Weges. Danach verliert er die Lust und das Interesse. Ihn ergänzt der Cortisol Typ, dessen Stärke liegt auf der zweiten Wegstecke.

Diese Darstellung ist, wie jedes Modell, natürlich eine Vereinfachung und in Reinform nie anzutreffen. Aber Tendenzen können inzwischen sehr valide durch die Neurotransmitter-Forschung abgeleitet werden. Auch wenn sich Projektteams noch nicht über Blutproben zusammenstellen lassen, wird dies in wenigen Jahren eine Option sein.

Neuro-Tipp

Ideal ist eine Projektmannschaft, in der viele verschiedene Charaktere sind.

Lassen Sie es einfach einmal bei sich messen! In Kapitel 5.1 werde ich auf die Messungen genauer eingehen. Diese Messverfahren kommen aus der Medizin und werden bereits sehr erfolgreich in der Stresstherapie eingesetzt. Wenn wir Stress auch als Art der Energiebereitstellung verstehen, dann ist der Weg nicht mehr weit, auch die Neurotransmitter als Marker für Energie zu betrachten. Die Praxisreife steht noch aus.

3.3.5 Individuelle Veränderungsbereitschaft

In unserem idealen Neurotransmitterteam ist ein besonders dopaminerger Mitarbeiter dabei. Dieser Mitarbeiter ist extrem veränderungsbereit. Er hat Visionen, sieht überall Chancen, ist besonders antriebsstark für sich und andere. Häufig haben inhabergeführte Unternehmen einen solchen Menschen an der Spitze. Für die Mitarbeiter ist es nicht immer leicht, ihm zu folgen, aber seine Visionen bewegen Dinge. Verantwortlich für die Visionen ist Dopamin, ein Neurotransmitter, der aus einem Eiweiß (Tyrosin) und ein paar Co-Faktoren (B-Vitamine) gebildet wird. Die spannende Frage ist: Wie viel dopaminerges Verhalten ist angeboren, wie viel erlernt?

Wie immer bei dieser Frage ist es ein Mix aus Genen und Umwelt. Die genetische Ausstattung zwischen den Menschen unterscheidet sich in Bezug auf Dopamin nur gering. Es gibt Gene, die die Anzahl der Dopamin-produzierenden Zellen festlegen. Je mehr Dopamin-Gene wir haben, desto leichter ist die Dopamin-Produktion. Doch die Anzahl der Gene ist relativ konstant. Es muss also etwas anders sein bei den Menschen, die besonders viel Dopamin haben. Die Gene können unterschiedlich aktiv sein. Die Regulierung der Aktivität der Gene ist ein neues Forschungsfeld, die Epigenetik. Was macht Dopamin-Gene nun aktiv? Warum haben manche Menschen mehr Dopamin, manche weniger? Einen Teil der Antwort gibt Manfred Spitzer in einem Buch „Dopamin und Käsekuchen“. Er zitiert hier eine amerikanische Studie an Ratten, bei denen die Dopamin-Produktion untersucht wurde. Die Variable war Käsekuchen. Das bedeutet, die Ratten-Versuchsgruppe bekam Käsekuchen und andere westliche Lebensmittel zu fressen, die Forschen nannten dies „Western Diet“. Die Kontrollgruppe bekam normales Rattenfutter. Für die Gruppe mit dem Käsekuchen wurde es immer schwerer, Dopamin zu produzieren. Anders formuliert: Mit dem Käsekuchen nahm die Veränderungsbereitschaft ab. Der Versuch belegt: Ratten können sich Veränderungsbereitschaft wegfressen.

Es gibt keinen Anhaltspunkt, warum das für Menschen nicht auch gelten sollte. Es gibt eine dopaminerge und eine nicht-dopaminerge Lebensweise.

dopaminerg	**nicht-dopaminerg**
Soziale Kontakte	Rauchen
Berührungen	Drogen
Ursprungsnahrung (viel Gemüse, Kräuter, Obst, Fisch, Fleisch, Pilze...)	Zucker (Western diet), Kohlenhydrate, schlechte Fette (Kekse, Sonnenblumenöl)
Ausdauersport bei ca. 75 % der maximalen Herzfrequenz	Stress

Veränderungsbereitschaft ist neuro-biologisch auch die Summe der Lebensweise. Ein gutes Veränderungsmanagement setzt genau hier an, nämlich die Mitarbeiter erst einmal dopaminerg zu machen. Dann gehen Projekte auch viel leichter. Ausschließlich hoch dopaminerge Mitarbeiter sind natürlich auch kein Garant für Projekterfolg. Dann sehen alle die Vision, aber keiner die Steine auf dem Weg. Meistens fehlt es aber nicht an den Steine-Sehern, sondern eher an der dopaminergen Visionären. Ein wenig mehr Dopamin im Team ist gut für den Projekterfolg.

Neuro-Tipp

Eine Lebensstilveränderung kann ein Rädchen im Projekterfolg sein. Da der persönliche Lebensstil natürlich die private Angelegenheit des Mitarbeiters ist, ist die einzige Chance des Unternehmens eine gute Aufklärung der Mitarbeiter und die Bereitstellung von Hilfen zu Umsetzung (z. B. Rauchentwöhnungsseminare).

Alle Neuro-Tipps auf einem Blick

1. Seien Sie sich bewusst: Unser Verstand kann nur seriell arbeiten.
2. Unter Druck können Sie besser Fehler finden.
3. Schalten Sie mit dem Verstand blitzschnell zwischen Angst und Begeisterung um.
4. Kaufen Sie sich eine blaulichtreduzierende Brille, wenn Sie abends am Rechner sitzen.
5. Wenn Sie fernsehen wollen, dann morgens.
6. Verlegen Sie aktivierende Tätigkeiten auf den Tag, legen Sie beruhigende Tätigkeiten in die Ruhezeit.
7. Alles, was möglich ist, zu visualisieren, sollte auch visualisiert werden.
8. Schaffen Sie ein Veränderungsumfeld.
9. Beziehungs- vor Sachebene.
10. Menschen mit chronischem Schmerz (Migräne oder häufigem Rückenschmerz) haben unter Umständen eine veränderte soziale Wahrnehmung.
11. Wenn Sie kreative Ergebnisse wollen, lassen Sie die Mitarbeiter allein.
12. Ideal ist eine Projektmannschaft, in der viele verschiedene Charaktere sind.
13. Eine Lebensstilveränderung kann ein Rädchen im Projekterfolg sein.

3.4 Wie man sein Gehirn auf Disziplin trimmt

Oft stellen mir Teilnehmer die Frage: Kann man aus der Hirnforschung tatsächlich ableiten, was Menschen erfolgreich macht? Die Antwort ist: wahrscheinlich ja. Dazu hilft ein Blick auf das Thema Zeitmanagement und die Antwort auf die Frage: Was ist Zeitmanagement aus Sicht der Hirnforschung? Die Antwort lautet:

Es ist am ehesten die Unterdrückung aller anderen Impulse zugunsten der aktuellen Aufgabe.

Wir haben pro Sekunde eine Vielzahl von Reizen. Diese können äußerlich oder innerlich sein. Unser Auge nimmt enorm viele Eindrücke wahr, aber wir „sehen" nur einen Bruchteil davon, im besten Fall die Dinge, die wir sehen wollen. Wir sind fokussiert auf diese Dinge. Innerlich ist es ähnlich. An unserem Hypothalamus laufen viele Informationen über unser inneres Gleichgewicht zusammen, ob wir jetzt gerade etwas trinken wollen, ob es irgendwo juckt, ob der pH-Wert in der Niere in Ordnung ist ... Manche Menschen sind besser als andere in der Lage, über Stunden eine Tätigkeit auszuführen und dabei fokussiert zu bleiben, sich nicht ablenken zu lassen. Zeitmanagement hat viel damit zu tun, die Mail nicht zwischendurch zu beantworten, nicht jedem Gedanken nachzugeben, nicht jedes Bedürfnis sofort zu erfüllen.

Dazu gibt es einen gleichermaßen bekannten wie tollen Versuch. Kindern im Alter von vier Jahren wurde ein Marshmallow mit der Aufgabe vorgesetzt: „Wenn Du warten kannst, bis der Versuchsleiter wieder hereinkommt, dann erhältst du zwei Marshmallows." Die Kinder, die als Vierjährige warten konnten, waren als 40jährige weit erfolgreicher, dünner, gesünder, reicher und sozial angesehener als die Kinder, die nicht warten konnten. Impulshemmung, in diesem Fall dem Hypothalamus nicht nachzugeben und den Marshmallow nicht zu essen, ist demnach:

1. eine Konstante über das Leben hinweg und
2. ein wichtiger Faktor für Erfolg.

Entscheidend ist eine Gehirnregion, die wir antippen, wenn wir jemandem „einen Vogel" zeigen. Seitwärts an der Stirn sitzt ein Bereich, der dorsolaterale präfrontale Cortex (dlPFC), der andere Gehirngebiete hemmen kann. So ist der dlPFC in der Lage, unser Hungergefühl zu unterdrücken, wenn es eine wichtigere Aufgabe zu erledigen gilt. Diese Hirnfunktion reift im Laufe der Jahre und Jahrzehnte. Ein Baby ist zur Impulskontrolle noch nicht in der Lage (als zweifacher Vater bin ich mir dieser Aussage sicher). Die Reifung bei einem Vierjährigen ist schon ein guter Hinweis auf die spätere Fähigkeit für Zeitmanagement. Je besser die Region ihre Hemmungsaufgabe erfüllt, desto erfolgreicher werden wir.

Nun hängt aber der lebenslange Erfolg nicht ausschließlich von dem Entwicklungsgrad des dlPFC im fünften Lebensjahr ab. Nach herrschender Meinung können wir die Impulskontrolle auch bis ins hohe Alter trainieren. Wir müssen es nur tun. So können wir spielerisch beim Tanzen unseren dlPFC trainieren, in dem wir gewohnte Bewegungsmuster durchbrechen, beim Klettern dürfte es ähnlich sein. Bei der Essensvorbereitung nicht zu naschen, ist so ein Training. Training heißt in diesem Fall: Ich bleibe konzentriert bei der Sache, egal, was um mich herum passiert. Je öfter ich mich dazu bewusst zwinge, desto leichter wird es. Der erste Tipp ist, die Funktion am rechten unteren Bildschirm abzustellen, die ansagt, wann neue Mails eingehen. So wird man gar nicht erst dazu verleitet, direkt in die neu angekommene Mail zu klicken und kann sich eher auf seine aktuelle Aufgabe konzentrieren. Impulshemmungstraining bedeutet, in einem Zeitfenster fokussiert bei einer Sache zu bleiben, egal in welchem Alter. Hier liegt neuro-biologisch der Schlüssel zum Zeitmanagement.

Wenn wir Dinge haben, die uns helfen, den dlPFC auszubilden, dann gibt es wahrscheinlich auch Dinge, die die Reifung und spätere Neu-Organisation verhindern. Für beides, Reifung und die Neuorganisation, brauchen wir einen Gehirnwachstumsfaktor, den Brain Derived Neurotrophic Factor (BDNF). Dieser Faktor führt im Gehirn zu Wachstum und Neuverschaltung, auch im Bereich dlPFC. Tanzen, Singen, Körperkontakt, Spielen und Biorhythmus führen zu der Ausschüttung des BDNF und damit gleichzeitig zum Gehirnwachstum. Angst, chronischer Stress, Übergewicht, Fernsehen, Medien und ein verkorkster Biorhythmus verhindern ihn. Wahrscheinlich ist schon der Test bei Vierjährigen, wie lange die Kinder vor Medien sitzen und wie oft sie tanzen, singen und springen, ein guter Hinweis auf deren späteren Lebensweg. Aus dem Umgang mit BDNF folgen zwei Dinge:

1. Wenn Ihr Kind Informatiker oder Projektmanager werden soll, dann verbieten Sie Computer und Fernsehen, bis es 14 ist! Medien verhindern gerade die Hirnreifung und damit die späteren Fähigkeiten!
2. Wenn Sie einen guten Projektleiter oder Informatiker als Mitarbeiter haben möchten, bezahlen Sie ihm Tanzunterricht oder bieten Sie ihm andere Möglichkeiten! Das neue Verbinden der Synapsen wird durch BDNF gefördert — fördern Sie BDNF bei den Mitarbeitern!

Das mag sich zunächst lustig anhören, neurobiologisch gibt es aber keinen Zweifel an der Richtigkeit. Die Disziplin zu besitzen, die richtigen Dinge richtig zu tun, ist neurobiologisch demnach erklärbar. Da unser Lebenserfolg (unabhängig von der Definition für Erfolg) so stark davon abhängt, lohnt es sich, den dlLPC in jedem Alter zu trainieren. Dann stehen die Chancen für Disziplin gut.

4 Projektmanagement: Schlüsselqualifikation 2 für moderne Überlebenskünstler

Wie bereits beschrieben, stößt die Zeitmanagement-Methodik dort an ihre Grenzen, wo die Aufgaben ein Maß an Komplexität überschreiten, das man einfach mit den Instrumenten des Zeitmanagements nicht mehr in den Griff bekommt. Komplexität bedeutet dabei nicht nur „viel Arbeit". Vielmehr ist die Verzahnung von Handlungssträngen der Verursacher von Komplexität. Man dreht an einem Schräubchen und plötzlich drehen sich viele andere Schräubchen, deren Verbindungen man untereinander auf den ersten Blick nicht erkannt hat. Der Begriff der Komplexität wird uns noch beschäftigen bei der Definition von „Projekt" in Abgrenzung zur Aufgabe, dazu aber mehr im Kapitel 4.2.

Sowohl privat aber natürlich insbesondere im Beruf werden Sie immer wieder vor komplexen Aufgaben stehen, bei denen Sie Ihre mit dem Lesen dieses Buches gewonnenen Projektmanagement-Kompetenz anwenden sollten. Denn „große Dinge" gelingen nicht von selbst, sie müssen gut geplant und gemanagt werden. Es gibt einen netten Cartoon, in dem zwei Ameisen vor dem Netzplan (einem Planungsinstrument des Projektmanagements) eines komplexen Vorhabens stehen, bei dem an einer Stelle eine weiße Fläche die weitere Planung ersetzt. Auf dieser steht: „Hier geschieht ein Wunder!" Eine der Ameisen weist mit dem Zeigestock auf die weiße Fläche und fragt: „Guter Plan, aber sollten wir hier nicht noch ein bisschen genauer sein?" Dieser Cartoon beschreibt den Umstand, dass das Gehirn wohl nur einen begrenzten Zeitraum in die Zukunft und auch nur eine begrenzte Komplexität vordenken kann. Dadurch entstehen „weiße Flächen", in denen man nicht mehr konkret vor Augen hat, was zu tun ist. Der Ameisen-Hoffnung, dass diese Planungsfreiflächen durch hilfreiches Eingreifen einer göttlichen Macht, sozusagen dem „Schutzheiligen aller Projektmanager", erfolgreich überwunden werden können, sollte man sich nach meiner Erfahrung nicht hingeben. Denken Sie an Murphy's Law: „Es passiert immer das, was am meisten Schaden anrichtet!" Auch ohne zu den Pessimisten auf dieser Welt zu gehören, kann man sich vorstellen, dass der „Teufel des Projektscheiterns", der bekanntlich nur „große Haufen" macht, sich genau diese weißen Flächen aussucht, um sein verdorbenes Geschäft zu hinterlassen.

Projektmanagement ist also immer dann unerlässlich, wenn Zeitmanagement-Techniken nicht mehr reichen, um den Weg bis zu einem gesteckten Ziel vorzudenken. Um in der bildhaften Sprache des Cartoons zu bleiben:

„Projektmanagement ist die Alternative zum Wunder!“

4.1 Das Projektmanagement-Haus als Lernstruktur

Wie auch beim Zeitmanagement erfolgt, möchte ich Ihnen für die Inhalte des Projektmanagements eine Lernstruktur anbieten. Dazu habe ich ein Schaubild — das Projektmanagement-Haus — entwickelt, in dem sich die nachfolgend beschriebenen Inhalte einfügen.

Das Haus beinhaltet folgende Bausteine:

- **Grundlagenverständnis**: Dies bildet ein Fundament in Form von grundlegenden Begriffsdefinitionen und einem grundsätzlichen Verständnis, wie Projektmanagement erfolgreich angewendet werden kann.
- **Handwerkszeug**: Dieses füllt die Räume des Hauses mit allerlei „technischen“ Bestandteilen wie Prozessen und Instrumenten zur Planung und Steuerung eines Projektes. Zum Handwerkszeug gehört alles, was „hart“ (also ohne „störende“ Einflüsse beteiligter Menschen) anwendbar und beschreibbar ist; ich nenne diesen Bereich des Hauses deshalb auch gerne die „harten Faktoren“. Dies kann man auf verschiedene Arten tun, aber wenn man einmal entschieden hat, wie das Handwerkszeug aussehen soll, dann gibt es nichts mehr zu diskutieren, dann gilt es einfach, es genau so zu tun.
- **Arbeitsmethoden für den Projektmanager:** Das Dach des Hauses beinhaltet Methoden, die dem Projektmanager dabei helfen, das „Menschliche“ in Projekten in den Griff zu bekommen. (Und es menschelt dort reichlich, das kann wohl jeder bestätigen, der schon in Projekten gearbeitet hat.) Hier geht es viel um Führung, aber auch um Moderationen und Konfliktlösung. Diesen Bereich des Hauses könnte man unendlich ausbauen. In der Weiterbildung werden zu in der Regel recht kompakten Trainings zum Handwerkszeug unzählige Aufbau-Trainings angeboten, die man genauso gut als Manager einer Abteilung gebrauchen kann. Dieses Buch kann von diesen Themen nur eine Auswahl beschreiben, zumal diese sich oft vermischen. Auch an dieser Stelle verweise ich gerne auf unser Buch „Führen mit dem Omega-Prinzip“, in dem einige Kapitel für Projektmanager 1:1 relevant sind, wie z. B. Kommunikation, Moderation, Kreativitätstechniken, Konfliktlösung u. v. a. m.

- **Projektmanagement-Toolbox:** Durch die mitgelieferte Auswahl an Tools erhält das Haus seinen Schornstein, sodass die Theorie schnell mit vorbereiteten Instrumenten in die Praxis übertragen werden kann. Damit wird das Haus, um im Bild zu bleiben, beheizt und bewohnbar. Um Ihnen den Kauf einer Software zu ersparen, sind die Tools alle in gängigen MS-Office-Formaten erstellt, mit denen sicher jeder schnell warm wird.
- **Projektmanagement-Standards in Unternehmen:** Idealerweise sind in einem Unternehmen die obigen Themenfelder standardisiert, ansonsten arbeitet jeder im Projektmanagement, wie er will, und es kommt zu vielen Missverständnissen und Prozess-Störungen. Drei gute Projektmanager müssen noch lange keine gute gemeinsame Projektarbeit hinbekommen. Wenn einer von Projektstrukturplan spricht, sollte der andere vor Augen haben, was gemeint ist. Denn obwohl Projektmanagement eine durchaus verbreitete Materie ist, so wird diese doch im Detail unterschiedlich ausgebildet und verstanden. Deshalb sollte man in einem Unternehmen, in dem viele Projekte laufen, einheitliche Standards vereinbaren, damit die Zusammenarbeit effizienter geschieht.
- **Goldene Regeln fürs Projektmanagement:** Auf den Punkt bringen werde ich die Wissensbausteine zum Projektmanagement wie beim Zeitmanagement mit „Goldenen Regeln". Sie sind gleichermaßen eine Tippsammlung als auch ein roter Leitfaden durch die Themen.

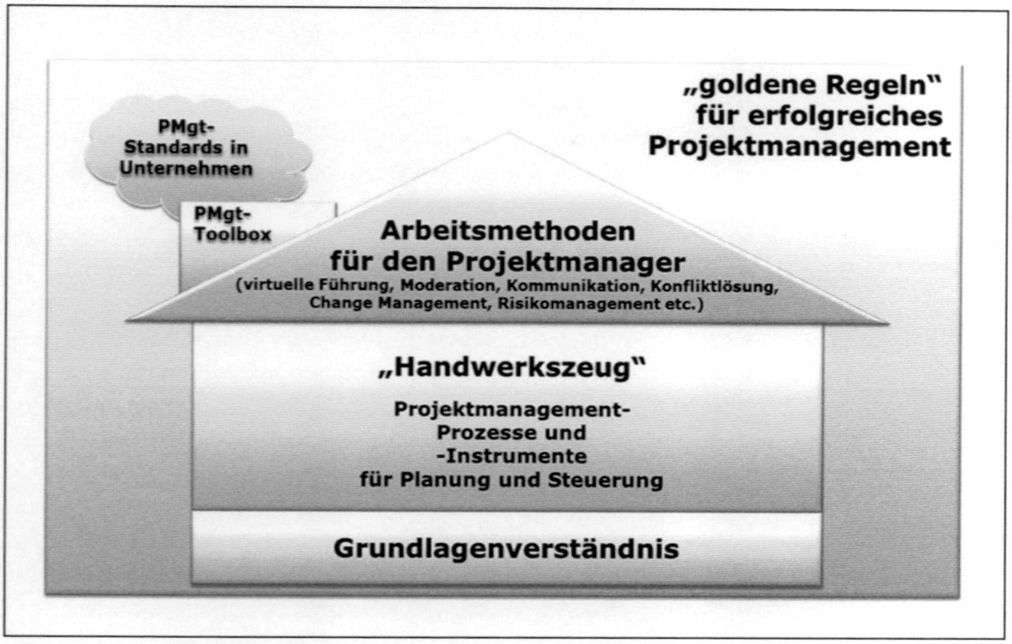

Abbildung: das Projektmanagement-Haus als Lernstruktur

4.2 Grundlagenverständnis: Was ist ein Projekt und was ist Projektmanagement?

Ich darf Sie mit der ersten Goldenen Regel im Projektmanagement vertraut machen:

Goldene ZuP-Regel

Bevor man Projektmanagement betreibt, muss man wissen, was Projektmanagement ist!

In dem Begriff stecken zwei Bestandteile, die ich nacheinander definieren möchte: Projekt und Management desselben. Stellen Sie sich vor, Sie stehen an einer Wegegabelung mit zwei Wegweisern. Nach rechts geht es zu einer Aufgabe, nach links geht es zu einem Projekt. An dieser Wegegabelung müssen Sie sich nicht nur entscheiden, was Sie gerade bearbeiten, Sie entscheiden sich auch, wie Sie es bearbeiten wollen. Denn bei einer Aufgabe reicht zum Erfolg Zeit-, bei einem Projekt benötigen Sie Projektmanagement. Ein falsches Abbiegen würde deshalb gegebenenfalls schon der Anfang eines Misserfolges sein. Als Berater habe ich einige solcher Projekte unterstützen dürfen, die durch eine falsche Abbiegung auf die „schiefe Bahn" geraten waren und dann mit externer Hilfe wieder auf die richtige Spur gebracht werden sollten. Neben den Zusatzkosten, die der Rückweg zum Wegweiser und der Neustart als Projekt erfordert, und etwaigen durch unsachgemäße Herangehensweise entstandene Kosten oder sogar Schäden ist es natürlich für alle beteiligten Personen höchst frustrierend, wenn man vor sich „hinwurschtelt", anstatt gleich ein Projekt richtig aufzusetzen. Ich bezeichne solche Projekte gerne als **„Wurschtel-Projekte"**, da sie als Aufgabe eingeschätzt und deshalb mit der Zeitmanagement-Methodik unsachgemäß bearbeitet werden. Manchmal startet man aber auch richtigerweise unter dem „Label" eines Projektes, aber die handelnden Personen sind nicht ausgebildet im Projektmanagement und irren deshalb auf falschen Pfaden umher.

Genauso schlecht ist es für eine Organisation, wenn man ohne Not zu oft in Richtung Projekt abbiegt, obwohl man „nur" eine Aufgabe vor sich hat. Dadurch entstehen in Unternehmen häufig Situationen, die ich gerne als **„Projekt-Inflation"** bezeichne. Die Mitarbeiter in solchen Unternehmen fühlen sich meist völlig überfordert angesichts einer Unzahl von Projekten. Insbesondere die „üblichen Verdächtigen" haben nie genug Zeit, sich um einen erfolgreichen Abschluss ihrer Projekte zu kümmern, weil sie schon drei neue auf den Tisch bekommen haben. Das zermürbt selbst den willigsten und fähigsten Projektmanager und kann ihnen den Spaß an Projektmanagement nachhaltig verderben. Mit den üblichen Verdächtigen bezeichne ich übrigens jene Mitarbeiter, deren Namen einem aufgrund der hohen Leistungsfähigkeit und dem daraus entstandenen guten Ruf sofort einfallen, wenn ein neues Projekt geboren wird. Das sind meist die Fähigsten in der Organisation, die es aber häufig nicht mehr als Zeichen von Wertschätzung, sondern als mangelnde Rücksichtnahme empfinden, auch das nächste Projekt delegiert zu bekommen.

Um Ihnen das richtige Abbiegen am Aufgabe-Projekt-Wegweiser zu ermöglichen, benötigen Sie eine Definition von „Projekt". Also stellen wir uns die Frage:

4.2.1 Was ist ein Projekt?

Am einfachsten ist es wohl, sich die Definition aus der DIN-Normenreihe DIN 69901 heranzuziehen. Diese beschreibt Grundlagen, Prozesse, Prozessmodell, Methoden, Daten, Datenmodell und Begriffe im Projektmanagement. Die darin verwendete Definition für ein Projekt lautet:

„Vorhaben, das im Wesentlichen durch die Einmaligkeit aber auch Konstante der Bedingungen in ihrer Gesamtheit gekennzeichnet ist, wie z. B. Zielvorgabe, zeitliche, finanzielle, personelle und andere Begrenzungen; Abgrenzung gegenüber anderen Vorhaben; projektspezifische Organisation." (DIN 69901 des Deutschen Instituts für Normung e. V.)

Was mir an der DIN-Definition überhaupt nicht gefällt, ist das Kriterium „projektspezifische Organisation". Diese sollte nicht das Vorliegen eines Projektes definieren. Sie ist meines Erachtens erst eine Folge. Nachdem man aufgrund der sonstigen Kriterien ein Projekt zu einem solchen erklärt hat, sollte man Projektmanagement anwenden und dazu gehört unter anderem natürlich auch, dass ich mich für das jeweilige Projekt ganz explizit und spezifisch als Team aufstelle und organisiere. Wenn eine projektspezifische Organisation, wie in der DIN geschehen, das Vorliegen eines Projektes begründet, rechtfertigt man eine gegebenenfalls falsche Wegentscheidung in Richtung Projekt im Nachhinein damit, dass es sich ja nur um ein Projekt handeln konnte wegen der projektspezifischen Organisation. Ich rechtfertige meine falsche Entscheidung also mit der Folge eben dieser falschen Entscheidung und das ist „Quatsch mit Soße".

Ich würde nachfolgende Kriterien verwenden, wenn ich an der obigen Wegegabelung prüfen möchte, ob ein Projekt vorliegt. Dabei sind diese Kriterien mit einer „und"-Verbindung gedacht, d. h. *alle* sollten vorliegen:

- Es handelt sich um eine umfangreiche Aufgabe, die sich nicht nur durch den Umfang an Arbeit, sondern insbesondere durch eine **hohe Komplexität** auszeichnet. Diese ergibt sich aus einer intransparenten Verzahnung vieler Komponenten, wie z. B. mehrere Organisationseinheiten, Interessensgruppen und Handlungsstränge.
- Es liegt eine **Zieldefinition** vor (kann auch erst im Verlaufe der ersten Projektphase definiert werden).
- Es gibt eine klare **Zeitabgrenzung**, i. d. R. durch einen festgelegten Start- und/ oder Endtermin.
- Es zeichnet sich durch **Neuartigkeit und Einmaligkeit** der Aufgabenstellung aus.
- Es gibt **einschränkende Rahmenbedingungen**, wie z. B. eine Konkurrenz um knappe Ressourcen, d. h. Budget, Personal und andere Faktoren sind nicht unbegrenzt verfügbar.
- Das Vorhaben hat eine **große Bedeutung** für das Unternehmen. Erfolg und Misserfolg haben einen erkennbaren oder sogar signifikanten Effekt auf die Unternehmensziele.

Wenn man in einem Unternehmen einheitliche Standards einführen möchte und die erwähnte Thematik mit Wurschtel-Projekten oder Projekt-Inflation vermeiden möchte, dann kommt man um die klare Definition einer Wegegabelung mit einer für alle nachvollzieh- und nachlesbaren Definition des Begriffes „Projekt" nicht herum. Sollten bei der Prüfung hinsichtlich der obigen Kriterien Zweifel oder Interpretationsspielräume aufkommen, halte ich es gerne mit folgendem Grundsatz als Entscheidungsregel:

Wenn Sie für Ihr Vorhaben einen Auftraggeber haben, der zur Sicherung des Erfolges entscheidet, dass man professionelle Projektmanagement-Methoden anwendet, dann haben Sie ein Projekt!

Erfahrungsgemäß haben Manager nicht unbedingt eine Projektmanagement-Kompetenz, nur weil sie in der Hierarchie weiter oben angesiedelt sind, sodass es durchaus das Risiko einer Projekt-Inflation erhöhen kann, meine Entscheidungsregel anzuwenden (dazu mehr im Kapitel 5). Aber irgendwann muss man sich einfach auch an Entscheidungen „von oben" halten, dafür gibt es Rollen in Unternehmen, die mehr entscheiden dürfen. Aber ein hartnäckiges Nachfragen und Sich-Versichern, ob Projektmanagement denn wirklich sein muss, schadet in solchen „Grenzfällen" sicher nicht.

Um die Definition und Wegegabelungs-Thematik abzurunden, sei hier noch einmal darauf hingewiesen, dass Projektmanagement in der täglichen Umsetzung des geplanten Vorhabens gutes Zeitmanagement für den Erfolg benötigt. Und Zeitmanagement kann sich aus den Projektmanagement-Tools bedienen, wenn es für die erfolgreiche Erledigung von insbesondere größeren Aufgaben hilfreich und sinnvoll ist. Dies ist in der nachfolgenden Wegegabelungs-Abbildung im oberen Teil vermerkt.

Abbildung: Entscheidung Projekt oder Aufgabe an einer Wegegabelung

Für die Wichtigkeit des Innehaltens und der richtigen Entscheidung an der skizzierten Wegegabelung gibt es eine einfache Begründung: Projektmanagement ist ein Zusatzaufwand und den sollte man nicht ohne Not betreiben. Und schon sind wir bei der nächsten Fragestellung im Rahmen des Grundlagenverständnisses:

4.2.2 Was ist Projektmanagement?

Auch für die Beantwortung dieser Frage lohnt ein erster Blick in die Normenwelt. Die DIN-Norm 69901-5 von 2009 definiert Projektmanagement so:

„Gesamtheit von Führungsaufgaben, -organisation, -techniken und -mitteln für die Initiierung, Definition, Planung, Steuerung und den Abschluss von Projekten."

Die ISO-Norm 21500 von 2012 (deutscher Entwurf als DIN/ISO E 21500 von 2013) definiert es mehr als Auftrag an die Projektleiter folgendermaßen:

„Projektmanagement ist die Anwendung von Methoden, Hilfsmitteln, Techniken und Kompetenzen in einem Projekt. Es umfasst das (...) Zusammenwirken der verschiedenen Phasen des Projektlebenszyklus."

Diese Norm-Definitionen sind zwar schön kurz, meines Erachtens aber auch nicht so recht aussagefähig, deshalb bete ich Ihnen folgende etwas ausführlichere Definition an:

Projektmanagement ist eine Arbeits-Methodik, bei der große und komplexe zeit-, ziel- und kostengebundene Aufgaben unter Berücksichtigung einschränkender Rahmenbedingungen und unter gezielter Einbeziehung des Umfeldes systematisch geplant, gesteuert und bearbeitet werden.

Diese Definition besteht aus mehreren Bausteinen, die ich nachfolgend gerne etwas erläutern möchte:

- Projektmanagement ist eine **Arbeitsmethodik**. Diese kann jeder lernen, der gerne arbeitet und sich nicht mit aller Kraft gegen Systematik und GMV stellt. Aussagen wie „Projektmanagement liegt mir nicht im Blut" sind daher nicht gerechtfertigt. Das liegt niemandem im Blut, jeder muss und kann es lernen. Vielleicht gibt es Situationen in Projekten, die man eher meidet, weil man sich in ihnen nicht so wohlfühlt, und vielleicht mag man auch eher Routine statt Abwechslung, was sicher in Projekten schwerlich gegeben ist; aber so ist es doch ebenfalls im „Linien-Leben". Auch in der Linien-Funktion gibt es nicht nur tolle Momente und man muss manchmal über seinen Schatten springen, um sich den Herausforderungen zu stellen. Die gute Nachricht zu Projektmanagement ist, dass es sich um eine begrenzte Wissens-Materie handelt. Das Buch in Ihren Händen ist deshalb nicht so dick wie die Bibel und handelt sogar noch Zeitmanagement mit ab.

- **Zeit-, ziel- und kostengebundene Aufgaben** verweisen auf drei häufig im Widerspruch stehende Bausteine einer Gleichung. Wie man diese in Einklang bringt, erläutere ich im Kapitel 4.2.3 zum Magischen Dreieck.
- **Einschränkende Rahmenbedingungen** machen das Projektleben leider nicht leichter; es wäre ja schöner, man hätte von allem immer mehr als nur genug. Wenn man Budget braucht, dann wäre es natürlich klasse, wenn der Auftraggeber eines Projektes eine große Kiste mit Geld aufmacht und einen einlädt, reichlich rauszugreifen, und dazu noch mehrfach Nachschlag anbietet. So schön ist die Welt aber nunmal nicht, im Gegenteil, die Welt ist hart und biestig. Ich vergleiche die Projektarbeit gerne mit der Erstellung eines Businessplans, bei dem man sich auch gut überlegen muss, welche Ressourcen aus dem Unternehmen man für welche Ziele einsetzen möchte. Es läuft am Ende auf die Frage hinaus: Was erreichen wir mit dem Projekt, und was müssen wir dafür investieren? Wenn man dann einen Projekt-Deal beschrieben hat und das Unternehmen unter dieser Beschreibung einem Projekt das „Go!“ erteilt, ist der Korridor des Handelns zwar eng abgesteckt, aber wenigstens klar erkennbar.

  Begrenzt sind Ressourcen natürlich nicht nur bezüglich Budget und eingesetzten Personen. Es sind auch manchmal ganz profane Dinge, wie z. B. Besprechungsräume, die Sie gerne für Ihre Projektreviews reservieren möchten, aber jemand anderes war schneller als Sie. Oder Sie wollen einen Termin mit der Geschäftsführung für eine Präsentation Ihrer Zwischenergebnisse vereinbaren, diese ist aber in Ihrem Wunschzeitfenster schon anderweitig verplant. Es gibt zahlreiche Möglichkeiten für die Begrenzung Ihrer Handlungsmöglichkeiten, von diesen dürfen Sie sich aber nicht entmutigen lassen, sondern sollten rechtzeitig vorplanen, was Sie wann benötigen und dann eben schneller und vorausschauender agieren als andere.
- Die gezielte **Einbeziehung des Umfeldes** erinnert noch einmal an die „weichen Faktoren“, die immer dann ins Spiel kommen, wenn Menschen beteiligt sind und eben das tun, was Menschen so tun: „menscheln“. Üblicherweise haben die Beteiligten unterschiedliche und oft sogar widerstrebende Interessen und wollen nicht unbedingt das, was Sie als Projektmanager gerne wollen. Um das alles erfolgreich zu managen, biete ich Ihnen im Kapitel 4.4 eine ausgewählte Anzahl von Arbeitsmethoden für den Projektmanager an.
- Das **systematische Planen, Steuern und Bearbeiten** erfolgt mit den bereits erwähnten „harten Faktoren“, also Prozessen und Instrumenten für die Planung und Steuerung komplexer Aufgaben. Diese ermöglichen eine systematische und nachvollziehbare Arbeit im Projekt.

Vielleicht ist nun noch einmal deutlicher geworden, warum Projektmanagement die Alternative zum Wunder ist … Wenn Sie gerne in Bildern denken, dann nehmen

Sie das folgende zur Veranschaulichung von Projektmanagement. Ein Bergführer würde sagen:

Erkenne und beschreibe lohnenswerte Ziele.
Mach Dir einen Plan.
Sorge für die notwendige Ausrüstung.
Vereinbare Dich mit anderen.
Starte klar und mit Zuversicht.
Rechne mit Hindernissen.
Vergleiche mit der Karte und
lerne für das nächste Vorhaben.

Nichts anderes sollte ein Projektmanager tun. Dann wird er mit seinem Projektteam auch den Projektberg erfolgreich besteigen.

Goldene ZuP-Regel

1. **Starten Sie nur Projekte, die den Kriterien für ein Projekt entsprechen, oder wenn ein Auftraggeber es explizit zur Sicherung des Erfolges eines Vorhabens beauftragt!**
2. **Wenn Sie ein Projekt managen sollen/wollen, eignen Sie sich vorher die Arbeitsmethodik Projektmanagement an! Projekte sind zu wichtig für Unternehmen, als dass man sich die Kompetenz durch „Learning on the Project“ aneignen darf!**

Weitere wichtige Begriffsdefinitionen

Neben Projekt und Projektmanagement gibt es noch ein paar andere Begriffe, die verwendet werden und für ein einheitliches Verständnis eine gemeinsame Definition benötigen:

- **Programm-Management:** Steuerung mehrerer Projekte, die gemeinsame strategische Ziele verfolgen (in Abgrenzung zu Projektmanagement, mit dem die Planung und Steuerung eines einzelnen Projektes gemeint ist). Ein Programm-Manager führt also mehrere Projektmanager, damit alle Handlungsstränge am Ende zum erfolgreichen Erreichen eines Unternehmenszieles beitragen.
- **Projektportfolio-Management (PPM):** Auswahl, Priorisierung und Kontrolle aller Projekte eines Unternehmens oder einer Unternehmens-Gruppe. Dies beinhaltet auch die Steuerung z. B. durch Landesverantwortliche und ggf. Auftraggeber, damit diese bei ihren verantworteten Projekten dafür sorgen, dass es nicht zu einer Überforderung der Organisation oder einem Ressourceneinsatz ohne strategischen Impact kommt. Die Einführung eines Projektportfolio-Managements erläutere ich in Kapitel 4.3.2.1.

- **Strategisches Projektmanagement:** Unter diesem recht unterschiedlich besetzten Begriff würde ich die Steuerung bzw. Führung der Projektmanager eines Unternehmens verstehen, die mit denjenigen Projekten betraut sind, die explizit einen Beitrag im Rahmen der Unternehmens-Strategie leisten. Das sind ja nicht immer alle Projekte eines Projektportfolios. Der Begriff Strategisches Projektmanagement wird aber auch regelmäßig mit Projektportfolio-Management gleichgesetzt. Wichtig ist innerhalb eines Unternehmens, dass man eine einheitliche Definition vornimmt und nicht aneinander vorbeiredet.

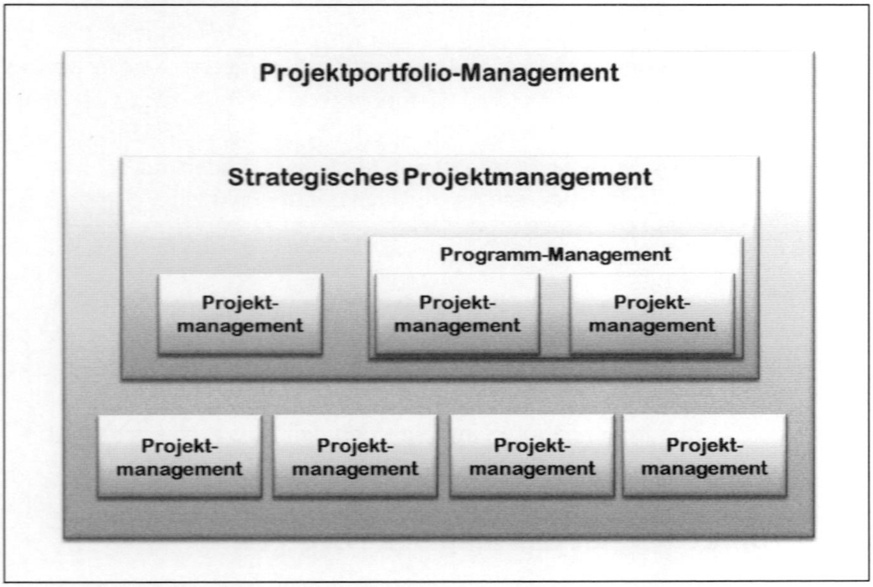

Abbildung: Zusammenhang zwischen Projekt-, Programm-, Strategisches Projekt- und Projektportfolio-Management

In diesem Zusammenhang möchte ich daran erinnern, was schon im Zeitmanagement Erwähnung fand: Man muss die richtigen Dinge tun, um effektiv an der Erreichung seiner Ziele zu arbeiten. Im Strategischen Projektmanagement gilt es, die richtigen Projekte aufzusetzen, also diejenigen, die nach glaubhafter Annahme auf die gesteckten Unternehmensziele wirksam einzahlen werden. Wenn man diese als Auftraggeber definiert hat, sind die Ressourcen schon mal strategisch richtig eingesetzt. Dann gilt es „nur noch" professionelles Projektmanagement zu betreiben, um den Erfolg der Projekte zu sichern. Dazu ein Beispiel: Wenn einem Unternehmen betriebswirtschaftlich das Wasser bis zum Hals steht und man dann ein Projekt zur Synergien-Stärkung zwischen den Abteilungen aufsetzt, dann muss man sich nicht wundern, wenn das Unternehmen in die Insolvenz rauscht.

Ein Umsatzsteigerungs- oder ein Kostenreduzierungs-Projekt oder beide zusammen wären sicher zu diesem Zeitpunkt die effektiveren Maßnahmen zur Rettung des Unternehmens.

Projekt-Effektivität sicherzustellen, ist die Aufgabe des Auftraggebers. Projekt-Effizienz entgegen obliegt dem Projektmanager. Zusammen ergibt es „E^2", was ich gerne als Eselsbrücke für „Effektivität und Effizienz zugleich" verwende (auch wenn es mathematisch falsch ist, da hier nicht zwei gleiche Dinge multipliziert werden, man verzeihe mir diese Ungenauigkeit). Diesen Zusammenhang hat Prof. Dr. Manfred Gröger in einer Wirtschaftlichkeits-Studie über deutsche Unternehmen analysiert. Diese trägt den sprechenden Titel „Projektmanagement — Abenteuer Wertvernichtung" (München 2004). Angesichts der Ergebnisse sicher ein treffender Titel, denn es hat sich bei der Befragung herausgestellt, dass die untersuchten Projekte zum großen Teil weder Projekt-Effektivität noch -Effizienz aufwiesen. Den daraus für die deutsche Wirtschaft entstandenen Schaden hat der Autor der Studie spaßeshalber hochgerechnet und kommt auf eine erschreckende Summe, die nicht weit von der Höhe des Bundeshaushalts entfernt liegt.

Unternehmen, die es besser machen in Punkto Projekt-E^2, müssten demnach einen erheblichen Wettbewerbsvorteil haben gegenüber ihrer Konkurrenz, die bei ihren Projekten lieber Abenteuer erleben. Ich möchte dies im Fazit so beschreiben:

Abenteuer gehören ins Film- und nicht ins Projektgeschäft!

4.2.3 Projekt-Magie: das magische Dreieck

Eine weitere Goldene Regel im Projektmanagement lautet:

Auftraggeber und Projektmanager müssen das Gesetz des magischen Dreiecks akzeptieren und einen Prozess für „Change Requests" vereinbaren!

Um die Magie dieses magischen Dreiecks zu verstehen, muss man zunächst einmal die Ecken des Dreiecks besetzen:

- **Leistung** (i. d. R. durch die Ziele des Projektes beschrieben)
- **Zeit** (i. d. R. durch End- und wichtige Zwischentermine konkretisiert)
- **Kosten** (durch das zur Umsetzung des Projektes bereitgestellte Budget konkretisiert; dies beinhaltet natürlich Geld für Investitionen, aber auch die Zeit der internen eingesetzten Ressourcen)

Diese drei Dinge müssen in eine Balance gebracht werden. Um dies zu erreichen, durchläuft man die Planungsphase. Der ganze Planungsaufwand mündet also in einer ausbalancierten „Dreifaltigkeit“ zwischen Leistung, Zeit und Kosten.

Was ist nun die Magie darin? Die Antwort ist einfach: Die drei magischen „Eckenbewohner“ hängen voneinander ab. Sobald man an einer Ecke anfasst, hat dies Auswirkungen auf die anderen beiden Ecken. Man kann nicht in deutlicher verringerter Zeit bei gleichem Budget eine viel bessere Leistung abliefern. Man kann nicht mit gekürztem Budget die vereinbarte Leistung erbringen oder eine viel höhere Leistung bei gleichem Budget abliefern und so weiter. Wenn die Planungsphase die Ausgewogenheit dieser drei „Projekt-Werte“ einmal hergestellt hat, dann ist das ein fein ausbalanciertes, aber auch filigranes Gebilde, das schnell zusammenstürzen kann, wenn jemand daran wackelt. Erfahrungsgemäß sind aber nicht alle Projektmanager konsequente Projekt-Magier und so ist der klassische Misserfolgsfaktor im Projektmanagement, dass jemand („Haupttäter“ sind sicher die Auftraggeber von Projekten) z. B. die Zeitachse oder das Budget kürzt oder die erwartete Leistung hochschraubt und dann der Projektmanager die Hacken zusammenknallt und „Jawoll“ ruft, ohne vorher die notwendigen bzw. sich daraus ergebenden Adjustierungen an den jeweils anderen Ecken zu analysieren.

Ein weiterer „Klassiker“ des Misserfolges ist der Versuch, Änderungswünsche am magischen Dreieck durch das Ausweiten der sogenannten „Eh-da-“ oder „So-da-Kosten“ aufzufangen. Sicher haben Sie von dieser Kostenart schon gehört. Sie gehören gegebenenfalls auch dazu, wenn Sie als interner Projektmanager oder -mitarbeiter eingespannt werden. Die obigen Bezeichnungen ”Eh-da-“ bzw. „So-da“-Kosten leiten sich von der Tatsache ab, dass interne Ressourcen ja *eh* bzw. *sowieso* da sind und in der Regel nicht budgetiert werden. Weil niemand eine interne Rechnung auslöst, wenn ein Projektmitglied Überstunden oder Nachtschichten ranhängen muss, ist es ein Leichtes, gewünschte Änderungen durch mehr Stunden der Beteiligten zu ermöglichen. Dabei wird dann regelmäßig verkannt, dass Mitarbeiter im Unternehmen ja nicht aus Lust und Laune zur Arbeit erscheinen, sondern Gehalt beziehen. Und es wird mal eben vergessen, dass die begrenzte Zeit eines Mitarbeiters nur einmal allokiert werden kann (dies gilt solange, wie Sie das mit dem Klonen nicht in den Griff bekommen haben). Wenn ein Projektmitglied in einem Projekt sein Engagement ausweiten muss, dann steht diese Zeit und Arbeitskraft an anderer Stelle nicht zur Verfügung, um Wertbeiträge zu leisten.

So kommt es zu dem Syndrom, dass eine kleine Erweiterung des Budgets für externe Kräfte, die mittels Rechnung derlei Vergünstigungen erkennbar zurückmelden, lang und breit diskutiert wird, während der Ausbau der internen Kräfte gar nicht oder nur kurz zur Kenntnis genommen und durchgewunken wird.

Neuro-Tipp

Unser Gehirn spielt uns hier auch gerne einen Streich. Dinge, die sich nicht verändert haben, nehmen wir nicht mehr bewusst wahr. Wenn dasselbe Bild seit zwei Jahren in Ihrem Büro hängt, dann werden Sie es kaum noch wahrnehmen. Damit schützen wir uns vor zu vielen Informationen und geben der Wahrnehmung die Chance, nur Abweichungen vom Normalen ins Bewusstsein zu lassen. Das bedeutet, Sie sehen das Bild schon, aber diese Information belästigt nicht Ihr Bewusstsein, damit Sie neue Dinge bewusst wahrnehmen können. Evolutionär war dies sinnvoll, um Abweichungen in der Umgebung auf Gefahren hin bewusst wahrzunehmen. Ein wildes Tier wahrzunehmen war wichtiger als die Frisur der Partnerin. So ticken wir bis heute.

Nehmen Sie auch das „Normale" wahr! Erkennen Sie, dass die internen Ressourcen nicht wie selbstverständlich da sind, sondern, dass sie einen Wert haben, den es zu berücksichtigen gilt.

4.2.3.1 Change Request – Änderungen des magischen Dreiecks

Das richtige Verhalten eines Projektmanagers wäre bei den oben geschilderten „Angriffen" auf das magische Dreieck, diese Anfrage offiziell als „Change Request" (frei übersetzt: Anfrage auf Veränderung des magischen Dreiecks) aufzunehmen und sich dann erstmal eine geeignete Adjustierung der bestehenden Planung zu überlegen. Wenn dann die gewünschte Veränderung machbar ist, dann kommt man zurück auf den „Change Requester", stellt den neuen ausbalancierten Planungsstand vor und lässt sich diesen schriftlich als neue Planung freigeben. Erst dann wird die Umsetzung des nun neuen Plans gestartet.

Der Prozess kann durch ein Formblatt formalisiert werden, man kann ihn aber auch formlos gestalten. Wichtig ist in jedem Fall, dass die Veränderung der Projektplanung durch einen Change Request ausschließlich schriftlich erfolgt. Ich empfehle dazu die Entscheidungsvordrucke aus der Toolbox zu verwenden. Der Prozess ist denkbar einfach:

1. Man nimmt die Anfrage auf,
2. geht in die Planung zurück, um zu analysieren, wie man die Änderung abbilden kann;
3. wenn machbar, erstellt man eine adjustierte Planung und bereitet mit dem Entscheidungsvordruck eine Entscheidung für den Auftraggeber vor, Anlage sollte die adjustierte Planung sein;

4. dann geht man den Vorschlag mit dem Auftraggeber durch und er kann anschließend durch Unterschrift die Freigabe auf einem Ausdruck des Entscheidungsvorschlages vornehmen
5. und schon gilt der neue Plan, den man dann wieder herunterbrechen muss auf Detailplanungen in den Teilprojekten.

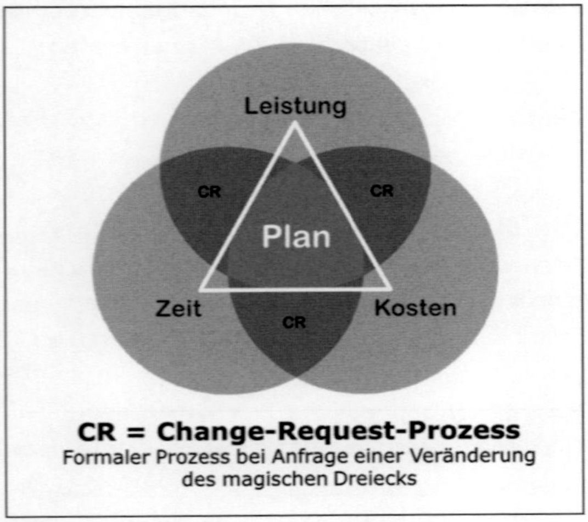

Abbildung: Magisches Dreieck und Change-Request-Prozess

Auftraggeber, die bisher daran gewöhnt waren, dass ihre Anfragen widerspruchs- und klaglos aufgenommen und umgesetzt wurden, müssen sich zur Sicherung der Professionalität umgewöhnen. Und Projektmanager, die sich bisher damit geholfen haben, fette Reserven in ihre Planungen einzubauen, damit jede Art von Wünschen seitens des Auftraggebers erfüllt werden können, sollten dieses falsche Vorgehen unbedingt durch einen sauberen Change-Request-Prozess ersetzen.

Da im magischen Dreieck die drei wichtigsten Eckpfeiler der Projektplanung fixiert sind, bezeichne ich es gerne als die „Bibel des Projektmanagers". Wie ein bibelfester Prediger muss er diese immer dabeihaben, sich jederzeit der drei Eckpfeiler bewusst sein und diese zitieren oder aufzeigen können. Dazu erstelle ich mir mit dem Projektcockpit eine Übersicht, mit der alle wichtigen Informationen auf einen Blick zu sehen sind (dazu mehr im Kapitel 4.3.6).

4.2.3.2 Schlanke Planungen statt fetter Reserven

An dieser Stelle ist es mir wichtig, das Kapitel 2.1.2.2.2 zur Planung um eine für das Projektmanagement wichtige Regel zu erweitern:

Projektplanungen sollten immer nur so viel Zeit und Ressourcen berücksichtigen, wie unter den getroffenen Grundannahmen zu den Rahmenbedingungen nötig sind, um die gesteckten Ziele zu erreichen.

Reserven baut man sich nur auf dem kritischen Pfad ein. Diesen Begriff aus der Zeitplanung erkläre ich im Kapitel 4.3.2.2.

Wenn man mit der schriftlichen Projektplanung die Grundannahmen, unter denen sie entstanden ist, transparent macht und das magische Dreieck allen Beteiligten somit erkennbar ist, dann bedarf es nur noch eines vereinbarten Change-Request-Prozesses, um bei Wünschen entsprechend reagieren zu können. Fette Reserven in der Projektplanung sind deshalb häufig nur sichtbare Zeichen eines fehlenden Change-Request-Verständnisses bei Projektmanager und Auftraggeber. Sie blähen Projektplanungen künstlich auf, damit der Projektmanager für alle Eventualitäten gewappnet ist. Dummerweise haben Reserven die Eigenart, genutzt zu werden. Längere Zeitachsen und dicke Budgets werden nach meiner Erfahrung nicht zurückgegeben, wenn sie mangels zusätzlicher Wünsche des Auftraggebers oder Ausbleiben sonstiger Einflüsse auf die Projektplanung nicht benötigt werden. Die Beteiligten in solch fett ausgestatteten Projekten arbeiten dann nur entspannter und rufen das einmal freigegebene Budget auch bei Nichtbedarf ab. Es steht zu befürchten, dass der Wettbewerb schlanker plant und schneller sowie kostengünstiger vergleichbare Projekte absolviert.

Neuro-Tipp

Auch hier hilft uns unser Gehirn nicht wirklich. Wir sind Energiespeicherwunder, alle Systeme sind darauf ausgelegt, auch in schlechteren Zeiten zu funktionieren. Die fetten Reserven sind ein Stoffwechselbedürfnis, das wir dem einen oder anderen ansehen können. Der Weg zu schlanken Planungen ist ebenso schwer wie der Weg zur schlanken Figur. Bei beiden gilt: Ohne die Sicherheit, nicht zu verhungern, wird es keine schlanke Planung geben. So wie Diäten unseren Kopf immer unter Stress setzen, so sind Unsicherheit seitens der Projektgeber oder häufige Budgetkürzungen in laufenden Projekten ein Managementfehler, der zu fetten Reserven führen muss.

Sicherheit verhindert Reserven!

4.2.3.3 Ziele – mehr als nur Richtung für den Plan

Eine Ecke des magischen Dreiecks bedarf noch etwas mehr Erklärung, da sie der Ausgangspunkt aller weiteren Überlegungen sein sollte. Die Leistung, die am Ende eines Projektes abgeliefert werden soll, gibt den Anstoß für die Planung. Man muss diese vor Augen haben, wenn man die Zeit und die Kosten planen möchte. Dies beschreibt auch die nächste Goldene Regel des Projektmanagements:

Goldene ZuP-Regel

**Wer seine Projektziele nicht kennt,
muss sich nicht wundern, wenn er ganz woanders rauskommt!!**

In der Regel stehen die leistungsbeschreibenden Ziele zu Beginn eines Projektes noch nicht kristallklar fest. Es gehört auch zu den ersten Schritten eines Projektes, sich Klarheit zu verschaffen über gewünschte, aber auch unter den „erlaubten" Kosten und der zur Verfügung stehenden Zeit machbare Ziele. Ich empfehle dringend, die Ziele schriftlich zu fixieren und im Laufe der Planungsarbeit weiterzuentwickeln. Schriftlich lässt sich am leichtesten „ein Pflock einschlagen", von dem dann das Dreieck gestreckt werden kann. Bevor ein Projekt so richtig startet, sollte eine schriftliche Zielvereinbarung vorliegen. Wenn dieses Vorgehen guter Standard im Rahmen der Zusammenarbeit in der Linie ist, dann sollte es bei den wichtigen und komplexen Vorhaben, die in den Rang eines Projektes erhoben werden, erst recht angewendet werden. Eine Vorlage finden Sie in der ZuP-Toolbox.

Bitte beachten Sie bei der Formulierung des Ziels Folgendes (eine ausführliche Beschreibung finden Sie im Buch „Führen mit dem Omega-Prinzip" im Kapitel zu Management by Objectives):

- Ziele sollten Ergebniszustände in der Zukunft beschreiben. Deshalb beschreiben Sie nicht, was zu tun ist (das macht dann der Plan), sondern beschreiben Sie den Zustand am Ende des Projektes so, als wenn er wie ein Zielfoto sichtbar vor Ihnen liegt.
- Die Qualitätskriterien für gute Ziele lauten entlang des Merkworts **„smarti"**:
    - **s** = spezifisch konkret, sodass ausreichend klar wird, was zu erreichen ist; aber noch simpel genug ist, dass man es auch versteht!
    - **m** = messbar — woran machen wir fest, dass das Projekt erfolgreich gelaufen ist?
    - **a** = aktiv beeinflussbar — kann der Projektmanager das Ziel mit seiner Arbeit und dem Projektteam beeinflussen oder hängt es vom „großen Plan des Schöpfers" ab, ob es klappen wird? Zudem sollte es aktionsauslösend sein, Projekte sollten also die Dinge verbessern und nicht den Status quo erhalten (es sei denn, dieser wäre unter sich verschlechternden Rahmenbedingungen eine tolle Leistung).

- **r** = realistisch — ist das Ziel unter den zur Verfügung stehenden Ressourcen und der Zeit erreichbar?
- **t** = terminiert — bis wann sollen Zwischen- und Endergebnisse erreicht werden?
- **i** = integriert in die Zielkaskade — in welches übergeordnete Ziel zahlt das Projektziel ein?

Neben dem richtungsweisenden, steuernden und Effektivität steigernden Effekt von Zielen sollte auch die motivierende Kraft der Ziele nicht vergessen werden. Denken Sie daran, dass viele Projekte oft neben den sonstigen täglichen Aufgaben von den beteiligten Mitarbeitern bewältigt werden müssen. Diese zusätzliche Belastung fällt den Beteiligten viel leichter, wenn sie wissen, wofür ihr engagierter Einsatz unabdingbar ist. Dies lernt uns die Neurobiologie. Das Gehirn braucht Ziele, dann kommt Motivation ganz von selbst, der Natur sei Dank!

Neuro-Tipp

Ein Wunder unseres Gehirns ist die Fähigkeit, Realität zu konstruieren. Wir können uns im Büro einen Sandstrand vorstellen und sogar das Meeresrauschen hören. Wir können uns vor dem Umzug vorstellen, wie unsere neue Wohnung eingerichtet aussehen wird. Wir können uns in einem Projekt das Ziel vorstellen, z. B. wie das neue Abrechnungssystem aussieht. Wir können sehen, wie viel leichter es den Buchhaltern mit dem neuen System fällt, wir können sogar hören, wie sich die Buchhalter in der Zukunft bei uns bedanken, dass dieses neue System eingeführt wurde. Wir haben die Fähigkeit, eine mögliche Zukunft vorauszusehen.
Nun haben wir zwei Wege mit dieser Fähigkeit umzugehen. Wir sehen die Katastrophenszenarien voraus — Menschen mit dieser Fähigkeit sehen überall Bedrohungen und Gefahren, sind aber ausgezeichnet darin, ein Projekt kritisch zu begleiten, allerdings schlecht in der mutigen Planung. Die andere Möglichkeit ist, den gewünschten Zustand vorauszusehen. Diese Dopamin-Fähigkeit ist nichts anderes als eine Zielbeschreibung nach SMARTI.
Wir schauen ohnehin voraus, unser Gehirn kann nicht anders, als in die Zukunft zu blicken und Gefahren gegen Chancen abzuwägen. Bei privaten Dingen nutzen wir diese Fähigkeit jeden Tag, im Büro viel zu selten. Wir brauchen Zielvorstellungen, weil wir über sie die Realität vorwegnehmen. So wie es clever ist, unsere Wohnungseinrichtung vor dem Umzug zu planen, so clever ist es, einen Endzustand in Bezug auf unser berufliches Wirken zu beschreiben. So wie es nicht wirklich hilfreich ist, alle Möbel erst einmal aufzubauen und dann zu verrücken, so wenig hilfreich ist es beruflich, erstmal loszulegen.
Je besser wir einen Zielzustand beschreiben können, desto mehr Dopamin und gleichzeitig Antrieb und Motivation holen wir uns am Anfang für dieses Ziel. Ein Ziel ist optimal gewählt, wenn es große Anstrengung kostet, es zu errei-

chen und das Erreichen nicht sicher ist. Dann ist die Dopaminausschüttung am größten. Ziele bieten uns die Chance, unser zum allergrößten Teil unbewusst arbeitendes Gehirn in die richtige Richtung zu lenken.

Setzten Sie sich Ziele, die Sie begeistern!

4.2.4 Rollen und Gremien

In einigen Beratungsprojekten komme ich erst in einem fortgeschrittenen Stadium zum Einsatz und muss zu Beginn erst einmal analysieren, warum das Projekt nicht richtig läuft. Auf die Frage, „was müsste sich dringend ändern in diesem Projekt?“, bekomme ich regelmäßig die Antwort: „Es müssen endlich die Rollen und Verantwortungen geklärt werden!“

Dieses Bedürfnis nach Klarheit sollte im Rahmen der Projektplanung eigentlich gestillt werden. Hier müssen die üblicherweise vorkommenden Rollen, aber auch solche, die projektspezifisch sind, mit Menschen besetzt werden. So ist „Ross und Reiter“ von Anfang an klar. Wenn dann noch alle Rolleninhaber wüssten, was von ihnen erwartet wird, wäre eine Menge Klarheit geschafft und die Projektbeteiligten könnten entsprechend der Erwartungen an die Rolle Hand in Hand arbeiten. Die ZuP-Toolbox bietet dazu an verschiedenen Stellen vorbereitete Möglichkeiten.

Mit der nachfolgenden Tabelle möchte ich typische Projekt-Rollen beschreiben:

Rolle	Aufgaben und Infos
Auftraggeber	▪ beauftragt offiziell das Projekt ▪ verantwortet den Projektinhalt und -nutzen ▪ ist „Hüter der Effektivität“ im Sinne eines Effekts auf die Unternehmensziele
Lenkungsausschuss	▪ besteht aus einem kleinen Kreis von Vertretern aus der Organisation, die dem Projektmanager mit „Rat und Tat“ zur Seite stehen sollen ▪ wird vom Auftraggeber geleitet ▪ wird vor allem bei langen und komplexen Projekten eingesetzt und tritt idealerweise an Meilensteinen (dazu mehr im Kapitel 4.3.2.2) zusammen ▪ überwacht das Projektergebnis und reagiert auf mögliche Abweichungen ▪ unterstützt und berät in schwierigen Fragestellungen ▪ trifft Entscheidungen, die außerhalb der Kompetenz des Projektmanagers liegen ▪ fördert Akzeptanz in der Organisation durch positives Promoten im eigenen Führungsbereich ▪ seine Mitglieder sollten dem Auftraggeber vom Projektmanager vorgeschlagen werden, um ein Gremium zu haben, was kompetent für Ratschläge und befugt zu Entscheidungen ist

Rolle	Aufgaben und Infos
Projektmanager (synonym auch mit „Projektleiter" bezeichnet)	▪ führt das Projekt-Team ▪ plant und steuert das Projekt nach allen Grundregeln professionellen Projektmanagements, sowohl in den harten als auch weichen Faktoren; sorgt also für die Umsetzung der richtigen Dinge auf richtige Art und Weise (macht demnach alles, was ich in diesem Buch schreibe, und noch viel mehr) ▪ stellt die Verbindung zwischen Auftraggeber und Projektgruppe sicher ▪ ist „Hüter des Magischen Dreiecks" ▪ stellt die Projekt-Effizienz sicher ▪ muss aber im Rahmen der Führung der Teilprojektleiter auch die Effektivität der Teilprojekte sicherstellen mit der Leitfrage: „Tragen die Teilprojekte das bei, was zur Erreichung der Projektziele benötigt wird?"
Teilprojektmanager (synonym auch mit „Teilprojektleiter" bezeichnet)	▪ planen und steuern Teilprojekte ▪ führen Teilprojekt-Mitarbeiter ▪ stellen die Effizienz der Teilprojektarbeit sicher ▪ delegieren oder bearbeiten selbst die Aktivitäten aus der Teilprojektplanung
Projektmitarbeiter	▪ sorgen für die operative Umsetzung der Projektarbeit auf Basis klarer Aufgabenverteilung ▪ stellen aktiv eine termingerechte und eigenverantwortliche Umsetzung der delegierten Aufgaben-/Arbeitspakete sicher ▪ sind Informationsbrücken und Schnittstellen zu Fachabteilungen; kommunizieren zum Projekt im eigenen Fachbereich; bringen und holen Informationen ▪ greifen im Rahmen ihrer Kompetenzen bei Abweichungen vom Plan selbstverantwortlich ein oder weisen Projekt-/Teilprojektmanager auf Abweichungen hin ▪ wenden gutes Zeitmanagement bei der täglichen Projektarbeit an
Fachberater ▪ Intern ▪ extern	▪ werden von internen Fachkundigen oder durch externe Berater gestellt ▪ bewahren Projektbeteiligte durch ihre Fach- und Methodenkompetenz sowie Erfahrung davor, Fehler zu machen und damit Schaden anzurichten ▪ bringen als ausgewählte Spezialisten für Sachthemen und Methodikfragen das notwendige Know-how ein; dies entbindet Auftraggeber, Lenkungsausschuss und Projektmanager aber nicht von ihrer Verantwortung. Sie werden nur beraten und müssen daraus ihre eigenen Schlüsse und Entscheidungen ableiten; Fachberater unterstützen also bei notwendigen Entscheidungsfindungen durch Empfehlungen, haben aber i. d. R. keine Entscheidungsbefugnisse.

Weitere projektspezifische Rollen und Gremien gilt es, vergleichbar festzulegen und bezüglich der Erwartungen an diese zu definieren. Es ist wie eingangs erwähnt erfolgskritisch, dass Beteiligte in ihrer Rolle klar benannt sind. Deshalb empfehle ich neben einer schriftlichen Festlegung (siehe Ressourcenplanung im Kapitel 4.3.2.3) auch klärende Gespräche zu den Erwartungen. Nur wer weiß, was von ihm erwartet wird, kann sich auch entsprechend einbringen.

Neuro-Tipp

Bei der Festlegung der Rollen und insbesondere der Führungs- und der Mitarbeiter-Rollen im Projekt gibt es besonders in Bezug auf die Möglichkeit der Kreativität bei Problemlösungen einiges zu beachten. In dem Sportplatzmodell (Kapitel 3.1.2) haben wir zwei Motivationen, etwas zu tun: entweder unter Stress, also um Schaden zu vermeiden, oder aus Begeisterung, also um eine Belohnung zu erhalten. Beides gleichzeitig geht nicht, daher handeln wir entweder aus Stress heraus oder aus Begeisterung. Die dazugehörigen Hormone sind Cortisol (Stress) und Dopamin (Begeisterung). Diese Hormone sind für verschiedene Zwecke gut: Cortisol ist wichtig für das Überleben jetzt; wenn eine Gefahr droht, muss die Aufmerksamkeit im „Hier und Jetzt" liegen. Dopamin befähigt uns hingegen, in die Zukunft zu schauen, Visionen zu haben, neugierig zu sein. Ein Chef erhält nur durch seinen Status, Chef zu sein, schon Dopamin: Er ist also in einer Besprechung bereits im Begeisterungsfeld — ohne einen weiteren Grund außer seiner Position. Bei Mitarbeitern gehen die Stresslampen bereits an, wenn der Chef nur im Raum ist. Der Mitarbeiter wird also den Stressmodus unbewusst wählen, nur weil er Mitarbeiter ist.

Nun wird es interessant, wie die Rollen im Projekt besetzt werden. Wenn im Meeting Kreativität, also in die Zukunft zu schauen, gefragt ist, dann haben die Führungskräfte die besseren Karten. Biologisch sind sie aufgrund ihres Status dopaminerg, während die Mitarbeiter schwerer in die Zukunft blicken können, dafür aber versuchen, ihr Überleben zu sichern (vielleicht in Form von Ausreden). Das bedeutet für Projekte, die kreative Problemlösung erfordern (gemäß der oben genannten Definition sind das alle):

1. **Linie und Projektführung konsequent trennen**. Dann schwächen Sie diesen biologischen Führungseffekt schon ab.
2. Bei Brainstormings müssen Sie **alle Projektmitglieder vorher (mindestens 2 Stunden) über die Fragestellung informieren**. Dann haben die Mitarbeiter noch die Chance, ihr gesamtes kreatives Potenzial abzurufen. Im Brainstorming selber, wenn Führungskräfte anwesend sind, ist das nicht mehr möglich.
3. **Die Führungskraft hat immer mehr Ideen für die Zukunft**. Dafür können die Mitarbeiter besser Stolpersteine auf dem Weg erkennen. Nutzen Sie die Chance dieser Erkenntnis und verteilen Sie auch die Aufgaben dementsprechend.
4. Wenn die **Mitarbeiter selber zu Führungskräften werden**, dann steigen das dopaminerge Potenzial und damit auch das kreative, visionäre Potenzial.
5. **Trennen Sie immer Fragestellung und Lösungssuche!**

4.3 Handwerkszeug für die Projektplanung und -steuerung

Jetzt kommt der Bereich im Projektmanagement, bei dem alle aufblühen, die Spaß an Struktur und Ordnung haben. Die liebenswerten Chaoten werden denken: „Muss denn das alles wirklich sein, kann ich nicht einfach loslegen und dann schauen wir mal?“ Die Antwort ist: Ja, es muss sein! Aber für diejenigen, denen diese Antwort nicht behagt, sei hier unter Eid versprochen: Wenn man ein Projekt dann schön „auf Spur“ hat, wird es noch genug Gelegenheiten geben, flexibel und spontan zu sein, weil trotzdem Dinge geschehen, die man so eben nicht geplant hatte. Das macht die Projektarbeit ja so spannend!

Nach diesem Kapitel werden Sie erkannt haben, wie leicht Projektmanagement im Grunde ist. Es gibt klare Projektphasen und dazu passende Instrumente, mit denen man alle wichtigen Projektaspekte in den Griff kriegen kann. Dabei gilt immer folgende Regel:

Goldene ZuP-Regel

Man muss wissen, in welcher Phase man ist und die notwendigen Instrumente diszipliniert und richtig anwenden. „5 gerade sein“ und Projektmanagement-Instrumente auslassen oder nur oberflächlich anwenden, kann man nur da, wo es offensichtlich machbar ist!

Im Nachfolgenden beschreibe ich die Instrumente, die ich für unerlässlich und erfolgskritisch halte. Man könnte sicher noch viel mehr Formalien einführen. Dazu gebe ich den „Strukturverliebten“ (bin selbst so einer) unter Ihnen aber folgenden Rat: Formalisieren Sie über das unabdingbare Pflichtprogramm an Instrumenten hinaus nur die Situationen, die in Ihren Projekten regelmäßig vorkommen und ohne Instrument zu stetigen Diskussionen oder Gefahren führen würden. Wenn Sie sich daran halten, werden die Anwender Verständnis für Formalien aufbringen, da sie dadurch Vorteile erhalten.

Ein ganz wichtiges Erfolgsprinzip ist auch im Projektmanagement das **„Prinzip der Schriftlichkeit“**. Dieses sollten Sie bei allen Planungsschritten, Entscheidungen, in Meetings, Workshops, Lenkungsausschusssitzungen etc. einhalten. Nichts ist schlimmer, als wenn man sich auf seine Erinnerung verlassen muss. Das geht in solch komplexen Vorgängen nun mal nicht, egal welches „Elefantengedächtnis“ Sie zu haben glauben.

Neuro-Tipp

Unsere Erinnerungen täuschen uns ohnehin, wie oben bereits geschrieben. Diese Erkenntnis findet auch immer mehr Beachtung bei der Bewertung von Zeugenaussagen in der Rechtsprechung. Verlassen Sie sich nicht auf Ihr Gedächtnis.

Beim Abrufen einer Erinnerung ist eine Information immer leicht oder stark verändert.

Hier noch eine weitere Goldene Regel zu Projekt-Phasen und -Planung:

Goldene ZuP-Regel

„Du kannst nur tun, was Du willst, wenn Du weißt, was Du tust!"
(Zitat von Mosché Feldenkrais, 1904—1984)

Die nachfolgenden Phasen und Instrumente helfen Ihnen dabei, genau das zu tun, was Sie wollen: ein Projekt zum Erfolg zu führen!

4.3.1 Das Phasenmodell: wissen, was man wann tut!

Es gibt unterschiedliche Ansätze, Projekte in Phasen zu strukturieren. Wenn Sie z. B. nach der PRINCE2-Methode arbeiten, dann sehen die Phasen anders aus als in dem von mir vorgestellten Modell. Eigentümer der PRINCE2-Methode ist zurzeit AXELOS, die Verwendung der Methode steht aber jedem frei. PRINCE2 zählt neben PMBOK (Project Management Institute), Scrum für agile Softwareentwicklung und ICB (IPMA, GPM) zu den führenden Projektmanagementmethoden weltweit. Bei dieser Methode unterscheidet man im Projekt zwischen „Lenken, Managen und Liefern" und arbeitet in den Phasen „Vor dem Projekt, Initiierungsphase, Nachfolgende Phase(n) und letzte Phase". Zwischendrin werden Phasenübergänge und am Ende das Abschließen des Projektes gemanagt. Ich habe PRINCE2 einmal in einer Personalabteilung trainiert, in der seitens der IT-Abteilung diese Form des Projektmanagements als Standard für das Unternehmen definiert war. Dabei habe ich meine hier beschriebene Vorgehensweise mit dieser Methode verglichen und festgestellt, dass es grundsätzlich vergleichbare Vorgehensweisen sind, manches aber anders benannt wird.

Das Phasenmodell, das ich Ihnen vorstelle, spiegelt natürlich die Grundsätze anderer Methoden wieder. Ich habe es in vielen Jahren in der Praxis auf Einsatztauglichkeit geprüft und feingeschliffen. Grundsätzlich unterscheide ich 6 Phasen (siehe auch nachfolgende Abbildungen), die es zu durchlaufen gilt:

1. Projektanstoß
2. Konzeptionsphase
3. Planungsphase
   a) grob
   b) fein
4. Durchführungsphase
5. Einführungsphase
6. Nachbetrachtung

Auch wenn Projekte die Natur besitzen, dass unvorhergesehene Dinge passieren und man deshalb flexibel bleiben muss, so hat es sich doch grundsätzlich bewährt, die 6 Phasen bewusst anzugehen und jederzeit zu wissen, wo man sich gerade befindet und welche Arbeitsschritte gerade sinnvoll sind bzw. welche erst später kommen sollten.

Eine ganz wichtige Erkenntnis ist, dass es eine grundsätzliche **Abgrenzung von Kopf- und Handarbeit** geben sollte. Erfahrungsgemäß kommt in der Praxis die Kopfarbeit aber grundsätzlich zu kurz. Wie ich im Kapitel Zeitmanagement bereits aufgezeigt habe, macht Anpacken den meisten Menschen mehr Spaß als das Planen. Im Projektmanagement entstehen aber durch solcherlei „Schweiß vor Kopf"-Mentalitäten Budget-Risiken und inhaltliche Gefahren, die man nicht eingehen darf. Ganz anschaulich beschreibt dieses Problem die sogenannte „Kostenbirne", bei der man in den Phasen der Kopfarbeit aufgrund geringerer Aufwände zwar ein bisschen Budget einspart, dann aber das Budget wegen der vielen auftretenden und Schaden verursachenden Ereignisse in den nachfolgenden Phasen explodiert, während idealerweise eine Kostenpyramide einen Einsatz des Budgets beschreibt, bei dem in der Kopfarbeit (die ersten drei Phasen) ein geringerer Teil des Budgets verbraucht wird und erst in der Projektumsetzung (Phase vier und fünf) der Hauptteil eingesetzt werden muss bzw. sollte. Das erklärt sich aus der einfachen Tatsache, dass Kopfarbeit in der Regel bedeutet, dass Mannstunden mit den Kosten pro Stunde multipliziert werden, während in der Umsetzung auch etwaige Investitionen und andere größere Kostenblöcke abgerufen werden. Eine Verkürzung der Kopfarbeit spart recht wenig Budget im Vergleich zu dem Schaden, den die vielen durch mangelnde Planung verursachten Fehler verursachen. Einfach gesprochen: Wer das Denken kürzt, dem fliegt das Projekt samt Budget kräftig um die Ohren.

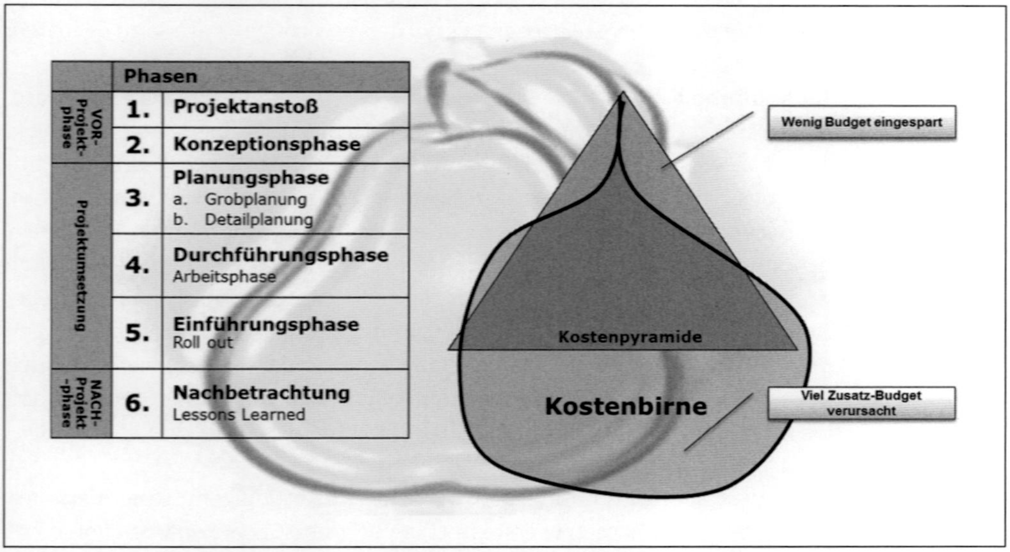

Abbildung: Kostenbirne und -pyramide durch zu kurze „Kopfphasen"

Ohne den in der Presse breitgetretenen Großprojekten zu nahe treten zu wollen: Sicher gibt es in diesen megakomplexen Vorhaben vieles Unvorhersehbare, aber ich gehe davon aus, das viele Nachbudgetierungen genau aus dem obigen Syndrom herrühren. Gerade wurde in den Nachrichten wieder berichtet, dass unser Vorzeige-Katastrophen-Projekt „Niemand hat die Absicht, einen Flugplatz in Berlin zu bauen" wohl nochmals 1,5 Milliarden Euro bräuchte, um in ferner Zukunft mal fertig zu werden (wahrscheinlich können wir dann längst beamen und brauchen ihn gar nicht mehr). Vielleicht lesen Sie dieses Buch zu einem Zeitpunkt weit nach 2014, also an einem Tag, an dem tatsächlich Flugzeuge starten und landen auf dem neuen Berliner Flughafen. Während ich es aber schreibe, dient es mir in jedem Training als gutes Beispiel, wie unbedachte Projektelemente in der Planungsphase in der Projektumsetzung Millionen- und Milliarden-Löcher reißen. Wer hätte denn wissen können, dass der Feuer- und Lärmschutz bei einem Flughafen so viel Aufmerksamkeit benötigt …

Zurück zum Phasenmodell: Die 6 Phasen werden in der nächsten Tabelle genau erklärt. Bevor Sie da aber einsteigen, gibt es noch zwei wichtige Hinweise zu beachten:

- Zur **Kopfarbeit** gehören die Projektanstoß-, Konzeptions- und Planungsphase. Letztere unterteile ich noch in Grob- und Feinplanung. Dies folgt der Logik, dass man wie im Kapitel 2.1.2.2.2 aufgezeigt, mehrere Planungsschleifen drehen muss, die kontinuierlich detailliertere und genauere Ergebnisse liefern. Nach jeder Schleife muss man den jeweiligen Planungsstand mit dem Auftraggeber besprechen und erst dann in die nächste Phase eintreten. Ganz falsch wäre es, wenn man bereits nach dem ersten Austausch mit dem Auftraggeber viel Zeit und Gehirnschmalz investiert und bis in die feinsten Verästelungen des Projektes plant. Wenn dann der Auftraggeber mitteilt, dass man ihn falsch verstanden oder er sich mittlerweile auch Gedanken zum Projekt gemacht hat, die in eine andere Richtung gehen, dann hat man viel Zeit- und Kopf-Budget verursacht und zieht frustriert von dannen.
  Damit die Planung grundsätzlich in die richtige Richtung geht, schiebt man mit der Konzeptionsphase eine erste noch recht grobe Gedankenarbeit vorab ein. In dieser sollte sich in jedem Fall das Ziel konkretisieren. Man kann darüber hinaus z. B. durch Mindmapping oder eine erste Skizze in Powerpoint oder auch nur auf einem Flipchart beschreiben, wie man sich die Herangehensweise an das Projekt vorstellt. Wie immer Sie es methodisch anfangen, ob Sie mit Worten (z. B. grobe Phasen und Aktionen) oder Bildern arbeiten, das Ergebnis dieser sehr frühen Projektarbeit dient einem hilfreichen Austausch mit dem Auftraggeber über seine Vorstellungen und Erwartungen. So kann man über seine ersten Gedanken diskutieren und sich im gemeinsamen Verständnis besser zusammenraufen. Dadurch ist die nachfolgende Planungsphase auf deutlich festerem Fundament aufgebaut und die darin investierte Zeit kann effektiver genutzt werden.

- Die **Handarbeit bzw. Projektumsetzung** unterteile ich in die Durchführungs- und Einführungsphase. Ganz oft gibt es in der Umsetzung Arbeiten, die man noch recht diskret leisten kann. Damit meine ich, dass nicht schon das ganze Unternehmen informiert und beteiligt werden muss, sondern die Projektgruppe mehr oder minder „im Verborgenen" bzw. im Hintergrund arbeitet. Aber dann kommt irgendwann der Punkt, bei dem man eine Grenze überschreiten muss. Diese nenne ich den **„Point of No Return"** (kurz: **PoNoRe**). Ab diesem Punkt muss man die Organisation informieren und beteiligen, deshalb ist es der Punkt, an dem man von der Durchführungs- in die Einführungsphase übergeht. Denn die Einführung kann ich nur zusammen mit den betroffenen Mitarbeitern und sonstigen Personen vornehmen. Man muss Investitionen tätigen und die Vermarktung des Projektes intensiv betreiben. Nach Überschreitung des PoNoRe gibt es kein Zurück mehr, dann muss man das Projekt bis zum hoffentlich erfolgreichen Ende durchziehen, wenn man nicht einen ganz peinlichen „Sorry, wir haben das nicht so gemeint und wollten nur mal etwas Geld vergeuden"-Auftritt haben will. Diesen Punkt in einem Projekt zu erkennen und zu definieren, ist wichtig. Hier sollte man noch einmal den Lenkungsausschuss zusammentrommeln und sich das Go für die nächste Phase geben lassen.

Neuro-Tipp

Zu diesem Zeitpunkt dürfen im Projektteam keine Zweifel mehr an dem Ziel herrschen. Die Überzeugung der handelnden Personen ist mindestens genauso wichtig wie das fachliche Können. Ein Versuch aus der Psychologie dazu hat unser Verständnis von Lernen völlig geändert. Man gab weiblichen Probanden verschiedene Texte über Mathefähigkeiten von Frauen allgemein, versehen mit der Aufgabe, diese Texte zu bearbeiten. Im Anschluss wurde „zufällig" ein Mathetest angeschlossen. Die Ergebnisse dieses Tests hingen zu 50 % davon ab, was die Frauen zuvor über weibliche Mathefähigkeiten gelesen hatten. Nicht das Mathewissen, sondern die Einschätzung der eigenen Fähigkeiten und die Überzeugung der eigenen Leistungsfähigkeit waren für das Ergebnis entscheidend. Wenn also im Projektteam keine Überzeugung herrscht, dann ist das Projekt schon beim „Point of no return" schwer gefährdet.

Nicht das Fachwissen, sondern die Überzeugung, dass man Erfolg haben wird, führt zum Erfolg!

	Phasen		Beschreibung
VOR-Projektphase	**1.**	**Projektanstoß**	• Projektidee wird vom Auftraggeber top-down einem potentiellen Projektmanager oder bottom-up von einem Initiator einem potentiellen Auftraggeber beschrieben • In seltenen Fällen wird bereits ein Projekt-Auftrag erteilt, dieser sollte aber nur bis zur Grobplanung gehen; erst dann wird über die weiteren Schritte entschieden
	2.	**Konzeptionsphase**	• Projektmanager entwickelt ein grobes Konzept mit Projektziel, Anlass und Inhalt • Konzept wird mit Auftraggebern durchgesprochen
Projektumsetzung	**3.**	**Planungsphase** a. Grobplanung b. Detailplanung	• Projektmanager erstellt Grobplanung (Ziele, erster Projektstruktur- und Zeitplan incl. Meilensteinen, Ressourcen-/Budget-Planung für die Umsetzung, ggf. Risiken) • Grobplanung wird mit Auftraggebern durchgesprochen und zur Entscheidung vorgelegt • Bei Auftragserteilung erstellt der Projektmanager eine **Zielvereinbarung** mit der Grobplanung als Anlage, damit erfolgt die Freigabe zur weiteren Projektarbeit • Kick-off-Meeting als offizieller Start • Erstellung von Feinplanungen gemeinsam mit den Teilprojektleitern • Vorstellung und Verabschiedung der Feinplanung vor bzw. durch den Auftraggeber
	4.	**Durchführungsphase** Arbeitsphase	• Realisierung der Projektaufgaben im Team ohne Sichtbarkeit für die Organisation • Regelmäßige Projektbesprechungen dienen einer Aktualisierung von Zeit- und Aktivitäten-Plänen, Risikoanalysen, Planung nächster Schritte und ggf. Einbindung von zusätzlichen Fachberatern an besonderen Stellen • Motto: „Informationen – Probleme – Lösungen – weiteres Vorgehen" • **Statusberichte**: nach vorgegebener Form wird bottom up informiert durch Teilprojektmanager an Projektmanager weiter an Auftraggeber bzw. Lenkungsausschuss • Investitionsfreigaben erfolgen i.d.R. vor Beginn von Phase 5 • Klärung mit Auftraggeber, an wen das Projekt zum Betrieb übergeben werden soll
	5.	**Einführungsphase** Roll out	• Umsetzung aller Projektschritte, die sichtbar für die Organisation bzw. den Kunden sind; erfolgen nach dem **„Point of no Return"**, also dem Projektschritt, nach dem eine Einstellung des Projektes nur noch mit Schaden zu machen wäre • Roll out ggf. mit Piloten incl. notwendigen Wissensvermittlungen/Trainings etc. • Übergabe an das operative Geschäft, damit Überführung in den Routineablauf bzw. die Linienorganisation (ggf. mit **Übergabeprotokoll**) • Information über neuen Ansprechpartner an alle • Projekt-Umsetzung ist beendet
NACH-Projektphase	**6.**	**Nachbetrachtung** Lessons Learned	• Ggf. Erstellung eines Abschlussberichtes (Soll-Ist-Abgleich des Projektziels, des Zeitplanes, der Ressourcen und Liste noch offener Aufgaben) • Erfahrungsanalyse insb. bei erfolgreichen bzw. schlecht gelaufenen Projekten • Nachreflektion im Projektteam mit dem Ziel, Erkenntnisse (Stärken und Verbesserungspotentiale) für weitere Projekte zu gewinnen • Dank an das Projektteam und Verabschiedung

Abbildung: 6-Phasen-Konzept mit Beschreibungen

In jeder Phase gibt es Aufgaben zu bearbeiten, die das Projekt einen Schritt weiter zum Erfolg führen. Für diese Aufgaben gibt es Instrumente, die die Arbeit erleichtern können, weil sie mit vorgegebener Struktur und/oder Layout ein sofortiges Loslegen ermöglichen.

4.3.2 Die wichtigsten Projektplanungs-Instrumente

Entscheidend für die Aussagekraft der Projektplanung ist die richtige und vollständige Erarbeitung der wichtigsten Planungs-Instrumente, deshalb hier eine kleine Tabelle mit den Instrumenten und deren Beitrag zur Gesamtplanung:

Planungs-Instrumente	Ziel und Zweck
Projektstrukturplan (PSP)	Gibt einen Gesamtüberblick über die Elemente eines Projektes. Zeigt übersichtlich auf, **was** alles im Projekt zu bearbeiten ist und **wer** mit den Hauptbestandteilen (Teilprojekten) betraut wurde.
Balken- bzw. Zeitplan	Ist eine visuelle Darstellung der zeitlichen Planung. Zeigt auf, **wann** die einzelnen Elemente bearbeitet werden.
Ressourcen- und Budgetplan	Leitet aus den ersten Planungs-Instrumenten ab, welche und wie viel Ressourcen zur erfolgreichen Umsetzung nötig sind. Zumeist geht es um **Personal und Budget**.
Aktivitätenplan	Damit werden **Aktivitäten im Detail** geplant, also ganz konkret und genau, was wer bis wann zu erledigen hat. Ist sozusagen ein „Rezeptbuch", das man im Verlaufe des Projektes nur noch nachkochen muss. Wird entweder als ein zentrales Instrument für das ganze Projekt oder vervielfacht für die Teilprojekte aufgesetzt.
Weitere Instrumente wie z. B.: ▪ Arbeitspaketbeschreibungen ▪ Mittelabflusspläne ▪ Kalkulationen ▪ etc.	Um weitere wichtige Planungsaspekte und -blickwinkel erfolgreich managen zu können, verwendet man **Standard- oder gezielt erarbeitete Planungs-Instrumente**. Hier gilt das Motto: „Alles, was hilft, ist gut!"

Die ersten beiden Instrumente sind in meiner „**Musterdokumentation**" eingebettet. Diese ist eine Besonderheit aus der ZuP-Toolbox. Sie ist eine von mir entwickelte Powerpoint-Datei, in der zahlreiche Arbeitsschritte abgefordert, aber eben auch mit vorbereiteten Formaten bzw. Bausteinen erleichtert werden. Sie ist analog zum Projektverlauf gestaltet und das zentrale Dokument, in dem fast alles verankert wird. Mein erster Schritt beim Start eines neuen Projektes ist es, die Musterdoku aufzumachen und unter einem passenden Titel im Projektordner abzuspeichern (z. B. „Neue-Vergütung_Projektdoku_140911"). Und schon kann man loslegen und sich durch die Folien arbeiten. So vergisst man nichts und kommt schnell zu nachlesbaren Ergebnissen. Bei Präsentationen muss man dann auch nicht Nachtschichten einlegen, um die Projektplanung oder sonstige -sachverhalte zu visualisieren, man nimmt einfach die Projektdoku und wirft die Folien, die das Plenum sehen soll, per Beamer an die Wand. Damit ist man schnell präsentationsfähig.

Kleiner Tipp: Machen Sie die Tools erst dann auf, wenn Sie im Text dazu aufgefordert werden. Die Musterdoku sollten Sie zudem erst ganz zum Schluss aufmachen, dann verstehen Sie leichter, warum welcher Baustein darin ist, weil Sie dann einmal durch alle Aspekte durch sind.

Da an dieser Stelle die Erwähnung der Tools zum ersten Mal etwas detaillierter vorkommt und das Kapitel 4.6 noch fern ist, möchte ich eine wichtige Erkenntnis in einer weiteren Regel aufzeigen:

Goldene ZuP-Regel

Projektmanagement-Know-how ist nicht Tool-Know-how.
Projektmanagement ist das Methodenwissen,
Tools sind nur Umsetzungshilfen für die Methode!
Um es bildlich zu beschreiben:
Tools sind nur Steigbügel, um in den Sattel zu kommen.
Das Reiten an sich ist das Projektmanagement.

In der nachfolgenden Abbildung sind die Instrumente aufgelistet, die in der jeweiligen Phase zum Einsatz kommen. Sie sind alle Bestandteile der ZuP-Toolbox. Die wichtigsten Instrumente werde ich in den nachfolgenden Kapiteln noch genauer erklären, die restlichen dann kurz im Kapitel 4.6. Zumeist sind sie aber auch selbsterklärend und mit GMV leicht zu verstehen.

	Phasen		Instrumente
VOR-Projekt-phase	**1.**	**Projektanstoß**	• **Musterdokumentation:** Dokumentation der ersten vorliegenden Informationen und der Bedarfsanalyse
	2.	**Konzeptionsphase**	• **Musterdokumentation:** Projektziel, Anlass und Inhalt, erste Konzeptideen visualisiert
Projektumsetzung	**3.**	**Planungsphase** a. Grobplanung b. Detailplanung	• **Musterdokumentation:** Grobplanung bzw. Feinplanung • **Projektstrukturplan (PSP):** inhaltliche Gliederung mittels Organigramm-Software in Powerpoint • **Balkenplan**: in Musterdokumentation oder mit Excel • **Aktivitäten-Planung** in Excel oder Word • **Ressourcenplanung** mit Excel • **Budgetplanung** mit Excel • **Zielgruppenanalyse und Kommunikationsplan** (wenn nötig, in Excel) • **Zielvereinbarung** mit Word
	4.	**Durchführungsphase** Arbeitsphase	• **Statusberichte** (Tool aus Musterdokumentation) • **Aktualisierte Planungsinstrumente** (s.o.: in Musterdokumentation oder separaten o.g. Tools)
	5.	**Einführungsphase** Roll out	• **Roll out-Pläne** (in Excel) • **Übergabeprotokoll** an Kunden/Linie
NACH-Projekt-phase	**6.**	**Nachbetrachtung** Lessons Learned	• **Projektanalyse** (internes Lessons Learned-Tool, siehe Musterdokumentation)

Abbildung: Phasen und die darin verwendeten Instrumente

4.3.2.1 Projektstrukturplan – „die halbe Miete"

Egal wie komplex ein Projekt ist, mit einem Projektstrukturplan, im Folgenden mit PSP abgekürzt, bekommt man es in den Griff! Bevor ich diese Behauptung untermauere, möchte ich zunächst klären, was ich unter diesem Instrument verstehe, deshalb hier eine kurze Definition:

Der Projektstrukturplan ist eine inhaltliche Gliederung des Projektes, die Abhängigkeiten von Inhalten und deren Zuordnung zu Verantwortlichen aufzeigt!

Dieses Instrument folgt einer einfachen Idee zur Problemlösung, sie ist daher in einfachen Worten wie folgt zu definieren:

> Zerschlage ein großes Problem in seine Einzelteile, löse die Einzelteile, dann löst Du damit das große Problem.

Deshalb besteht der Projektstrukturplan aus den Inhalten des Projektes, er beantwortet die Frage: **Was** ist alles drin in meinem Projekt? Im Titel dieses Kapitels behaupte ich ja stramm, dass damit die „halbe Miete" beisammen ist. Das erlebe ich auch in Projekten immer wieder: Wenn der PSP vollständig ist und die vielen Inhalte in eine sinnvolle Struktur gebracht worden sind, dann kann man anfangen, für die

Einzelteile Aktivitäten zu definieren und, was nicht weniger wichtig ist, Verantwortliche zu benennen. Damit wird nicht nur die obige Frage beantwortet, sondern auch noch eine weitere sehr wichtige: **Wer** ist hier eigentlich für was verantwortlich? Diese Information kann man natürlich auch in der Ressourcenplanung vermerken, aber mindestens der Projektleiter und der Teilprojektleiter sollten hier namentlich benannt werden. Weitere Details können Sie dann mit der Ressourcenplanung darstellen. Wenn diese beiden Fragen gut und klar beantwortet werden, dann ist verdammt viel geschafft und alles Weitere baut auf einem validen Fundament auf.

Für die einzelnen Ebenen der Inhalte schlage ich eine einheitliche Nomenklatur vor:

- Projekt
    - Teilprojekt
        - Unterprojekt
            - Arbeitspaket

Diese begriffliche Klarheit finde ich sehr wichtig, damit man nicht aneinander vorbeiredet und Verantwortungen größer macht, als sie sind. Ein Teilprojektleiter hat eben nur einen Teil zu verantworten. Er führt eben kein Projekt, sondern wird von einem Projektleiter geführt.

Im Gesamtbild sieht ein PSP dann wie nachfolgend abgebildet aus.

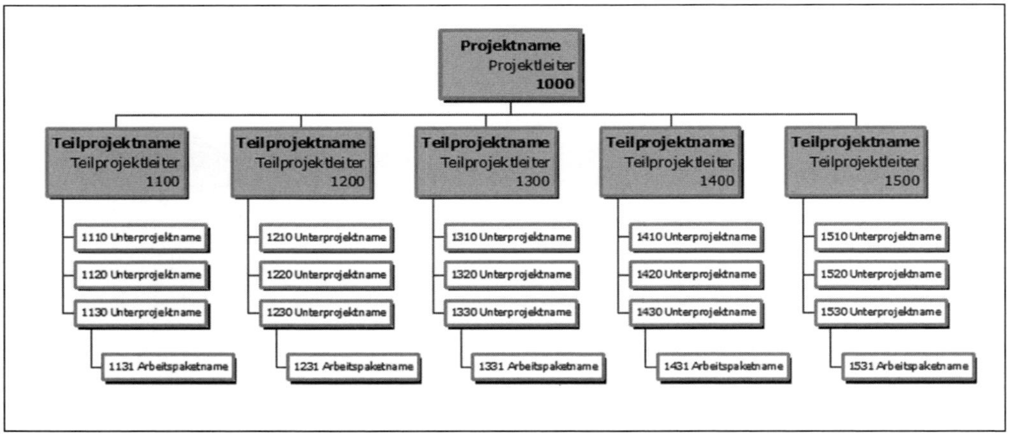

Abbildung: Projektstrukturplan

Wenn man im Verlaufe eines Projektes ein neues Element entdeckt, das man vorher vergessen hatte oder welches sich neu ergeben hat, dann kann man dieses leicht zuordnen, indem man fragt, wozu es inhaltlich am besten passt, und es dann dem jeweiligen Teilprojekt zuschlägt.

Hier noch ein paar Empfehlungen zur Erstellung von PSPs, die nicht zwingend sind, sich aber in vielen Jahren der Anwendung als hilfreich erwiesen haben: Ein PSP sollte ...

- ... nicht mehr als **5, max. 6 Teilprojekte** enthalten, denn ansonsten würde er „zu breit" und damit wieder unübersichtlich werden. Stellen Sie sich vor, Sie würden 12 Teilprojekte definieren und womöglich alle mit verschiedenen Teilprojektleitern besetzen, dann hätten Sie eine Führungsspannweite, bei der Sie sich gerade um die einen Teilprojekte kümmern und Ihnen andere gerade aus dem Ruder laufen, weil Sie ihnen nicht genügend Aufmerksamkeit widmen konnten. Subsumieren Sie deshalb Unterprojekte und Arbeitspakete und versuchen Sie die Breite des PSPs zu verringern.
- ... nur **Elemente enthalten, die auch im Balkenplan und in den Aktivitätenplänen erscheinen sollen**. Damit erhält eine logische Fortführung der Planung mit den verwendeten Instrumenten ihren Anstoß.
- ... alles enthalten, was wichtig ist und im **Gesamtüberblick** nicht fehlen sollte. Wenn der Projektleiter das Gefühl hat, dass ein bestimmtes Element sichtbar sein soll, damit man es „auf dem Radar behalten kann", dann sollte es im PSP auch sichtbar sein. Kleinigkeiten, also Elemente von geringer Wichtigkeit, können jedoch in nachfolgenden Instrumenten wie dem Aktivitätenplan aufgeführt werden. Der PSP sollte übersichtlich bleiben und nicht zu detailliert sein, denn ansonsten geht seine Kraft als Gesamtüberblick verloren.
- **... durchnummeriert** sein, um Zuordnungen der Inhalte zu erleichtern. So wie dieses Buch eine Kapitelgliederung hat, so sollte es der PSP auch haben. Dann weiß man eben, dass das Arbeitspaket 1213 zum Unterprojekt 1210 und das wiederum zum Teilprojekt 1200 und das wiederum zum Projekt 1000 gehören.
  Wenn in einem Unternehmen ein Projektportfolio-Management (PPM) existiert, dann kann man 9 Projekte mit den Zahlen 1000 bis 9000 unterscheiden und sie dann auf dem Unternehmensprojekt-Cockpit leichter steuern. Diese Vorgehensweise ist aber auch hilfreich, wenn Sie Programme mit mehreren Projekten haben. Dann erhalten die Projekte jeweils eine 1000er-Nummer und sind damit klar identifizierbar. Der schnelle Rechner hat nun schon gemerkt, dass mit einer 1000er-Einteilung jeweils bei einer Untergliederung von 9 Feierabend ist. Also nach 1599 kommt im Teilprojekt 1500 nichts mehr und im PPM fehlt Ihnen nach dem neunten Projekt eine Zahl für das nächste. Das ist auch gut so, weil diese mathematische Begrenzung den Projektleiter zwingt, sich zugunsten der Übersichtlichkeit zu beschränken. Auch im PPM sollte sich ein Unternehmen gut überlegen, wie viele Projekte die Organisation eigentlich neben der Linienarbeit stemmen kann. Besser wäre es dann, zu warten, bis eines der Projekte beendet ist und diese freigewordene Zahl dann an ein neues zu vergeben. Oder man beendet eines der 9 Projekte ganz bewusst, um wieder Ressourcen für

ein neues Projekt frei zu bekommen (und nebenbei eine Zahl für das Projekt). Wenn es Ihnen dies aber angesichts eines besonders komplexen Projektes oder im Rahmen des PPMs angesichts notwendiger weiterer Projekte nicht möglich erscheint, dann können Sie entweder eine 10000er Zahl verwenden (z. B. 16999) oder die 1000er Zahl durch ein .1 erweitern (1599.1). Sie werden dann aber sicher schnell merken, dass Ihr PSP so komplex wird, dass der Vorteil der Übersichtlichkeit verlorengeht oder Ihr Unternehmen angesichts zu vieler parallel zu bearbeitender Projekte an Überforderung leidet. Also greifen Sie auf die Erweiterung nur im Ausnahmefall zurück.

Ein vollständiger und übersichtlicher Projektstrukturplan ist, wie stramm behauptet, die halbe Miete. Wenn der PSP dann auch noch von den wichtigsten Beteiligten verstanden und akzeptiert wird, dann ist es sogar noch ein bisschen mehr als die halbe Miete. Und um diesen „Ich trage den PSP mit und finde ihn gut“-Effekt zu erhalten, habe ich eine kleine Erarbeitungstechnik entwickelt und in zahlreichen Trainings und Projekten damit schnell sehr passende und akzeptierte PSPs erarbeiten können. Die Methode basiert auf dem Brainwriting, bei dem ich mit einem kleinen Kreis von Projektmitgliedern oder, wenn es noch kein benanntes Projektteam gibt, einer kleinen Gruppe kundiger und ggf. potenzieller späterer Projektmitglieder die Elemente eines Projektes auf Haftzetteln sammle und strukturiere. Haftzettel (die mit dem Klebestreifen für Notizen) haben dabei den Vorteil, dass sie um einiges günstiger als Karten aus dem Methodik-Koffer und obendrein selbstklebend sind und keine Pins und Pinnwände erfordern.

Wie geht man nun vor? Hier das „Rezept zum Nachkochen“:

1. Man lädt einige Kollegen ein, die für das Projekt hilfreiche Ideen einbringen könnten. Hilfreich ist ein Besprechungsraum mit möglichst großen Flächen wie Fenstern, Whiteboards, Tischen etc.
2. Dann macht man eine **allgemeine Einweisung** in das Projekt; erklärt also, was man schon zum Projekt weiß. Dabei sollte man sich durchaus kurz halten, damit die Kreativität der Beteiligten nicht unterdrückt wird. Wenn Sie eine halbe Stunde erklären, wie Sie sich den Verlauf des Projektes vorstellen, dann schreiben die am Brainwriting Beteiligten nur auf die Zettel, was sie vorher von Ihnen gehört haben. Der Vorteil des Brainwritings ist aber, dass man erstmal kreativ viele Ideen sammelt und sie dann bearbeitet. Belassen Sie es deshalb vielleicht bei den Zielen, die der Auftraggeber Ihnen mitgegeben hat, und einigen Rahmenbedingungen, die es einzuhalten gilt.
3. Dann kommt das eigentliche **Brainwriting**. Dazu geben Sie allen einen Haftzettelblock (12,5 mal 8 cm ist ein gutes Format dazu) und einen schwarzen Edding und bitten alle ca. 10 Minuten um das Aufschreiben eigener Ideen und welche Elemente in diesem Projekt zu bedenken wären. Bitten Sie alle um leserliche

Schrift und um stichwortartige Benennung (keine langen Sätze). Für diese Session sollte Ruhe herrschen und eine angenehme Atmosphäre wäre ebenfalls hilfreich. Kreativität entsteht besser, wenn man nicht durch Handybimmeln und sich ständig öffnende Türen dauernd gestört wird. Getränke und Kekse könnten auch helfen.

Neuro-Tipp

Die Kekse helfen, weil wir bei Hunger nicht in die Zukunft blicken können. Im Sportbild bedeutet das: Die Stressmannschaft hat den Ball. Wir werden mit Hunger unruhig und unsere Ideen und Entscheidungen werden ängstlicher. Der Hypothalamus sendet Stresssignale aus, um den Körper zu warnen, dass das Energiegleichgewicht in Gefahr ist. Hunger erstickt Kreativität. Achten Sie auch darauf, dass kein Projektmitglied gerade eine Diät macht.

4. Wenn Sie merken, dass alle mit ihrem Brainwriting fertig sind und nichts mehr aufschreiben, was meistens nach 10 bis 15 Minuten der Fall ist, dann lassen Sie die Zettel von den Beteiligten selbst auf einer glatten Fläche aufkleben. Dabei stehen Sie als Projektleiter daneben und helfen beim **Clustern** bzw. Strukturieren. Es sollten neue Themen nebeneinander und inhaltlich zusammengehörende untereinander aufgeklebt werden. Wenn etwas ein Unterpunkt von einem anderen ist, dann rückt man den Haftzettel etwas nach rechts ein und subsumiert ihn damit. Ähnliche Elemente klebt man aufeinander. Es ist Vorteil des Brainwritings gegenüber dem Brainstorming, dass man Doppelungen aufgrund der aufeinander geklebten Haftzettel sieht: Wenn mehrere Beteiligte an die gleiche Sache gedacht haben, muss sie ja wichtig sein und unbedingt in den PSP gehören.
   Achten Sie dabei gleich darauf, dass die Zettel waagegerecht und senkrecht „schön ordentlich" aufgeklebt werden. Denn es gilt hier der Grundsatz: **Ordnung kommt von ordentlich!** Bringt ja nichts, wenn Sie ein komplexes vielfältiges Vorhaben noch verkomplizieren, weil Sie unübersichtliche Wolken zusammenkleben. Es muss nach und nach ein Bild entstehen, wie Sie es im PSP nachher auch haben wollen. Wenn also einer der Beteiligten anfängt, kreative Wolken zu kleben, dann greifen Sie sanft ein und bringen es in die Senk- oder Waagerechte.
5. Wenn alle Zettel an der Fläche kleben, dann gilt es, das Bild noch einmal **zu bereinigen und zu komprimieren**. Sollten Elemente eingebracht worden sein, die bei genauerer Betrachtung nicht zum Projekt gehören, dann nimmt man die Haftzettel mit diesen wieder ab. Manchmal werden auch Themen genannt, die originär zum Projektmanagement gehören. Dass diese nicht eingebracht werden sollten, sagt man besser zu Beginn. Wenn dann doch jemand „Budget

planen“ oder ähnliche Arbeitsschritte genannt hat, die man ohnehin in jedem Projekt durchführt, sollte man sie in diesem Arbeitsschritt herausfiltern.

6. Die entstandenen Cluster werden anschließend mit **Teilprojektbezeichnungen** benannt. Dazu nimmt man „knuffige“ Titel, die man sich leicht merken und unter denen man sich etwas vorstellen kann. Idealerweise sind die Teilprojekttitel so benannt, dass man Lust verspürt, daran mitzuarbeiten. Im Rahmen eines Organisationsentwicklungsprojektes sollte ein etwaiger Personalabbau eben nicht „Mitarbeiterentlassung“ heißen, sondern vielleicht eher „Outplacement“ oder „Personalstamm Future“. Für die Teilprojektbezeichnungen nimmt man der Übersichtlichkeit halber eine andere Stift- oder Zettelfarbe (die Haftzettel können Sie in mehreren Farben erhalten) und klebt sie über die jeweilige Zettel-Vertikale.
7. Dann kommt die **Durchnummerierung**, dadurch erhält die ganze Struktur die eindeutige inhaltliche Zuordnung.
8. Wenn man schon Ideen für geeignete **Teilprojektleiter** hat, kann man die Namen auch bereits vermerken. Wenn man an dieser Brainwriting-Session Personen beteiligt hat, bei denen ein Teilprojekt wie „auf den Leib geschneidert“ wirkt, dann kann man diese auch gleich dazu einladen, sich für die Leitung des Teilprojektes anzubieten. Weil sie ja am Entstehen beteiligt waren, werden diese Personen sicher mit mehr Verständnis und Akzeptanz bei der Umsetzung vorgehen.
9. Das entstandene Werk muss nun nur noch in eine elektronische Form gebracht werden, damit man daran weiterarbeiten und es jederzeit per Beamer an die Wand werfen kann. Dazu reicht es, einen Praktikanten mit dem PSP-Tool aus der ZuP-Toolbox (eingebaut in die Musterdokumentation) vor die beklebte Fläche zu setzen. Oder man klebt das entstandene Zettelwerk auf ein Flipchart (quer) auf und übergibt das Bild jemandem zur elektronischen Abbildung.

Wenn Sie den oben beschriebenen kollektiven Brainwriting-Vorgang nicht durchlaufen wollen oder es aus Diskretionsgründen in der Konzeptionsphase bereits einen PSP geben soll, den erstmal nur der Auftraggeber und Sie zu sehen bekommen, dann sollten Sie alternativ zu dem obigen Team-Vorgehen den PSP selbst – elektronisch oder auch über den Umweg mit Haftzetteln – erstellen. Zur Veredelung durch die Blickwinkel anderer und auch zur Steigerung der Akzeptanz bei den später beteiligten Mitstreitern sollten Sie dann aber vor einer detaillierten Planung zu einem geeigneten Zeitpunkt die „Betroffenen zu Beteiligten“ machen. Sagen Sie einfach, dass Sie einen groben Entwurf eines PSP erarbeitet haben, nun aber unbedingt die Expertise der Projektmitglieder benötigen, um diesen zum finalen PSP weiterzuentwickeln.

Wenn Sie es ganz „verbaseln“ wollen, dann arbeiten Sie den PSP bis in die letzte Verästelung aus und übergeben ihn an die eingesetzten Teilprojektleiter mit den Worten: „Ich habe das mal fertig geplant, hier ist der PSP, Sie müssen dies nun einfach nur noch wie ein fleißiges Bienchen umsetzen, man zu!“ Wenn es dann nachher alles nicht klappt, werden die Teilprojektleiter behaupten, dass sie das gleich zu Anfang schon hätten sagen können, aber man hat sie ja nicht gefragt sondern ihnen den fertigen Plan vor die Nase geknallt. Deshalb holen Sie sich ein Commitment für die Richtigkeit des Plans durch rechtzeitige Einbindung der später Verantwortlichen.

Abbildung: Vorgehensweise bei der Erarbeitung eines Projektstrukturplans im Team

Regelmäßig habe ich in meinen Projekten Beteiligte, die noch keine Projektmanagement-Ausbildung hatten und deshalb auch von den obigen „Geheimnissen eines PSPs“ nichts wissen. Besonders schön hat dies ein amerikanisches Projektmitglied in einem HR Transformationsprojekt (Umbau der Personalabteilung) eines internationalen IT-Konzerns bekundet. Als ich ihm telefonisch die Grobplanung des Projektes vorstellen wollte, um ihn für eine Teilprojektleitung zu gewinnen, fragte er mich: „What's that bullshit with the numbers?“, zu Deutsch: „Was soll der Quatsch mit den Zahlen im PSP?“ Dieser Offenbarungseid der Projektmanagement-Inkompetenz sagte mir Folgendes: Gehe zurück auf Los und fange bei „Guten Morgen“ an. Ich musste dem Kollegen „on the Project“ also erstmal beibringen, wie Projektmanagement funktioniert. Kein leichtes Unterfangen, wenn man unter Zeitdruck eine Personalabteilung in 44 Ländern weltweit umbauen, modernisieren, aus einem Konzern herauslösen und dann in einen anderen Konzern integrieren soll. Schwierig, aber leider kein Einzelfall. Insbesondere die Großkopferten, also übergeordnete Stakeholder (Interessenten am Projekt) wie Auftraggeber, Geschäftsführung und Gesellschafter, sind regelmäßig überfordert, wenn man ihnen professionelle Projektmanagement-Tools an die Wand wirft. Einmal formulierte das der Personalvorstand eines Konzerns mit dem Blick auf den PSP des Totalumbaus der gesamten Personalorganisation in ganz Deutschland so: „Typisch, immer wenn die Berater kommen, dann wird's kompliziert, muss das denn alles sein?“ Ich sehe manche von Ihnen förmlich schmunzeln und denken, „genau, finde ich auch, immer wenn die doofen Berater kommen …“ – sei Ihnen vergönnt, ich halte das aus.

Natürlich hatte ich das Projekt nicht verkompliziert, ich habe mittels PSP nur die vorhandene Komplexität sichtbar gemacht, damit man sie anschließend durch eine weitere Projektplanung in den Griff bekommt. Um auch solch Unkundige an Bord zu bekommen, habe ich zwei Vorgehensweisen entwickelt:

1. Ich erstelle **drei Varianten vom PSP** für unterschiedliche Zielgruppen:
   1. Level: kompletter PSP als Blickwinkel für das Projektleitungsteam (Projektleiter, stellvertretender Projektleiter und Teilprojektleiter).
   2. Level: Streichung aller Arbeitspakete als Blickwinkel für den Auftraggeber und Lenkungsausschuss.
   3. Level: Streichung aller Unterprojekte als Blickwinkel für alle nur kurz zu informierenden Stakeholder, die nicht mit der Komplexität überfordert werden sollen.

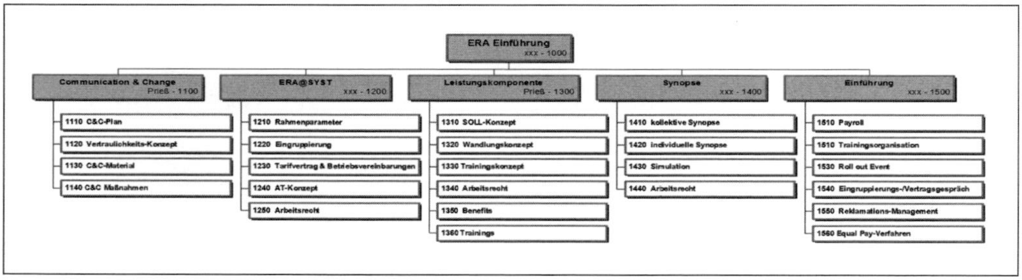

Abbildung: PSP-Beispiel auf Level 3 (Namen durch xxx ersetzt)

2. Darüber hinaus habe ich mir angewöhnt, den fertigen PSP mit einem weiteren Tool erklärbarer zu gestalten, der **„Projekt-Logik“**. Damit kann man auch den nicht Projektmanagement kundigen Beteiligten erklären, wie das Projekt funktionieren soll. Dazu formuliere ich die stichwortartigen Kästchen der Unterprojekte aus dem PSP in lesbare Sätze aus und definiere zusätzlich für jedes Teilprojekt eine Leitfrage nach dem Motto: Beantworte mir diese Frage, dann hat das Teilprojekt seinen Beitrag geleistet. Da in der Regel jeder ganze Sätze

lesen und verstehen kann, vermeide ich den „bullshit with the numbers" und kann auf einer nachlesbaren Seite die ganze Logik eines Projektes zumindest inhaltlich erklären. Die nachfolgende Abbildung zeigt ein solches Beispiel mit der zu der obigen Level-3-PSP-Abbildung gehörigen Projektlogik. Mir geht es in dem Beispiel nicht um die Inhalte an sich. Das ist ein Projekt zur Einführung eines Entgeltrahmenabkommens (ERA) und wird inhaltlich für Sie wahrscheinlich nicht spannend sein; mir geht es lediglich um die andere Darstellung der Projekt-Logik – statt Stichworten und Durchnummerierungen die Beschreibung der Unterprojekte in kurzen Sätzen und eine jeweils passende Leitfrage, um die Mission des Teilprojektes besser verstehen zu können.

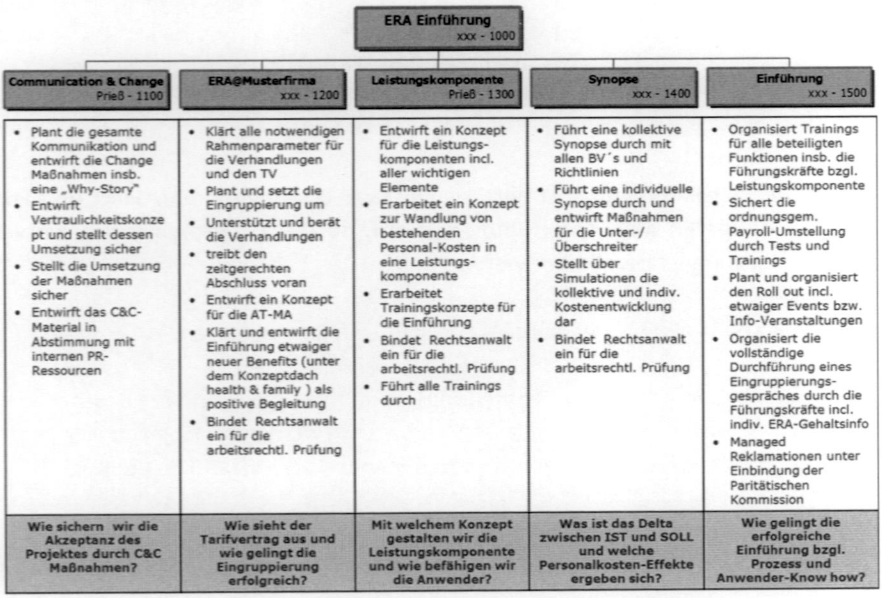

Abbildung: Projekt-Logik-Beispiel (Namen zur Anonymisierung durch xxx ersetzt)

Da ich das weite Feld von Change Management in diesem Buch nicht betreten möchte, obwohl es sicher im Projektmanagement eine wichtige Rolle spielt (erneut der kleine Verweis auf „Führung mit dem Omega-Prinzip"), sei an dieser Stelle nur ein Rat dazu im Zusammenhang mit dem PSP gegeben: Wenn Ihr Erfolg in Ihrem jeweiligen Projekt ganz erheblich von einem erfolgreichen Change Management abhängt, dann empfehle ich Ihnen wie im obigen Beispiel geschehen, diesen Aufgabenbereich auch als explizites Teilprojekt im PSP auszuweisen. Dadurch bekommt das Thema Sichtbarkeit, Aufmerksamkeit, Ressourcen und meist auch (leichter) Budget. Wenn Sie das Change Management in dem Aufgabenspektrum einer Rolle (z. B. beim Projektleiter) verstecken würden, suggerieren Sie, dass Change Management „mal eben nebenbei“ mitgemacht werden soll. Dadurch verliert es seine Kraft und erhält in der Regel auch nicht ausreichend Budget.

4.3.2.2 Zeitplanung – die Timeline vor Augen

Nachdem die Inhalte eines Projektes durch den PSP transparent dargestellt wurden, kann man die Planung durch den Aspekt der Zeit erweitern. Nun werden also zeitliche Annahmen zur Bearbeitungsdauer der Inhalte und damit die Terminierung von Aktivitäten vorgenommen. Die Begriffe Zeitplan und Balkenplan werden synonym verwendet. Beim Balkenplan sagt schon das Wort aus, dass es sich um eine visualisierte Form der Darstellung handelt, da die Balken die Dauer der Bearbeitung von Aktivitäten aufzeigen. Die folgende Definition bringt es auf den Punkt:

Der Zeitplan beinhaltet eine visualisierte Darstellung von Start und Ende der wichtigsten Aktivitäten und zeigt auf, ob diese hintereinander, zeitversetzt oder parallel bearbeitet werden sollen!

Die Leitfragen bei der Erarbeitung einer Zeitplanung lauten:

- Ab wann (Start der Bearbeitung) werden die Projektinhalte bearbeitet?
- Bis wann (spätestes Ende der Bearbeitung) werden die Projektinhalte bearbeitet?
- Werden die Projektinhalte hintereinander oder parallel bearbeitet?

Zeitliche Aspekte sind meist Bestandteil von mehreren Planungsinstrumenten. Zuerst sollte man mit einem Zeit- bzw. Balkenplan eine gute Übersicht über die wichtigsten zeitlichen Abfolgen erarbeiten. Dann sollte man auf Basis des im Balkenplan abgesteckten zeitlichen Rahmens in den Aktivitätenplänen diese zeitliche Planung detaillierter durchdenken und festlegen. Da die Aktivitätenpläne im Kapitel 4.3.2.4 noch genauer beschrieben werden, geht es hier erstmal nur um den Balkenplan.

Ich empfehle dringend, den Zeitplan nicht mit allzu vielen Details zu überfrachten. Denn er ist ebenso wie der PSP ein Instrument, das dem Projektleiter einen Überblick verschaffen soll. Und dieser verliert sich natürlich, wenn das Auge durch zu viele Details überfordert wird. Ich bevorzuge bei der Erstellung des Zeitplans die Abbildung in Powerpoint. Dazu bietet die Musterdokumentation eine „Dummy-Folie“ mit entsprechend vorbereiteten Elementen, aus denen schnell eine Übersicht erstellt werden kann. Alternativ kann man den Balkenplan auch in einer tabellarischen Form (siehe letzte Abbildung in diesem Kapitel) erstellen. Bei dieser Vorgehensweise verliert man jedoch die Animationsmöglichkeiten, die weiter unten noch als Vorteil beschrieben werden.

Welches Medium man auch für die Erstellung hernimmt, der Balkenplan muss folgende Elemente beinhalten:

- eine **Zeitachse**, diese sollte sich über einen Zeitraum erstrecken, der den ganzen Projektverlauf umfasst;
- eine **Inhaltsachse**, auf dieser werden die Teilprojekte und ggf. auch Unterprojekte aufgezeigt;
- **Balken**, mit diesen wird die Dauer der jeweiligen Aktivitäten dargestellt. Anhand der Lage der Balken kann man erkennen, ob Aktivitäten hintereinander, zeitversetzt oder parallel bearbeitet werden sollen.

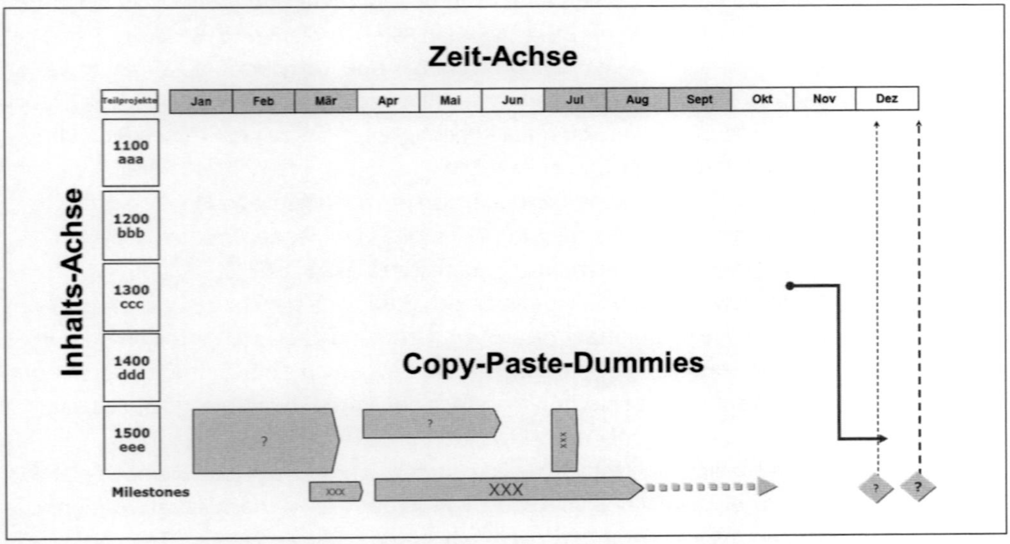

Abbildung: Struktur eines Balkenplans als „Dummy-Folie" für die Erarbeitung aus der Musterdokumentation

In der Abbildung der „Dummy-Folie" sind für fünf Teilprojekte Kästen vorbereitet. In diesen stehen bereits die Nummern von 1100 bis 1500 (bei anderer Nummerierung entsprechend ändern). Die Buchstaben aaa etc. sind Platzhalter für die Bezeichnungen der Teilprojekte. In der Musterdokumentation muss man nur mit der Ersetzen-Funktion arbeiten und z. B. aaa gegen den Teilprojekt-Namen von 1100 aus dem PSP ersetzen. Dann sind in der ganzen Projektdokumentation vom Inhaltsverzeichnis bis zu den vorbereiteten Folien für das Teilprojekt alle Folien mit dem entsprechenden Namen versehen.

Bei der Erarbeitung eines Balkenplans geht man ganz systematisch in drei Schritten vor.

1. **Rahmen**: Man bereitet den Rahmen vor, in dem man die Dummy-Folie mit den beiden oben erwähnten Achsen zuschneidet. Die Teilprojekt-Namen ergeben sich aus dem PSP. Die Zeitachse sollte man entsprechend des Endtermins erstellen. Bei langlaufenden Projekten verwendet man meist Jahre und Quartale, bei kürzeren eher Monate oder Kalenderwochen.
2. **Balken**: Nun nimmt man sich von links nach rechts und von oben nach unten alle Kästchen aus dem PSP vor und macht aus diesen Balken. Ggf. beschränken Sie sich zugunsten der Übersichtlichkeit auf die Teil- und Unterprojekte sowie Arbeitspakete (also keine Elemente mit mehr als 4 Ziffern wie z. B. 1231.1). Verwenden Sie dafür die Copy-Paste-Elemente aus der Dummy-Folie. Mehrere Elemente stehen zur Auswahl für große, mittlere und kleine bzw. lange und kurze Aktivitäten. In die Balken werden PSP-Nummern und -Bezeichnungen geschrieben, damit sie eindeutig erkennbar sind. Manchmal muss man etwas an der Schriftgröße spielen, damit alles hineinpasst. Über Schriftgröße, Fettdruck und Farbe der Balken kann man Wichtigkeiten aufzeigen. Lassen Sie sich einfach von Ihrem GMV und Auge leiten.
   Bei der Balkenerstellung fragt man sich pro Kästchen jeweils:
   a) Wann sollte die Bearbeitung eines Inhalts begonnen werden?
   b) Wann sollte die Bearbeitung spätestens fertig sein?
   Ab dem zweiten Balken muss man sich zusätzlich fragen:
   c) Kann die Bearbeitung parallel zu den schon geplanten erfolgen oder muss eine vorherige abgeschlossen sein, bevor man sie beginnt? Dadurch ergeben sich die oben schon mehrfach erwähnten hintereinander, zeitversetzt oder parallel geplanten Aktivitäten.
   Wenn für alle PSP-Kästchen Balken erstellt wurden, schauen Sie noch mal drüber, ob etwaige Abhängigkeiten von Aktivitäten vernachlässigt wurden. Das passiert insbesondere zwischen Aktivitäten „weit entfernter" Teilprojekte wie 1100 und 1500. Dies darf aber nicht passieren, denn diese Abhängigkeiten gilt es, im Rahmen einer Projektplanung zu entdecken, aufzuzeigen und zu managen. Besonders erfolgskritische Abhängigkeiten kann man durch eine Verbindungslinie (auch als Copy-Paste-Dummy verfügbar) aufzeigen.
3. **Termine und Meilensteine:** Nun vermerken Sie mittels der Copy-Paste-Dummies (gestrichelte vertikale Linien mit Rauten unten dran) die wichtigsten Termine. Es gibt sowohl für „normale" Termine und als auch für Meilensteine (fette Schrift und dickere Linie) Dummies.

Meilensteine definiert man wie folgt:

Mehrere Aktivitäten enden, deshalb kann eine neue beginnen!

Somit markieren Meilensteine oft Übergänge zwischen Phasen, bei denen verschiedene Aktivitäten eine Voraussetzung geschaffen haben, um die nächsten Projektschritte vornehmen zu können. Dies sind natürlich wichtige Momente in Projekten, an denen meist eine Lenkungsausschusssitzung sinnvoll ist, in der bisherige Arbeitsergebnisse vorgestellt und Entscheidungen für die weitere Projektarbeit getroffen werden.
Bereits vereinbarte Termine tragen Sie gleich ein; noch zu terminierende Meilensteine werden mit Vermerken der avisierten Kalenderwochen oder Monatsangaben versehen. Eine zeitgerechte konkrete Terminierung muss dann noch erfolgen und eingetragen werden.

Zwei Begriffe und der damit verbundene Umgang sollten noch erläutert werden:

- **Kritischer Pfad:** Dies ist die Reihenfolge von ineinandergreifenden Aktivitäten ohne einen oder mit dem kleinsten Zeitpuffer. Diese Aktivitäten-Kette ist deshalb so kritisch, weil Verzögerungen in der Kette zur Verschiebung des Endtermins eines Projektes führen können, wenn man sie nicht durch Beschleunigung nachfolgender Aktivitäten auffangen kann. In der Balkendarstellung ist der kritische Pfad nicht auf Anhieb erkennbar, da die ineinandergreifende Kette von Aktivitäten ja über verschiedene Teilprojekte verteilt sein kann. Um das Auge beim Erkennen der Kette zu unterstützen, kann man Verbindungslinien verwenden. Sollte man auf eine optische Erkennbarkeit verzichten, ist es jedoch wichtig, die verantwortlichen Projektmitglieder für die erkannten Abhängigkeiten zu sensibilisieren und einen regelmäßigen Austausch zu vereinbaren.
- **Zeitpuffer**: Wenn eine Aktivität endet und die darauffolgende noch nicht beginnen muss, entsteht ein Zeitpuffer; er entsteht also auf natürliche Weise durch eine Lücke in der Folge von ineinandergreifenden Aktivitäten. Hier hat man etwas „Luft", falls mal etwas schiefgeht oder sich verzögert. Der Zeitpuffer darf nicht verwechselt werden mit einer Zeitreserve. Diesen baut sich der Projektleiter, und auch nur dieser, bewusst auf dem kritischen Pfad ein. Und zwar an den Stellen, bei denen die Verzögerung einer Aktivität vorherzusehen bzw. wahrscheinlich ist.

In der nächsten Abbildung spielt z. B. die Aktivität „1232 Verhandlung" für die Gesamtzeitplanung eine erhebliche Rolle. Verhandlungen mit einem Verhandlungspartner, in dem gewählten Beispiel Tarifpartner und Betriebsrat, können zwar zeitlich vorgeplant, aber im inhaltlichen Ergebnis und bezüglich des Zeitpunktes eines erfolgreichen einvernehmlichen Abschlusses nicht erzwungen werden (von den Möglichkeiten wie Eskalationsstufen durch Einigungsstellen etc. mal abgesehen). Für eine solche Aktivität macht es Sinn, eine **Zeitreserve** einzuplanen (plane fünf Monate und schlage einen Monat drauf), die man aber als „stille Reserve" ankündigt und nicht automatisch zum Verbrauch freigibt.

In diesem Zusammenhang muss ich erneut auf den typischen Fehler bei Zeitplanungen hinweisen, zu viel Reservezeiten einzubauen: Sicherheitsbewusste Menschen neigen dazu, bei allen Aktivitäten eine zeitliche Reserve einzuplanen, damit sie am Ende nicht dumm dastehen, wenn es länger dauert. Dadurch werden Zeitpläne künstlich aufgebläht und Projekte dauern länger, als bei realistischer Annahme nötig wäre. Das Dumme an solcherlei Sicherheitsreserven ist, dass kein Mensch sie jemals zurückgibt. Viele Projekte laufen neben den Aufgaben in der Linienfunktion (dazu mehr im Kapitel 4.3.4) und da gibt es immer genug zu tun. Wenn also die Zeitplanung inklusive der Zeitreserven bestätigt wurde, dann hat man das jeweils geplante Ende einer Aktivität und die Zeitreserve im Auge und arbeitet weiter fleißig an allen sonstigen Baustellen, die man hat. Man liefert seine Ergebnisse letztlich zeitplangerecht, aber nicht so schnell, wie man eigentlich könnte, da man ja die Reserven aufbraucht. Unterbinden kann man das nur, indem man als Projektleiter alle Zeitplanungen der Beteiligten hinterfragt, auf Plausibilität hin überprüft und erkennbare Sicherheitsreserven gleich herausrechnet. Ausnahmen sind wie oben erwähnt die durch den Projektleiter zugelassenen Reserven auf dem kritischen Pfad, die dann aber im Balkenplan sichtbar sein sollten als Teil der Planung, damit man sie nicht ohne Not verbraucht.

Die Gesamtzeitplanung durch den Balkenplan muss mit dem nachfolgenden Instrument Aktivitätenplan weiter konkretisiert werden. Stellt sich dabei heraus, dass sich die Annahmen bei genauerer Betrachtung nicht verifizieren lassen, dann muss man praktisch „bottom up", also durch einen Hinweis des Teilprojektleiters an den Projektleiter, den Balkenplan nachjustieren. Dabei sollte der Projektleiter aber wieder auf etwaige Abhängigkeiten achten, die der Teilprojektleiter vielleicht bei seiner auf sein Teilprojekt begrenzten Betrachtung nicht im Kalkül hat.

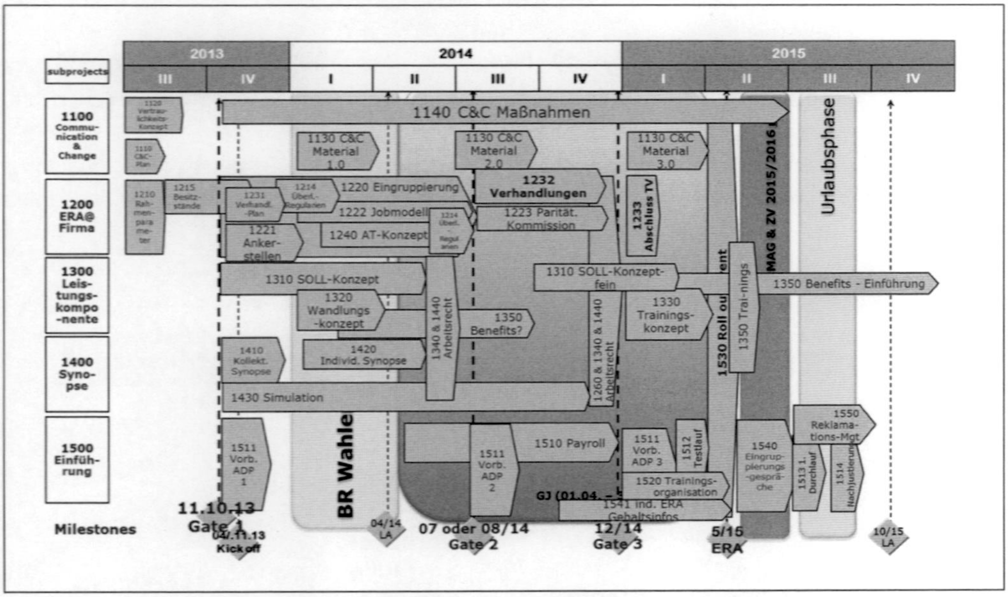

Abbildung: Beispiel eines Balkenplans „Einführung eines Entgeltrahmenabkommens“

Wie auch beim PSP sollte man im Balkenplan darauf achten, dass man eingebundene Beteiligte nicht mit der Komplexität überfordert. Wenn man ihn selbst erstellt hat, erscheint einem das komplexe Bild total logisch, aber einem Lenkungsausschussmitglied oder einem Mitarbeiter im Unternehmen fehlt zum einen häufig die Kompetenz, einen Balkenplan zu interpretieren, und zum anderen will er meistens nur die Schlüsselbotschaft erfahren und sich nicht durch Details „bohren“.

Ich empfehle deshalb zwei Erleichterungen für den „schnellen Leser“:

- Bei Verwendung von Powerpoint: Gruppieren Sie alle Balken eines Teilprojektes und lassen Sie diese Gruppierungen dann animiert nacheinander einfliegen. So baut sich das komplexe Bild nach Teilprojekten gegliedert und mit Ihren Erklärungen „auf der Tonspur begleitet“ auf. Alternativ kann man die Balken auch nach Phasen (z. B. bis zum jeweils nächsten Meilenstein) über alle Teilprojekte hinweg gruppieren.
- Legen Sie über den Balkenplan große Balken bzw. Pfeile (siehe nächste Abbildung) mit den im Projekt identifizierten Phasen und erklären Sie es z. B. folgendermaßen: „Unser Projekt gliedert sich in fünf Teilprojekte und vier Phasen. Für Sie ist diese Aufteilung als Information eigentlich ausreichend. Sollten Sie

aber gerne mehr über die Details darunter wissen wollen, kann ich gerne tiefer einsteigen!“

Wenn man dann die großen Phasenbalken so animiert, dass sie auf Knopfdruck verschwinden, kann man die Details des Balkenplans darunter freilegen und erklären.

Denken Sie an die Anekdote mit „bullshit with the numbers“, manchmal muss man auch weniger Projekt-Tools-Kundigen das Projekt erklären, und dann muss man den Anblick eben vereinfachen.

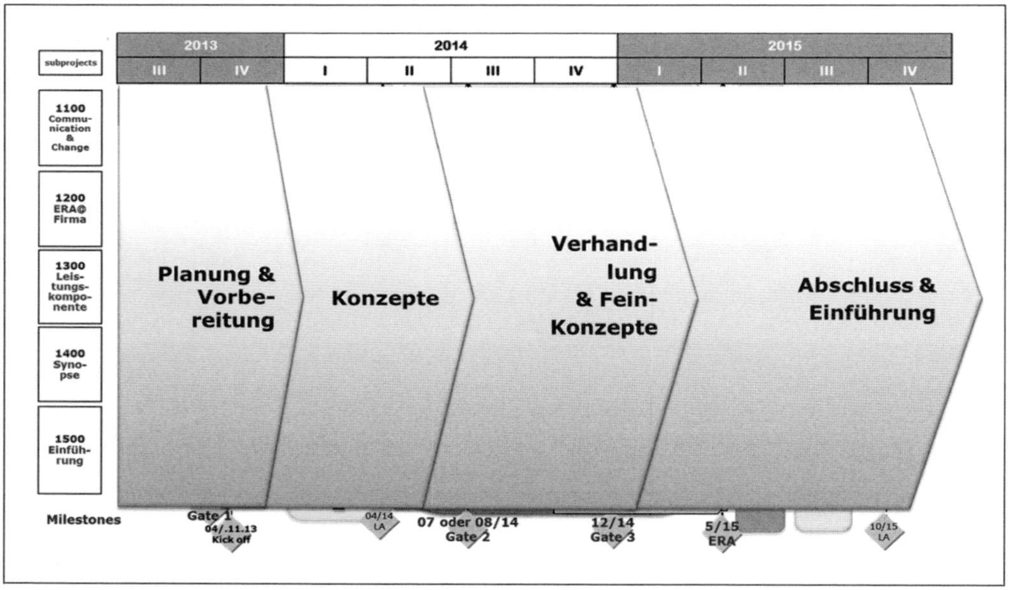

Abbildung: Beispiel eines Balkenplans „Einführung eines Entgeltrahmenabkommens“ im Überblick

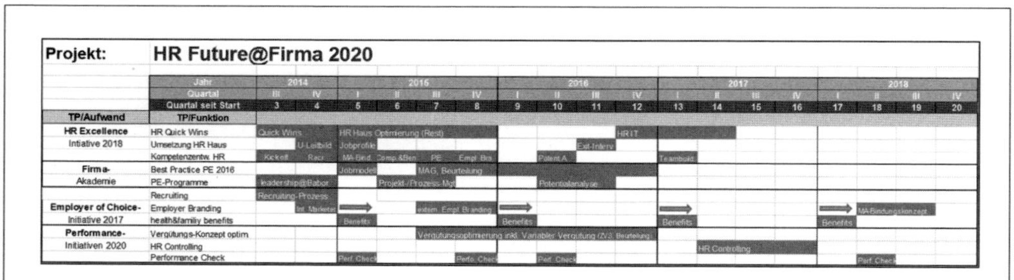

Abbildung: Beispiel eines tabellarischen Balkenplans „HR Transformation“ im Überblick

Abschließend seien noch einige zusammenfassende Tipps gestattet, wie man zu einer guten zeitlichen Planung für Aktivitäten kommt. Denn ein Zeitplan ist nur so gut wie die Summe seiner Annahmen:

- Berücksichtigen Sie Ihre **Erfahrungen** aus vergleichbaren Vorgängen oder, wenn nicht vorhanden,
- fragen Sie **Erfahrungsträger**, wie lange man für bestimmte Aktivitäten einplanen sollte;
- **zerteilen** Sie große Aktivitäten in kleinere, so lassen sich genauere Annahmen treffen und dann zusammenrechnen;
- binden Sie in jedem Falle diejenigen ein, die es nachher umsetzen sollen. Nichts ist besser als ein **persönliches Commitment** für einen Abgabetermin; hierbei aber wieder das oben beschriebene „Ich plane mir Reserven ein“-Syndrom verhindern.
- Wenn in einem Projekt Vorgänge zahlreiche Male wiederholt werden müssen, dann nehmen Sie **Tests** vor und stoppen Sie deren Dauer; wenn Sie dann noch entsprechende Rüstzeiten dazuschlagen, kann man angesichts der zur Verfügung stehenden Ressourcen hochrechnen, wie lange ein Gesamtvorgang dauern wird.

Neuro-Tipp

Sie arbeiten besonders kreativ, wenn Sie gefühlt viel Zeit und keinen Druck haben. Sie arbeiten besonders genau, wenn die Zeit ausgeht. Beides gemeinsam geht nicht. Als Projektleiter müssen Sie diese biologische Voraussetzung im Hinterkopf haben und die Aufgaben daran orientieren.

In den ersten Phasen keinen Zeitdruck, sondern eine kreative Atmosphäre — in der Umsetzung straffe Zeitpläne vorgeben.

4.3.2.3 Ressourcen- und Budgetplanung: die Kosten im Griff haben!

Wie beim magischen Dreieck bereits beschrieben, werden interne Ressourcen, weil sie ja eh da, bzw. sowieso da sind, eingesetzt, bis die Schwarte kracht. Neues Projekt? Kein Problem, da nehmen wir unsere üblichen Verdächtigen, „staffen“ das Projekt und schon geht es los! Wie? Die sagen, sie haben keine Zeit wegen zahlreicher anderer Projekte und schnöder Linienarbeit? So ein Schiet aber auch!

Ressourcenplanung ist ein wichtiger Schritt im Projekt, denn hier gilt es:

- die **passenden personellen Ressourcen** zu finden, also diejenigen, die die Jobs im Projekt erfolgreich machen können, weil sie die richtigen Kompetenzen besitzen;
- die **verfügbaren personellen Ressourcen** zu finden, also diejenigen, die auch Zeit haben, noch eine Projektrolle in den geplanten Zeitfenstern zu übernehmen und
- die **bezahlbaren personellen Ressourcen** zu finden, also diejenigen, deren Rechnung man am Ende auch bezahlen kann!

Ich möchte noch einmal explizit erwähnen, dass man erst zum Staffing kommen sollte, wenn die Grobplanung erledigt ist, denn erst dann weiß man, wer für welche Rolle eine gute Besetzung ist. Wer zu früh und zu schnell Namen festlegt, der muss dann entweder die nach genauerer Betrachtung gegebenenfalls nicht optimal geeigneten Leute im laufenden Projekt wieder austauschen, was sich für niemanden gut anfühlt. Oder er muss sich mit einem Team herumschlagen, das den Anforderungen nicht gerecht wird.

Wenn man mit den vorherigen Projektplanungsinstrumenten eine Transparenz über Inhalte und Zeiterfordernisse im Projekt geschaffen hat, dann hat man eigentlich alle Informationen, die man für eine Ressourcenplanung benötigt. Man kann ableiten, wann man personelle Ressourcen mit welchen Kompetenzen benötigt, um den Plan in die Tat umzusetzen. Da Projekte aber regelmäßig Neuland betreten und man deshalb nicht immer die benötigten Kompetenzen an Bord hat, muss man häufig auf die „schlauen und lernwilligen Köpfe“ des Unternehmens zurückgreifen, also blitzgescheite Leute, die sich schnell neue Fähigkeiten aneignen können. Aber auch diese gehören irgendwann zu den bereits überstrapazierten üblichen Verdächtigen. Und wer glaubt, dass bei internem Ressourcenmangel, aber ausreichendem Budget die Suche mal eben schnell auf externe Ressourcen am Markt ausgeweitet werden kann und dann flugs die richtige Mannschaft gefunden sein wird, den darf ich im Optimismus bremsen. Denn obwohl der Markt an Projektressourcen für jede Art von Projekten groß und breit erscheint, sollte man nicht denken, dass man auf Knopfdruck adäquate Berater finden kann. Insbesondere gute und passende Leute sind auch am Beratermarkt nicht wie Sandkörner am Strand verfügbar, denn diese sind meist gut gebucht. Deshalb ist die Ad-hoc-Verfügbarkeit nicht der Normalfall, sondern eher die Ausnahme und schon fast ein Zufall.

„Schlechte Leute“, die nichts zu tun haben, kann man im Projekt aber auch nicht wirklich brauchen, denn sie verbrauchen trotzdem Ihr kostbares Budget. Und wenn man an einen solchen „externen Minderleister“ geraten ist, ärgert man sich anschließend kräftig, dass man nicht noch etwas gewartet und den geeigneteren Kandidaten genommen hat. Eine allgemeine Anleitung für die Suche nach externen personellen Ressourcen kann es wohl nicht geben, da sicher die Vielfalt der Anforderungen zu groß ist. Ich würde aber empfehlen, eine solche Suche ähnlich wie die Suche nach einem geeigneten Mitarbeiter zu betreiben, denn letztlich ist der Vorgang kein anderer, nur dass eine Beauftragung für eine Beratungsleistung (ggf. durch Ihre Einkaufsabteilung) erfolgt und kein Arbeitsvertrag geschlossen wird.

Die einschlägigen Social-Media-Plattformen wie z. B. Xing oder LinkedIn bieten mittlerweile reichlich Treffer bei externen Projektressourcen und Beratern. Oder man verbandelt sich mit einem passenden Beratungsunternehmen, das auf einen breiteren Pool von Ressourcen zurückgreifen kann. Aber auch dann sollten Sie aufpassen, dass Sie nicht diejenigen angeboten und schmackhaft geredet bekommen, die gerade nichts zu tun haben.

Insgesamt ist die Suche nach den optimalen Ressourcen ein erfolgskritisches, aber eben kein leichtes Unterfangen. Ich darf deshalb und aufgrund meiner Vorrede den meines Erachtens wichtigen Rat geben:

Goldene ZuP-Regel

Wenn es die Zeitplanung hergibt, dann planen Sie lieber eine geeignetere, aber etwas später verfügbare Ressource ein, als eine weniger geeignete, die aber gerade verfügbar ist!

Mit welchen Instrumenten kann man an die Ressourcenplanung vornehmen? Ich würde folgende sich ergänzende Instrumente vorschlagen:

1. **Ressourcen-Übersicht**: Rollen und Namen und ggf. grober Umfang im Überblick
2. **Ressourcen-Budgetierung**: Rollen, Namen und deren Kosten auf der Zeitachse im Detail dargestellt
3. **Gesamtbudget-Planung**: alle wichtigen Kosten auf einem Blick

In der **Ressourcen-Übersicht** wird abgebildet:

- **Wer**: Name (in der Abbildung mit xxx anonymisiert)
- hat welche **Rolle**, z. B. Teilprojektleiter oder Inhaber eines Unterprojektes bzw. Arbeitspaketes, gekennzeichnet durch die Nummer im PSP;
- mit wie viel **Ressource**, im Beispiel in der Abbildung mit FTE (Full Time Equivalent), also auf Basis einer Vollzeit-Ressource „über den Daumen im Durchschnitt" berechnet.

Ressourcenplan Projekt ERA-Einführung

		FTE
Projektmanager	xxx	0,25
stv. Projektmanager	Arne Prieß	0,1

TP 1100 C&C			TP 1200 ERA@Firma			TP 1300 Leistungskomponente			TP 1400 Synopse			TP 1500 Einführung		
Name	**Rolle**	**FTE**	**Name**	**Rolle**	**FTE**	**Name**	**Rolle**	**FTE**	**Name**	**Rolle**	**FTE**	**Name**	**Rolle**	**FTE**
Arne Prieß	TPL	0,1	xxx	TPL	0,2	Arne Prieß	TPL	0,3	xxx	TPL	0,2	xxx	TPL	0,2
xxx	stv. TPL	0,1	xxx	stv. TPL	0,4	xxx	stv. TPL	0,1	xxx	stv. TPL	0,1	xxx	stv. TPL	0,1
xxx	PR	0,1	xxx	AR	0,1	xxx	1320	0,1	xxx	1430	0,1	xxx	1520	0,2
			xxx	1220	0,2	xxx	Sparring	0,1	xxx	AR	0,1	xxx	1540	0,05
						xxx	1350	0,1						
						xxx	AR	0,1						
		0,2			0,9			0,7			0,4			0,55

Legende:

FTE	Full Time Equivalent, Vollzeit-Job, 40 Stunden pro Woche				
TPL	Teilprojektleiter	172	25	0,15	Berechnung FTE (Eingabe mtl. Stunden in gelbem Feld)
AR	Arbeitsrecht	172	52	0,30	Berechnung Std. (Eingabe FTE in gelbem Feld)
gelb	Teilnehmer der monatlichen Projektreviews				

Abbildung: Ressourcen-Übersicht (Namen in der Abbildung mit xxx anonymisiert)

Die Ressourcen-Übersicht gibt ein Gesamtbild der eingebundenen Personen. Man sollte aber nur diejenigen aufführen, die eine feste Rolle innehaben. Personen, die man nur iterativ einbindet, werden in einer Beteiligtenanalyse aufgeführt (siehe Kapitel 4.3.5). Durch eine farbliche Kennzeichnung kann man die jeweilige Beteiligung sichtbar machen, z. B. wer regelmäßig bei den Projektreviews dabei ist. Die FTE-Ressourcen-Planung ist natürlich nur eine erste Indikation, wie stark die jeweilige Rolle im Durchschnitt benötigt wird. Eine genauere Planung erfolgt dann mit dem nächsten Tool, der Ressourcen-Budgetierung. In dieser kann man detaillierter erkennen, in welchen Wochen bzw. Monaten wer in welcher Rolle wie viele Stunden einbringen muss bzw. soll. Wenn die Ressourcen dann noch mit einem „Preisschild" versehen werden, dann kann man daraus auch gleich eine Budgetplanung machen. Wenn interne personelle Ressourcen einen niedrigen FTE-Anteil einbringen sollen und auch keine Kosten verursachen (außer geringe Ehda-Kosten), dann muss man diese nicht unbedingt noch mit einer detaillierteren Planung betrachten. In solchen Fällen reicht oft eine Abstimmung mit der zuständigen Führungskraft, dass man z. B. im Durchschnitt 0,1 FTE im Zeitraum von x bis y bekommt. Die entsprechende Ressource sollte dann aber auch in ihren sonstigen Aufgaben um diesen Teil entlastet werden. Externe Ressourcen, die „extra kosten", müssen natürlich genau budgetiert und beauftragt werden. Eine solche Budgetierung zeigt die nächste Abbildung.

Projekt: ERA Einführung bei Firma

	Year	2013						2015								
	Quarter	III		IV				I			II			III		
	Month Nr.	8	9	10	11	12	1	1	2	3	4	5	6	7	Hours/ Subprojects	Costs/ Subprojects
rot=Gates	Month	Aug	Sep	Okt	Nov	Dez	Jan	Jan	Feb	Mrz	Apr	Mai	Jun	Jul		
	Month since Start	1	2	3	4	5	6	18	19	20	21	22	23	24		
TP/Aufwand	TP/Funktion															
Prieß	1000 - stv. PL	20	12	10	10	10	10	10	10	10	30	10	10	10	332	
GF	1100 - TPL			10	10	10	10	10	10	10	10	10	10	10	220	
Price/Hour	1300 - TPL			10	30	30	20	20	20						240	
200 €	1540 - Trainings												37	35	72	
hour/month		20	12	30	50	50	40	40	40	20	40	20	57	55	864	
Budget/Month		4.000 €	2.400 €	6.000 €	10.000 €	10.000 €	8.000 €	8.000 €	8.000 €	4.000 €	8.000 €	4.000 €	11.400 €	11.000 €		172.800 €
xxx	1200 - TPL	10	10	40	40	40	40	35	15	10	10	10	10	10	640	
Sen. Principal	Change Request 1/2014														70	
Price/Hour	(Kompetenzmodell und Jobmodell)														0	
180 €															0	
hour/month		10	10	40	40	40	40	35	15	10	10	10	10	10	710	
Budget/Month		1.800 €	1.800 €	7.200 €	7.200 €	7.200 €	7.200 €	6.300 €	2.700 €	1.800 €	1.800 €	1.800 €	1.800 €	1.800 €		127.800 €
xxx	1200 - stv. TPL	10	6	15	20	20	20	20							321	
Sen. Principal	1500 - stv. TPL	5		10	15	15	10								65	
	Content Mgt BV und TV															
	CR 1/2014 1541 Support							35	5						105	
Price/Hour	1320 Wandlungskonzept			10	10	10	10								95	
180 €	1400 - TPL	20		10	20	20	25								285	
hour/month		35	6	45	65	65	65	55	5	0	0	0	0	0	911	
Budget/Month		6.300 €	1.080 €	8.100 €	11.700 €	11.700 €	11.700 €	9.900 €	900 €	0 €	0 €	0 €	0 €	0 €		163.980 €
xxx															0	
Sen. Principal															0	
Price/Hour	1350 Benefits							40	35	30					300	
180															0	
hour/month		0	0	0	0	0	0	40	35	30	0	0	0	0	300	
Budget/Month		0 €	0 €	0 €	0 €	0 €	0 €	8.000 €	7.000 €	6.000 €	0 €	0 €	0 €	0 €		60.000 €
Hours/ Month		65	28	115	155	155	145	170	95	60	50	30	67	65	2.785	524.580,00 €
Hours/Year						518									Hours completely	Budget completly
Budget/ Month		12.100 €	5.280 €	21.300 €	28.900 €	28.900 €	26.900 €	32.200 €	18.600 €	11.800 €	9.800 €	5.800 €	13.200 €	12.800 €	control:	524.580,00 €
Quarter			17.380 €			79.100 €				62.600 €			28.800 €		control	524.580 €
Rechnung		12.600 €	4.880 €	21.905 €	32.180 €	21.750 €	28.985 €									90.475 €
Restbudget		-500 €	400 €	-605 €	-3.280 €	7.150 €	-2.085 €	32.200 €	18.600 €	11.800 €	9.800 €	5.800 €	13.200 €	12.800 €		337.625 €

Aus Darstellungszwecken gekürzt

Abbildung: Ressourcen-Budgetierung (Namen in der Abbildung mit xxx anonymisiert)

Mit der oben abgebildeten **Ressourcen-Budgetierung** kann man Folgendes ablesen:

- wer (Name),
- welche Rolle (z. B. stv. TPL 1500),
- wie viel Ressourcen (in Stunden pro Monat),
- wie viele Ressourcen pro Rolle über das gesamte Projekt,
- wie viele Stunden pro Monat,
- Kosten pro Stunde in Euro für die entsprechende Ressource,
- Budget pro Monat,
- Ressourcen-Budget pro Quartal,
- Ressourcen-Budget pro Teilprojekt,
- Ressourcen-Budget gesamt im Projekt,
- Rechnungssumme im Monat,
- Ressourcen-Restbudget.

Ein guter externer Partner wird darauf achten, dass er sein freigegebenes Budget einhält, und dafür Sorge tragen, dass er es nicht zu schnell und zu früh verbraucht. Als Projektleiter würde ich Ihnen aber immer raten, die unteren beiden Zeilen in Ihrer Ressourcen-Budgetierung (Rechnung und Restbudget) zu pflegen, dann können Sie sehen, ob die Rechnungen ungefähr im Plan liegen. Es lässt sich nicht verhindern und es gehört zum normalen „Atmen der Ressourcen nach oben und unten“, dass mal etwas mehr und mal etwas weniger als geplant in Rechnung gestellt wird. Wenn aber dauerhaft zu viel oder zu wenig abgerufen wird, dann sind das Warnsignale, deren Ursachen Sie ergründen sollten. Bei zu schnellem Abrufen besteht die Gefahr, dass gegen Ende hin irgendwann die Kasse leer ist, aber noch Arbeit ansteht, für die Sie dann kein Budget mehr haben. Bei zu langsamen Abrufen kommen die Projektarbeiten offensichtlich nicht so wie geplant voran, was gegebenenfalls ein Indiz für das Verschieben des geplanten Endes nach hinten ist. Natürlich kann es auch einfach sein, dass man zu viele Ressourcen eingeplant hatte und trotz geringerer Aufwände im Plan liegt. Dann ist alles paletti und es bleibt am Ende Restbudget übrig, was sicher niemanden ärgern wird.

Neben den Ressourcen gibt es natürlich weitere Kostentreiber, die es zu budgetieren gilt. In der Toolbox finden Sie eine Excel-Tabelle, in der neben den Kalkulationstabellen aus den obigen Abbildungen auch eine zusammenfassende Kalkulationstabelle wie unten abgebildet zur Verfügung steht. Darin werden neben den Ressourcen-Budgets zudem sonstige Investitionen „eingesammelt“ und es besteht die Möglichkeit, auch Reisekosten zu kalkulieren. Letzteres wird gerne vergessen, kann sich aber bei Projekten mit viel Reiseaufwand zu einem signifikanten Sümmchen aufsammeln.

		Kosten	gesamt	Bemerkungen
Investitionen				
xxx		0,00 €		
xxx		0,00 €		
xxx		0,00 €		
xxx		0,00 €		
xxx		0,00 €		
xxx		0,00 €		
xxx		0,00 €		
xxx		0,00 €		
xxx		0,00 €		
xxx		0,00 €		
xxx		0,00 €		
xxx		0,00 €		
xxx		0,00 €		
xxx		0,00 €		
xxx		0,00 €		
xxx		0,00 €		
xxx		0,00 €		
gesamt		0,00 €	0,00 €	
Personalressourcen				
Projekt-Steuerung		0,00 €		
1100		0,00 €		
1200		0,00 €		
1300		0,00 €		
1400		0,00 €		
1500		0,00 €		
gesamt		0,00 €	0,00 €	
		control:	0,00 €	
Reisekosten				
wer		0,00 €	0,00 €	
wer		0,00 €	0,00 €	
wer		0,00 €	0,00 €	
wer		0,00 €	0,00 €	
wer		0,00 €	0,00 €	
wer		0,00 €	0,00 €	
wer		0,00 €	0,00 €	
wer		0,00 €	0,00 €	
wer		0,00 €	0,00 €	
wer		0,00 €	0,00 €	
wer		0,00 €	0,00 €	
wer		0,00 €	0,00 €	
wer		0,00 €	0,00 €	
wer		0,00 €	0,00 €	
wer		0,00 €	0,00 €	
wer		0,00 €	0,00 €	
wer		0,00 €	0,00 €	
wer		0,00 €	0,00 €	
Monate	12		0,00 €	
gesamt		0,00 €	0,00 €	

Abbildung: Mögliche Struktur einer Gesamtbudget-Planung

Natürlich können Budgetanforderungen je nach Projekt ganz unterschiedlich sein. Aber mit den oben dargestellten Haupttreibern und den Tabellenstrukturen kann man einen großen Teil der Kalkulationsherausforderungen bewältigen. Den spezifischen Rest Ihres jeweiligen Projektes müssten Sie mit etwas Excel-Kenntnissen sicher auch schnell kalkulieren können.

Bitte denken Sie in diesem Zusammenhang daran, dass Change Requests immer auch auf ihre budgetären Auswirkungen analysiert werden müssen. Wenn eine Budgetänderung erforderlich ist, dann sollten Sie einen neuen Stand der Budgetplanung erstellen, den Change Request sichtbar machen und den Auftraggeber diesen neuen Stand wieder abzeichnen lassen. Ich mache dazu einfach unter die oben abgebildeten Budgetplanungen eine Unterschriftzeile, hole die Unterschrift ein und nehme dann einen Originalbeleg als Nachweis zu den Projektunterlagen. Nach jedem Update der Budgetplanung ist es notwendig, die betroffenen Projektbeteiligten über den neuen Stand des Budgets zu informieren, damit diese sich daran halten können. Wichtig ist in jedem Projekt, dass man versucht, die Kosten vollständig zu erfassen. Dazu ist es sicher sinnvoll, die Projektgruppe einzubinden mit der Frage:

Wo entstehen in unserem Projekt überall Kosten?

Ein Brainstorming hilft, an alles zu denken. Das ist bestimmt besser, als mitten im Projekt zum Auftraggeber gehen zu müssen mit einem „Upps, da haben wir leider eine klitzekleine Kleinigkeit vergessen, könnten wir noch mal eine Mille € bekommen?“ Einen solch peinlichen Auftritt sollte man sich ersparen.

Neuro-Tipp

Wenn es ums Geld geht, dann werden wir auch von der Sorge, zu viel auszugeben, und der Aussicht, Geld zu bekommen, getrieben. In der Tendenz ist die Angstseite, Geld zu verlieren, stärker als die Aussicht auf Belohnung. Risikovermeidung ist wichtiger als Belohnungsaussicht. Dies war in den letzten Jahren Gegenstand der Wirtschaftspsychologie. So lässt sich erklären, warum viele Anleger so irrationale Entscheidungen in ihrem Anlageverhalten treffen. Für Projekte bedeutet dies: Das Budget zu überschreiten, ist ein Stressor. Dieser Stressor blockiert wiederum weitsichtige Lösungen. Weitsicht erhalten Sie nur, wenn

1. genügend Budget vorhanden ist und
2. Abweichungen nach oben aus Sachgründen akzeptiert statt sanktioniert werden.

4.3.2.4 Aktivitätenplanung im Detail

Für diesen Arbeitsschritt im Projekt gibt es zwei Alternativen:

A. Die Teilprojektleiter planen ihre Aktivitäten jeweils in einer separaten Planungsdatei.
B. Man plant alle Aktivitäten eines Projektes in einer zentralen Planungsdatei.

Ich habe mich in meinen Projekten für die Variante A entschieden. Sie hat den Vorteil, dass man hierbei den Übergang von zentraler Grobplanung zur Detailplanung durch den Teilprojekt-Leiter klar aufzeigen kann. Die in der nächsten Abbildung beschriebene Aktivitätenplanung sollte für jedes Teilprojekt vorbereitet werden, in dem die Teilprojekt-Nummern aus dem PSP in die erste und die Bezeichnungen in die zweite Spalte eingetragen werden. Diese Arbeit ist eine reine Übertragungsarbeit, die man sicher auch an einen Praktikanten oder an Assistenzkräfte delegieren kann. Dann werden die Dateien vor oder im Kick-off an die Teilprojektleiter übergeben, die dann selbst die Planung der Aktivitäten für ihr Teilprojekt erstellen. Damit wird es auch ihre eigene Planung, zu der sie stehen und ein Commitment abgeben. „Betroffene zu Beteiligten machen" (BzBm) ist bei diesem Planungsschritt erfolgskritisch! Das Tool zur Planung habe ich schon im Kapitel 2.1.2.2.2 vorgestellt. Im Projektmanagement bedarf es noch der Verzahnung mit dem PSP über die ersten beiden Spalten, die mit dem PSP identische Einträge beinhalten.

Um es noch einmal zu wiederholen und damit sehr deutlich zu machen: Total falsch wäre es, wenn Sie die Teilprojekt-Aktivitätenplanung als Projektleiter bis ins letzte Detail ausarbeiten und sie dann dem Teilprojektleiter übergeben mit den Worten „Nun mach mal, musst nur noch umsetzen!" Das Scheitern ist vorgezeichnet, weil die Teilprojektleiter dann nicht zu dem Geplanten stehen und jedes Nichtfunktionieren auf Ihre schlechte Planung mit den Worten „Hab ich mir ja gleich gedacht, dass das nicht funktionieren kann, aber der Projektleiter hat mich ja nicht gefragt!" zurückführen.

Der Teilprojektleiter setzt sich nun hin und füllt dieses Planungstool aus, allein oder wenn vorhanden unter Einbeziehung von „klugen Ressourcen" aus seinem Teilprojektteam. Auch hier gilt „BzBm", denn wenn nachher ein Teilprojektteam-Mitglied Arbeit verrichten soll und dabei Zeit und Umfang des Ressourceneinsatzes einhalten muss, ist es für ihn motivierender, wenn er bei dem Planungsvorgang dabei war und seine Meinung eingeflossen ist. In dem Tool kommt der Mehrwert für das jeweilige Teilprojekt aus den Spalten ab „Beschreibung in Stichworten". In diesen sollte der Teilprojektleiter ähnlich wie in einem Rezeptbuch genau beschreiben, was zu tun ist. Das kann so detailliert sein, wie es für die erfolgreiche Umsetzung hilfreich ist. Zu viel und zu genau kann es eigentlich nicht geben. Aber zu ungenau und rudimentär kommt regelmäßig vor. Deshalb beauftragen Sie den Teilprojektleiter wie folgt:
„Plane mit dem übergebenen Tool so genau, dass ich jederzeit, solltest Du krank werden oder anderweitig ausfallen, die Planung an einen Nachfolger übergeben kann. Dieser muss dann die Arbeiten aus der Planung ablesen, verstehen und daraufhin ansatzlos weiterführen können. Ein zu genau gibt es nicht!"

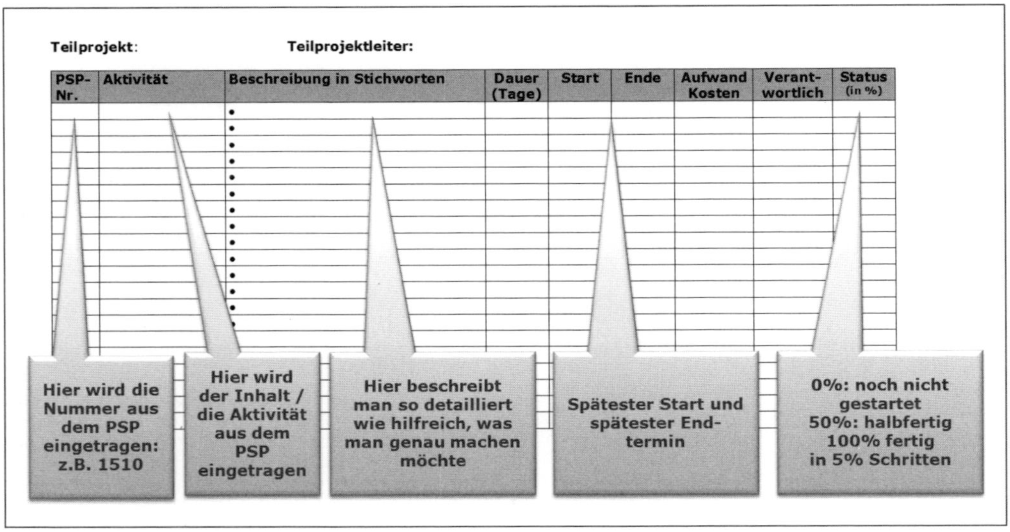

Abbildung: Teilprojekt-Aktivitätenplan

Für die Spalte Dauer nimmt man bei größeren Projekten Tage, bei kürzeren eher Stunden. Es geht bei dieser Information darum, den Umfang der Arbeiten an einer Aktivität besser einschätzen und dann in einen Zeitraum einplanen zu können. Wie man zu einer guten Einschätzung der Dauer kommt, hatte ich im Kapitel 4.3.2.2 beschrieben, diese Tipps sollten Sie dem Teilprojektleiter mit auf den Weg geben, bevor er bei der Annahme der Dauer im Nebel stochert. Start und Ende sollten jeweils die spätestens möglichen Termine abbilden. Früher anfangen und aufhören kann man immer, aber es gilt die „Deadline" vor Augen zu haben. Aufgrund der Annahme zu der Dauer weiß man ja, wie lange man für eine Aktivität benötigt; würde man später anfangen, kann man die Arbeit gegebenenfalls in dem zur Verfügung stehenden Zeitfenster nicht mehr zeitgerecht fertigstellen. Das späteste Ende ist entweder durch den terminierten Start anderer von dem Output abhängigen Aktivitäten entstanden oder an das Einhalten von Meilensteinen geknüpft.

Bei Verantwortlich trägt man die Teilprojektteam-Mitglieder ein, an die man die Aktivitäten delegiert. Wenn man das Teilprojekt allein betreibt, steht da natürlich immer der eigene Name. Aber auch ohne Team können manche Aktivitäten an Personen delegiert werden, die zuarbeiten sollen.

Bei Status hält man den aktuellen Stand der Erledigung der Aktivität fest. Dabei reicht es sicher, den Fortschritt in 5%- oder 10%-Schritten als Status anzugeben. Diese Prozent-Angabe ist für alle schnell verständlich.

Um die Verzahnung zwischen Aktivitäten verschiedener Teilprojekte zu erkennen, falls dies bei der Erarbeitung des Balkenplans noch nicht gelungen ist, empfehle ich, sich nach der Fertigstellung der Teilprojektplanungen diese komplett auszudrucken und an eine Pinnwand zu hängen. Wenn man dann alle Planungen durchgeht und auf Plausibilität checkt, erkennt man schnell, ob die voneinander abhängigen Aktivitäten zeitlich aufeinander abgestimmt sind. Diese übergreifende Betrachtung und das Erkennen der Abhängigkeiten zwischen allen Handlungssträngen gehört sicher zu den wichtigsten Aufgaben des Projektleiters und darf deshalb nicht vergessen werden!

Die oben genannte Variante B unter Nutzung eines zentralen Planungstools hat den Vorteil, dass man alles in einem Werk beisammen hat. Dazu bietet sich eine Excel-basierte oder Software-gestützte Vorgehensweise an. In einer Software ist in der Regel der gleichzeitige Zugriff auf die Planungstabelle gewährleistet; mit einer Excel-Lösung, auch wenn sie zentral zugänglich liegt, hat man immer den Nachteil, dass nur einer jeweils darin arbeiten kann. Natürlich kann man die Teilprojektleiter auffordern, ihren Tabellenabschnitt zu planen und regelmäßig zu aktualisieren. Über Copy-Paste kann man dann immer den ganzen Block in eine zentral durch den Projektleiter bearbeitete Datei übertragen. Aber Copy-Paste-Lösungen sind naturgemäß störungsanfällig. Die Toolbox hält sowohl die Word basierte Lösung „ein Tool pro Teilprojekt“ als auch eine Gesamtplanungsdatei in Excel bereit. Wie bereits erwähnt, bevorzuge ich die Variante A, damit haben die Teilprojektleiter ihre Planung im Griff und als Projektleiter lässt man sich die aktuelle Datei jeweils vor den Teilprojekt-Reviews zusenden und geht dann diese im Review durch. Dieses Verfahren klappt seit Jahren bei mir auch in sehr komplexen Projekten.

In der unten abgebildeten Excel-Datei sind die Spalten Nummer und Teilprojekt bereits vorbeschrieben und mit Einrückungen versehen, sodass hier schnell und übersichtlich der Übertrag aus dem PSP möglich ist, bevor man dann mit weiteren Aktivitäten und/oder dem erwarteten Ergebnis die Arbeit im Teilprojekt weiter ausarbeiten kann. Das nachfolgend abgebildete Tool beinhaltet noch eine Spalte Erwartetes Ergebnis. Hier kann man das Ziel jeder Aktivität als Ergebniszustand in der Zukunft beschreiben. So kann das bereits erklärte Management by Objectives über Ziele unterstützt werden. Darüber hinaus kann Excel natürlich auch leicht zur Kalkulation von Kosten verwendet werden, deshalb beinhaltet die Tabelle ebenfalls eine Spalte dafür. Mit der Spalte Schnittstelle kann man die erkannten Verzahnungen und Abhängigkeiten zu anderen Aktivitäten und Teilprojekten aufzeigen, man trägt dazu einfach die PSP-Nummer ein. Unter Dauer kann man als Messgröße z. B. Tag oder Stunden eintragen. Bitte schneiden Sie die Tools so zu, wie es für Ihre Arbeit am besten passt. Die vorgegebenen Tabellenspalten beinhalten für die Planung zwar die wichtigen Aspekte, aber letztlich ist ein Tool nur so gut, wie es

Ihre Planungsarbeit unterstützt. Es liegt also an Ihnen, sich das Handwerkszeug passend zu gestalten, bevor Sie loslegen.

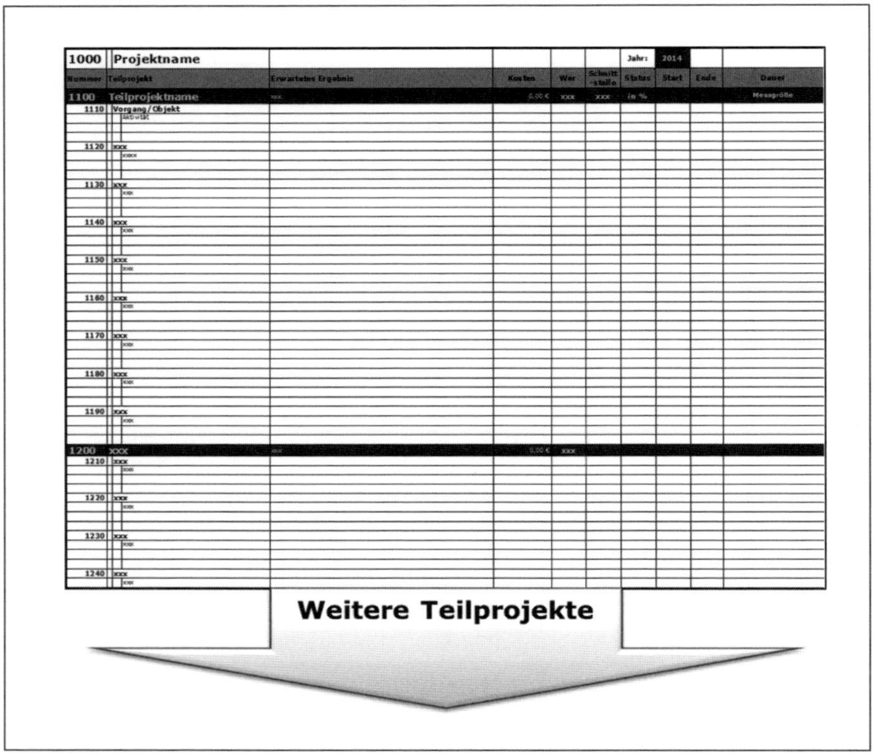

Abbildung: Excel-basierte Gesamt-Aktivitätenplanung, Ausschnitt aus dem Planungstool

4.3.3 Risikomanagement

Ein kluger Projektleiter wendet präventiv Risikomanagement-Techniken an, statt Krisenmanagement zu betreiben. Es ist viel leichter und obendrein kostengünstiger, ein Risiko im Vorfeld zu erkennen und rechtzeitig mit Gegenmaßnahmen abzuwehren, als nach dem Eintreten des Risikos den Schaden zu beheben. Kurz gesagt als weitere Regel:

Goldene ZuP-Regel

Analysiere, was Dir um die Ohren fliegen kann,
und sorge dafür, dass es nicht passiert!

Deshalb sollte in der Planungsarbeit auch der Schritt „Analyse der Risiken“ mit ausreichend Aufmerksamkeit betrieben werden. Natürlich gibt es dazu ebenfalls Tools in der Toolbox. Bevor ich diese beschreibe, hier aber vorab eine Anzahl von Maßnahmen, die für das Analysieren und Managen der Risiken hilfreich sind:

- **Risiko-E-B-Ü.** Darunter versteht man einen sich wiederholenden Kreislauf mit drei Arbeitsschritten. Risikomanagement ist also kein einmaliges Vorkommnis, sondern ein dauerhafter Prozess, der durch den Projektleiter bis zum erfolgreichen Ende des Projektes betrieben werden sollte. Ich empfehle Ihnen, die Risikobetrachtung bei jedem Projektreview auf die Agenda zu setzen und im Vorfelde oder im Meeting selbst das verwendete Risikomanagement-Tool durchzusehen und etwaige Veränderungen einzubauen. Die drei Arbeitsschritte sind:
  1. **E**rkennen
  2. **B**ewerten
  3. **Ü**berwachen
- **APP**: Diese Abkürzung steht für eine systematische **A**nalyse **P**otenzieller **P**robleme im Team. Mit diesem Vorgang reagiert man auf die Erfahrung, dass „wo Team drauf steht, noch lange kein Team drin ist“. TEAM steht bekanntlich für „Toll, ein anderer macht's“. Diesen Umstand bekommt man durch klare Verantwortungsteilung in den Griff. Aber dass man gegebenenfalls Teammitglieder hat, die aus der bisherigen Zusammenarbeit entstandene offene Konflikte mit in die Projektarbeit bringen, sollte man erkennen und die Auswirkungen solcher schwelenden Probleme vordenken und rechtzeitig gegensteuern. Natürlich darf der Projektleiter seine begrenzte Zeit nicht von Beginn an mit Konfliktmoderationen im Team verbringen. Aber wenn man auf bestimmte Ressourcen im Projekt angewiesen ist, darf man erkannte bzw. bekannte Konflikte nicht blauäugig unter den Teppich kehren. Sie werden das Projekt behindern, deshalb gehören sie mit in das Risikomanagement.
- Einführen des ***Devils Advocat*** (fest oder wechselnd): Sollten Sie im Unternehmen eine Person kennen, die ein analytisch geschultes Auge für Schwachstellen hat und dummerweise immer im ungünstigsten Moment auf diese hinweist, dann sollten Sie diese in Ihr Projekt einladen und damit ihre Stärke dem Projekt nutzbringend zur Verfügung stellen. So haben Sie einen solchen „Teufels Advokaten“ auf Ihrer Seite und dieser kann Ihnen nicht mehr bei etwaigen Präsentationen Ihres Projektes vor der Belegschaft oder anderem Publikum durch seine stichhaltigen Einwürfe in die Seite fahren. Deshalb suchen Sie sich diese wenn auch manchmal etwas nervigen Leute und gewinnen Sie sie bewusst für Ihre Zwecke.

  Alternativ machen Sie einen kleinen Tischaufsteller mit der Aufschrift „Devils Advocat des Tages“ und lassen Sie diese Rolle wechselnd von einem Teammitglied einnehmen. Am besten am Anfang eines Projekt-Reviews oder Workshops fragen, wer heute „auf Sturm gebürstet ist" und diesem dann den Auftrag erteilen, während eines Treffens aufzuzeigen, wo das Team gerade „rosarotes Wolkenkuckucksheim" plant und Gefahren übersieht. Wenn derjenige etwas zurückhaltend agiert, sollten Sie immer mal wieder nachfragen, was denn der „DA" dazu zu sagen hat. Eine solche herumwandernde Rolle macht nach meiner Erfahrung Spaß und Lust auf kritisches Mitdenken. Und das ist gut und wichtig, denn es gibt nichts Schlimmeres, als wenn ein Projektteam lächelnd und zufrieden an die Wand fährt, weil es sich alles schöngeredet hat.

- Einführen/Festlegen eines internen **RBB — Risk Review Boards:** Bei besonders riskanten Projekten, bei denen viel Gewinn oder Verlust für das Unternehmen auf dem Spiel steht, empfehle ich die Etablierung eines RBBs. Dies ist ein Gremium zusammengesetzt aus erfahrenen „Großkopferten", also Leuten aus der Organisation, die aufgrund von Lebens- und beruflicher Erfahrung, aber auch aufgrund ihres Blickwinkels z. B. aus fachlicher oder kaufmännischer Sicht ein Projekt zu ausgewählten Momenten auf Herz und Nieren prüfen können. Da dieser Vorgang sich anstrengend und auch „biestig" anfühlt, würde ich es nicht mit dem Lenkungsausschuss vermixen, da dieser sonst in eine dauerhafte negative Stimmung verfallen kann, die für das Projekt nicht helfend und beratend genug wäre. Deshalb das RBB lieber separat ansetzen und den Ablauf unter das Motto „Heute geht es nur um Risiken und deren Bewältigung" stellen. Solche Boards sollten auch befugt sein, klare Aufträge für Gegenmaßnahmen zu geben und, wenn dies geboten erscheint, ein Projekt aufgrund der Risiken für die Organisation einzustellen. Wenn dies geschieht, muss es als professioneller Vorgang von allen verstanden und erklärt werden. Es ist besser — auch für das Projektteam —, ein allzu riskantes Projekt professionell zu beenden, als mit Volldampf weiter auf den Abgrund zuzufahren.
- Planung und Pflege einer **Projektdokumentation:** Wendet man die vorgeschlagenen Tools an und „plotted" man sein Projekt mit einer laufenden Projektdokumentation in Powerpoint ständig auf dem aktuellen Stand mit, so kann man etliche Risiken ausschließen. Denn viele Gefahren entstehen einfach dadurch, dass man zu nachlässig dokumentiert und viele Details aus den Augen verliert. Auch hierbei hilft einem das Prinzip der Schriftlichkeit. So kann man immer wieder auf wichtige Planungsdetails eingehen und wird nicht von Ereignissen überrascht, die man eigentlich hätte nachlesen können. Entscheidungen bleiben sichtbar, kritische Aspekte können immer wieder in Erinnerung gerufen werden und **Projektpläne** können regelmäßig abgestimmt und so besser verfolgt werden.

- **Vertragsrisiken** offen ansprechen: Wo immer man Verträge schließt, muss man davon ausgehen, dass diese Risiken beinhalten. „Wasserdichte Verträge" gibt es nach meiner Erfahrung nicht, dazu müsste man unendlich lange verhandeln und würde ggf. auch eingebundene Partner und Lieferanten allzu sehr drangsalieren, bis sie nicht mehr bereit sind, mitzuarbeiten. Deshalb sollte man für alle abgeschlossenen Verträge Transparenz über die darin vorkommenden Risiken schaffen. Zu diesen muss man dann Gegenmaßnahmen oder Reaktionen vordenken.
- **Change-Request-Prozess** definieren und Einhaltung einfordern! Dies habe ich bereits in Kapitel 4.2.3.1 genauer beschrieben. Mit einer „Klar machen wir das, lieber Auftraggeber"-Mentalität schafft man Unausgewogenheit im magischen Dreieck zwischen Leistung, Kosten und Zeit, die einem allzu leicht um die Ohren fliegen können.
- **Projektdurchsprachen** mit Auftraggeber („keine Angst vorm Auftraggeber"): Denken Sie immer daran, Ihr Auftraggeber ist nicht Ihr Feind, den man im Ungewissen halten sollte. Er ist Ihr Partner, der bei der erfolgreichen Bewältigung des Vorhabens mitdenken und -helfen soll und kann. Erkennen Sie an, dass dieser sicher einiges auf dem Zettel hat und nicht immer voll im Stoff steht. Sprechen Sie deshalb regelmäßig Ihre Planung durch und lassen Sie sich Feedback und Ratschläge geben. Ich habe mir angewöhnt, bei jedem Meeting mit dem Auftraggeber die Gesamtplanung noch einmal mit einem schnellen Ritt durch das Projektcockpit (siehe Kapitel 4.3.6) zu wiederholen. So ist der Überblick geschaffen und der Auftraggeber kann sich wieder hineindenken und sinnvolle gezielte Beiträge leisten.
- Iterativer **Einsatz eines senioren Beraters**: Kaufen Sie sich einen erfahrenen Berater für eine kompakte Session oder eine Begleitung auf niedrigem Niveau ein. Dieser kann Ihnen seine Erfahrungen für wenig Geld einbringen, die Sie dann im Rahmen Ihrer Projektplanung berücksichtigen können. Das ist allemal billiger, als im eigenen Saft Risiken zu übersehen, die dann mit hohem Lehrgeld bitter bezahlt werden müssen. Dies gilt besonders für Projekte, zu denen im eigenen Unternehmen die Erfahrungen noch fehlen. Am Markt gibt es aber zu (fast) jedem Projekt erfahrene Leute, die schon alle Fehler gemacht haben und davor warnen und bewahren können, diese zu wiederholen.

Die nachfolgenden Abbildungen zeigen Tools auf, mit denen man das Risikomanagement betreiben kann. Sie dienen der Erarbeitung, der Dokumentation, aber auch der regelmäßigen Erstellung eines „Ampel-Berichts". Durch das Festlegen von **Score-Cards** (Merkmale mit Aussagekraft) könnte man auch Messungen über den Stand der Risiken vorplanen.

Was in den schwarz-weißen Abbildungen nicht erkennbar ist, wird in den Original-Tools sichtbar: Die Risiken erhalten eine Ampeleinschätzung in rot, gelb und grün. Die Farben bedeuten hierbei:

- **Rot:** sofortiger Handlungsbedarf durch wirksame Gegenmaßnahmen
- **Gelb:** im Auge behalten, Gegenmaßnahmen vordenken und zeitgerecht aufsetzen bzw. nachsteuern
- **Grün:** alles klar, aber im Auge behalten

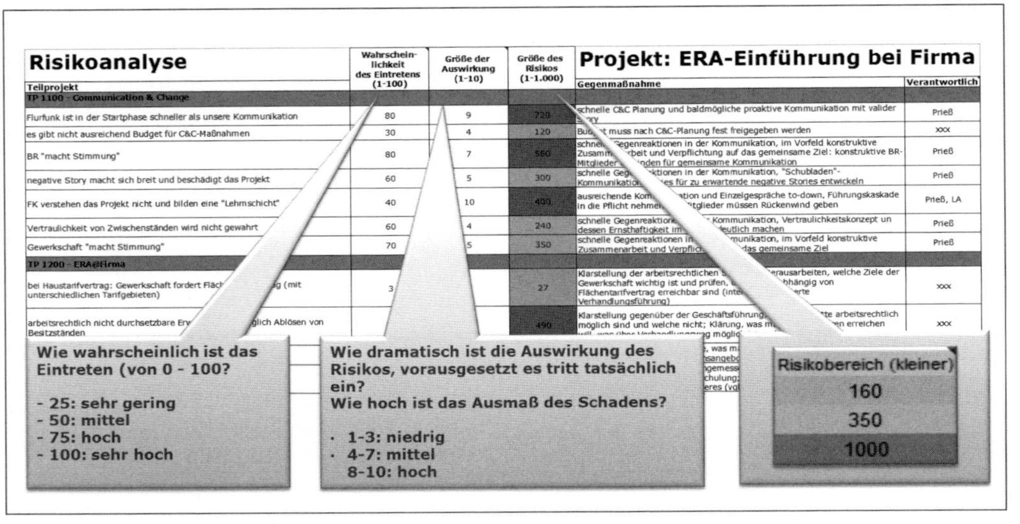

Abbildung: Risikoanalyse in Excel mit zwei Risiko-Faktoren und automatischer Berechnung der Risikogröße

Alternativ zu der Excel-basierten Vorgehensweise beinhaltet die Projektdokumentation ebenfalls eine einfache Tabelle in Powerpoint, in der man Projektrisiken aufzeigen und mit Maßnahmen und einer Ampel hinterlegen kann. Da diese Version aber keine Faktoren-Multiplikation zulässt, ist es eher eine Schmalspurversion, aber immerhin besser als „Blindflug bis zum Abgrund“.

4.3.4 Projekt-Organisation: das Team richtig aufstellen

Stellen Sie sich vor, Sie wären der Trainer einer Fußballmannschaft und hätten einen Kader von 20 Spitzenspielern zur Verfügung. Jeder für sich ein toller Spieler. Die 11 Spieler, die auf dem Platz stehen, müssen deshalb aber noch lange kein tolles Spiel abliefern. Das werden sie nur, wenn sie auch eine richtige Mannschaftsaufstellung erhalten. Wenn Sie als Trainer Ihren besten Stürmer ins Tor stellen und ihren Torwart als Goalgetter in die Pflicht nehmen und weitere solcher unsinnigen Entscheidungen treffen würden, dann bekäme Ihr Team nicht nur vom schwächsten Gegner eine Packung, die Mannschaft würde auch angesichts Ihrer unsinnigen Team-Organisation meutern und Sie früher oder später ans Lattenkreuz nageln. Ähnlich verhält es sich im Projektmanagement. Der Erfolg eines Projektes ist erheblich von der gewählten Organisation des Teams abhängig.

An dieser Stelle möchte ich nicht die Gremien und Rollen aus dem Kapitel 4.2.4 wiederholen, diese gehören natürlich auch zur Projekt-Organisation. Vielmehr geht es hier um die grundlegende Aufstellung, die man üblicherweise durch drei Organisationsformen unterscheidet:

1. **Reines Projektmanagement:** Der Projektleiter führt ein ihm fest zugeordnetes Team, dabei sind ihm die Mitglieder des Teams entweder fachlich, oder — dies ist bei längeren Projekten durchaus sinnvoll — auch disziplinar zugeordnet. Im zweiten Fall sind die Mitglieder für die Dauer des Projektes in das Projekt auch arbeitsvertraglich versetzt worden und „unterstehen" dem Projektleiter. Besonderheit dieser Organisationsform ist es, dass aufgrund der Wichtigkeit und des Arbeitsumfanges die Teammitglieder für die Projektarbeit in Teilen oder ganz freigestellt wurden. Das bedeutet, dass sie keine anderen Aufgaben z. B. in einer Linienfunktion nebenbei verrichten müssen und sich so voll auf das Projekt konzentrieren können. Diese Freistellung sollte für alle Projektteam-Mitglieder gelten, die von Umfang und Verantwortung her keine sinnvolle Arbeit neben dem Projekt mehr leisten können. Wenn jemand z. B. mit 80 % seiner Zeit im Projekt verplant ist, dann kann man nicht ernsthaft erwarten, dass er noch mit den restlichen 20 % seine Linienaufgaben vorantreibt. In einem solchen Fall sollte man jemanden zu 100 % in das Projekt entsenden und seine Linienaufgaben an jemand anderen, ggf. auch an einen Externen delegieren. Ein Ressourcendelta von 20 % wie in dem Beispiel oben schließt sich meist durch nicht vorhergesehene Projektereignisse. Brachliegen würde der Restbetrag der Ressource also sicher nicht. Diese Organisationsform kommt seltener vor, es sei denn, dass Projektarbeit der Hauptzweck einer Organisation ist (z. B. in Beratungsunternehmen). Aber in besonders großen und strategisch relevanten Projekten wäre die Freistellung von den wichtigen handelnden Personen im Projekt erfolgskritisch und deshalb ernsthaft in Erwägung zu ziehen.

Ich hatte einmal einen Beratungsauftrag in einer deutschen Vertriebsorganisation eines amerikanischen Hardware-Herstellers. Dabei sollte die gesamte Organisation umgebaut werden. Man hatte das Ziel, die Betriebsstrukturen bis auf die „Innendienst-Abteilungen" aufzulösen und alle Mitarbeiter aus Homeoffices heraus arbeiten zu lassen. Die Mitarbeiter sollten sich dann nur noch in kleinen, aber edel ausgestatteten Business Centern mit den Kunden treffen und ansonsten von zu Hause aus arbeiten. Sie können sich sicher vorstellen, dass der Erfolg eines solchen Umbau-Projektes über den Erfolg und Misserfolg des Unternehmens entscheidet. Der Projektleiter jedoch sollte dies „nebenbei" erledigen und auch seine Ziele für seinen Linienjob waren nicht gerade leicht zu erreichen. Er hatte diese Doppelbelastung gar nicht infrage gestellt, da dieses Vorgehen auch in anderen Projekten im Unternehmen der Standard war. Mein erster Rat an ihn war deshalb, dass er und zwei seiner Teilprojektleiter unbedingt freigestellt werden müssen, damit dieses Trio sich voll auf dieses Projekt konzentrieren könne. Der Auftraggeber ließ sich aufgrund der Vorlage der Projektplanung von der Notwendigkeit der Freistellung des TPL von den sonstigen Aufgaben überzeugen, sodass wenigstens ein kleines Kernteam „Reines Projektmanagement" betreiben konnte.

2. **Einfluss-Management** (Merker: „Stabsstelle"): Der Projektleiter nimmt eine beratende Funktion ohne Führungsverantwortung außerhalb der Organisationsgliederung und Hierarchie ein. Diese Organisationsform bietet sich insbesondere für die Vorbereitung einer einschneidenden Entscheidung an. Wenn ein Unternehmen z. B. einen Wettbewerber kaufen will, dann setzt man einen Projektleiter auf ein „Vorprojekt" an, in dem dieser Einzelkämpfer sich recht diskret Wissen und Fakten zusammensuchen kann, um eine Entscheidungsvorlage für die Geschäftsführung zu erarbeiten. Wird der Wettbewerber-Kauf entschieden, dann wird das Projekt meist in einer anderen für die Umsetzung tauglicheren Organisationsform weitergeführt. Da der Projektleiter oft direkt an das Top Management berichtet und außerhalb der Linienorganisation im Organigramm agiert, kann man sich mit dem Merker „Stabsstelle" das Konstrukt ganz gut vorstellen.
   Vorteil ist sicher, dass man ein Projekt ohne große Auswirkung auf die Ressourcen und Rollen der Linienorganisation beginnen und betreiben kann. Weil nur der Projektleiter über die Ziele des Projektes informiert ist, werden diese auch vertraulich behandelt. (Manche Projekte hängt man eben nicht schon am ersten Tag an die „große Glocke"). Nachteil ist aber sicher, dass der Projektleiter mangels offiziell bekannt gegebener Führungsverantwortung beim Zugriff auf das Wissen und natürlich auch die Arbeitszeit von Mitarbeitern nicht immer auf offene Ohren trifft. Die Mitarbeiter folgen ja Zielen in ihren Linienaufgaben und wenn dann ein ihnen nicht weisungsbefugter Kollege daherkommt, nimmt sich nicht jeder Zeit für diese Störung. Da bedarf es dann schon eines über-

zeugenden Menschen mit Fingerspitzengefühl, damit die Organisation zuhört und mithilft.

Sollte es sich nicht um ein Projekt mit der Notwendigkeit vertraulicher Bearbeitung handeln, empfehle ich dem Auftraggeber, durch entsprechende Information in die Belegschaft dem Projektleiter für dessen Anfragen in die Organisation die Türen zu öffnen. Solche Art des „Rückenwindes" ist erfahrungsgemäß häufig in Produktentwicklungs- bzw. Business-Development-Projekten hilfreich. Diese werden oft von einem Projektleiter getrieben, der auf die Linienorganisation nur iterativ zugreift. Der Rückenwind durch die Information der Geschäftsführung hält im Übrigen nur eine Zeit lang vor, im Verlaufe des Projektes gerät der „Türöffner" oft wieder in Vergessenheit, deshalb wäre es hilfreich, wenn der Leiter eines Einflussmanagement-Projektes grundsätzlich auf wertschätzende Art seine Unterstützung einfordert und sich nicht nur auf die in der Vergangenheit erfolgte Ansage der Geschäftsführung beruft.

3. **Matrix-Organisation** („Zwischending"/Mischform aus 1. und 2.): Der Projektleiter ist Führungskraft mit fachlicher oder disziplinarer Weisungsbefugnis. Letzteres liegt vor, wenn das Projektmitglied aus der eigenen Abteilung kommt oder in das Projekt entsendet bzw. versetzt wurde. Bei fachlicher Führung teilt der Projektleiter sich mit den jeweiligen Linienführungskräften der zugeordneten Mitarbeiter die personellen Ressourcen. Diese Organisationsform bietet einige Vorteile, man muss aber auch typische Gefahren meistern.

   Vorteile sind:

   - Die Linie wird nicht „beschädigt": Da die Projektmitglieder nur mit einem Teil ihrer Zeit im Projekt arbeiten, können sie ihren Linienjob — wenn auch mit verringerter Kraft — noch ausüben.
   - Die Projektmitglieder sind Informationsbrücken in die Linie, denn sie können sowohl Informationen aus dem Projekt in die Linie bringen, als auch benötigte Informationen aus der Linie ins Projekt einbringen. Damit ist auch der Know-how-Austausch und, wenn die Projektmitglieder es richtig anstellen, auch das Change Management besser zu leisten. Sie agieren dann als sogenannte „Change Agents", die als Vorreiter der Akzeptanz des Projektzieles ihre Kollegen positiv beeinflussen können.

   Nachteile sind:

   - Gemeinsame Mitarbeiter werden zwischen Linien-Führungskraft und Projektleiter „zerrissen", wenn es nicht klare Absprachen für die jeweilige Ressourcenaufteilung gibt. Dazu sollte der Projektleiter vor Beginn des Projektes die jeweiligen Linienführungskräfte „abklappern" und schriftliche Vereinbarungen über den Umfang der Ressourcen (z. B. Stunden pro Monat), die Verteilung auf die Dauer des Projektes und die Urlaubszeiten treffen. Der betroffene Mitarbeiter muss danach über diese Vereinbarung informiert werden mit dem Auftrag, sich an diese Aufteilung seiner Arbeitskraft selbstständig zu halten und bei Problemen eine aktive Klärung abzufordern.

- Soweit der Mitarbeiter im Rahmen seines Zeitmanagements die Einhaltung der Ressourcenteilung selbstständig leisten kann, läuft alles gut. Kommt es zu Ressourcenkonflikten aufgrund unvorhergesehener Ereignisse, dann muss es eine vereinbarte Spielregel geben, wie man in diesem Fall vorgeht. Diese könnte z. B. so lauten: „Bei auftretenden Ressourcenkonflikten zwischen Projektleitung und Linien-Führungskraft wenden diese sich an die übergeordnete Führungskraft (meist die Geschäftsführung) mit der Bitte um Klärung der Prioritäten."

Erfahrungsgemäß laufen die meisten Projekte in Unternehmen in der Matrix-Organisation ab. Das liegt nach meiner Beobachtung daran, dass Auftraggeber und Projektleiter über die Organisationsform nicht bewusst nachdenken, sondern einfach Namen geeigneter Teammitglieder aufschreiben, diese zum Kick-off einladen und dann loslegen. Die oben benannten Nachteile sind dann praktisch vorprogrammiert. Die mangelnde Ressourcenabstimmung oder die absehbare Überforderung der Projektmitglieder wird zumeist auf dem „Rücken der Mitarbeiter" ausgetragen. Diese müssen dann schauen, wie sie Projekt- und Linienfunktion ausklarieren und zur Zufriedenheit aller Chefs ihre Arbeit leisten. Ich kann abschließend nur empfehlen:

Goldene ZuP-Regel

Treffen Sie die Entscheidung über die Projektorganisation im Rahmen der Grobplanung wohlüberlegt und bewusst. Nur dann bauen Sie sich nicht einen „Geburtsfehler" ein, der sich quer durchs Projekt zieht und den Erfolg am Ende vorhersehbar verhindert!

4.3.5 Projekt-Soziogramm: Stakeholder-Analyse

Neben denjenigen, die eine feste Rolle im Projekt haben, gibt es üblicherweise zahlreiche Personen, die ein Interesse an dem Projekt und seinen Ergebnissen haben könnten. Diese nennt man neudeutsch „Stakeholder". Das sind intern z. B. Mitarbeiter, Gesellschafter des Unternehmens oder Betriebsräte. Und extern sind dies üblicherweise Ihre Kunden, aber auch Behörden, Gewerkschaften und Partnerfirmen u. v. a. m. Wer genau und in welchem Sinne interessiert ist an Ihrem spezifischen Projekt, gilt es herauszuarbeiten. Es ist nichts peinlicher, als im Verlaufe des Projektes zu erkennen, dass es jemanden gibt, den man nicht auf dem Radar hatte – der aber nun anlässlich der Missachtung seines Interesses das Projekt angreift. Klassiker bei Softwareeinführungsprojekten ist z. B. die Missachtung des Datenschutzbeauftragten. Ich erkläre es gerne mit folgendem Bild: Der Projektleiter steht in der Mitte des Projektes und „schmeißt seinen Radar an". Dann dreht er sich 360 Grad um die eigene Achse und bei jedem erkannten Stakeholder macht es „ping“ und ein weißer Punkt leuchtet auf. Nun muss man diese weißen Punkte, sprich Stakeholder, in ihren Interessen und Bedürfnissen hinterfragen und sich Maßnahmen überlegen, wie man diesen gerecht werden kann.

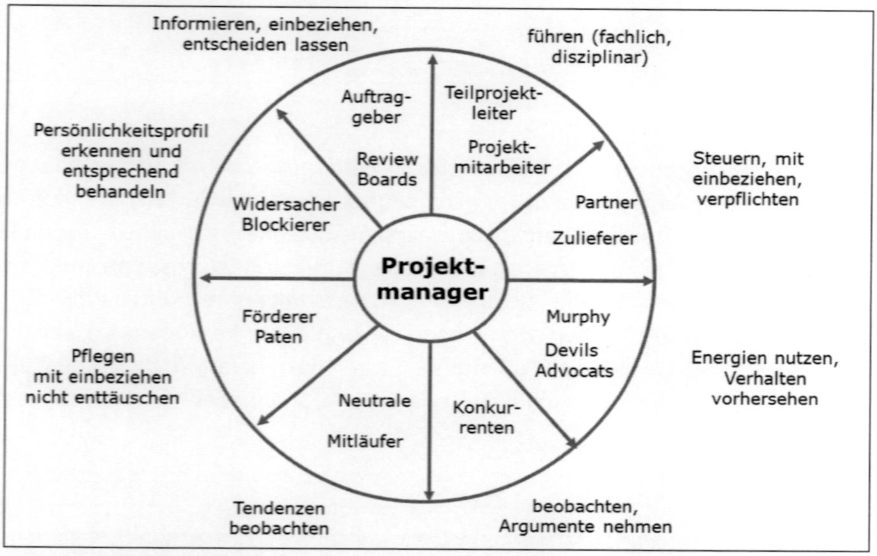

Abbildung: Stakeholder-Analyse mit üblicherweise vorkommenden Rollen und Verhaltensmustern

Damit Sie nicht einen Ihrer Stakeholder übersehen, machen Sie am besten im Rahmen der Grobprojektplanung ein Brainstorming mit einem kleinen Team. Die Fragestellung sollte lauten:

„Wessen Interessen werden durch dieses Projekt berührt?“

Dabei müssen Sie bereits definierte Rollen und deren Inhaber nicht unbedingt noch einmal aufführen, wenn das keine neuen Erkenntnisse bringen würde. Auftraggeber und Projektteam-Mitglieder müssen Sie z. B. nicht unbedingt noch einmal erwähnen, da dies bereits an anderer Stelle (z. B. in der Ressourcenplanung) ausreichend getan wurde. Sie können zunächst auf einem Flipchart die Stakeholder sammeln und dann entscheiden, ob die gesammelten Stakeholder tatsächlich berechtigte Interessen haben. Dann übertragen Sie die Stakeholder in die vorbereitete Mustertabelle in der Projektdokumentation (siehe Abbildung). Ich sammle mittlerweile direkt in dieser Tabelle, denn dann kann man gleich die weiteren Fragen analysieren, ob die gesammelten Stakeholder wirklich zu managen sind oder man sie vernachlässigen könnte.

Beteiligte	Rolle/Aufgabe	Informationsbedarf	Bemerkungen
Max Mustermann	Datenschutzbeauftragter	• Gem. Datenschutz-Gesetz • Infos zur geplanten Personen-Datenerfassung	• Als Gast zum 2. Lenkungsausschuss einladen

Abbildung: neutrale Stakeholder-Analyse mit Beispiel

Für die Stakeholder-, bzw. zu Deutsch Beteiligten-Analyse gibt es verschiedene Varianten. Während die obige ganz neutral gehalten ist und in der Projektdokumentation verbleiben kann, gibt es andere Versionen, die den Fokus stärker auf Risiken und Gefahren legen. Dabei werden Informationen zusammengetragen und bewertet, die man lieber nicht außerhalb eines engen, vertrauten Projektleitungskreises sichtbar machen sollte. Wenn Sie eine dieser Versionen verwenden, dann nehmen Sie die jeweilige Folie aus der Projektdoku heraus und speichern Sie diese lokal mit einem Schutzwort ab, sodass die Informationen nicht in falsche Hände geraten können.

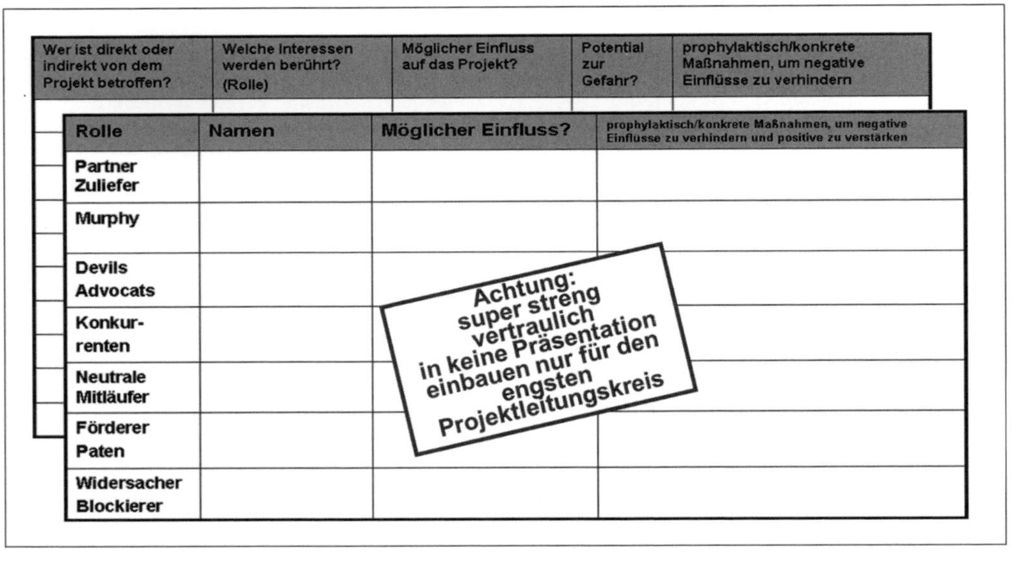

Abbildung: alternative Stakeholder-Analyse mit Fokus auf Risiken und Gefahren

In der Abbildung können Sie jeweils die obersten Zeilen verschiedener Versionen erkennen. Die Spaltenbezeichnungen sind meines Erachtens selbsterklärend.

Neuro-Tipp

Diese Aufzählung ist deshalb so sinnvoll, weil jeder Nichtbeteiligte durch seinen Ausschluss eine Art Schmerz im Gehirn erfährt und Hebel in Bewegung setzen wird, doch wieder einbezogen zu werden. Diese Störfeuer sind dann der Absicht des Gehirns geschuldet, zur sozialen Gruppe dazuzugehören. Wenn Sie als Projektmanager diese nicht von selbst integrieren, dann werden es die Stakeholder tun, oft mit Methoden, die wenig hilfreich für das Projekt sind.

Unter „Ausgrenzungs-Schmerzen" werden die Stakeholder unangenehm.

Es sei mir noch ein deutlicher Hinweis zum vertraulichen Umgang mit diesem Instrument gestattet: So mancher ist darüber „gestolpert", dass er in seiner Stakeholder-Analyse z. B. den Betriebsrat des Unternehmens als „Widersacher" einstufte und die geplante Maßnahme „Einladung zu Weiterbildungen mit Freizeitwert in Nobelhotels in Brasilien während der Fußball-WM mit Handgeld und Damenbesuch" dann allen auf dem im Drucker vergessenen Ausdruck nachlesbar wurde ... Spaß beiseite: Manche Einschätzungen und Maßnahmen sind sehr hilfreich für ein aktives Stakeholder-Management, aber eben nicht für alle Augen und Ohren bestimmt. Da darf man ruhig etwas Paranoia haben und den Datenschutz erhöhen, wenn man bewertende Einschätzungen dokumentiert. Wichtig ist es bei diesem bedeutsamen Arbeitsschritt, die geplanten Maßnahmen auch wirklich umzusetzen. Hier gilt dasselbe wie bei allen Planungsinstrumenten: Was nützt das beste Instrument, wenn man es nach der Erarbeitung nicht mehr zu Rate zieht? Die Maßnahmen sollten also in Reviews nachgehalten und die Einschätzungen zu den Interessen der Beteiligten gegebenenfalls anhand aktueller Erkenntnisse nachjustiert werden.

Eine weitere alternative Vorgehensweise bei der Stakeholder-Analyse ist die sogenannte **„Kraftfeld-Analyse"**. Bei dieser werden alle erkannten Stakeholder auf einer Matrix positioniert. Die beiden Achsen der Matrix sind:

- Einfluss auf das Projekt (gering — mittel — hoch)
- Einstellung gegenüber dem Projekt (negativ — neutral — positiv)

Diese beiden Achsen kann man dann pro Stakeholder z. B. mit einem Wert von 1 bis 6 einschätzen. Daraus ergeben sich vier Quadranten von Stakeholdern, die unterschiedlich behandelt werden sollten.

- **Einflussreiche Förderer:** sollten gut informiert werden, muss man wertschätzen durch Aufmerksamkeit, kann man als Promotoren einsetzen. Man sollte sie regelmäßig proaktiv informieren und um Feedback bitten, bei Präsentationen einladen und um (positive) Stellungnahmen bitten.

- **Einflussreiche Widersacher**: muss man sehr ernst nehmen, können einem durch Entscheidungen oder negatives Verhalten das Projektleben erschweren oder sogar unmöglich machen. Man sollte sich mit diesen austauschen und versuchen, die Gründe für ihre Abneigung zu verstehen. Wenn keine Überzeugungsarbeit zugunsten des Projekts fruchtet, muss man Allianzen bilden, die diese Widersacher aushebeln.
- **Positive Zuschauer:** sollten durch Information und Argumentation in ihrer positiven Haltung bestätigt werden. Sie können für Workshops herangezogen werden, in denen sie aktiv mitgestalten können.
- **Negative Zuschauer:** sollten beobachtet werden. Sie haben zwar keinen Einfluss, können aber Stimmung machen und dadurch Gegenwind bei einflussreicheren Kollegen schüren oder positive zu negativen Zuschauern „umdrehen".

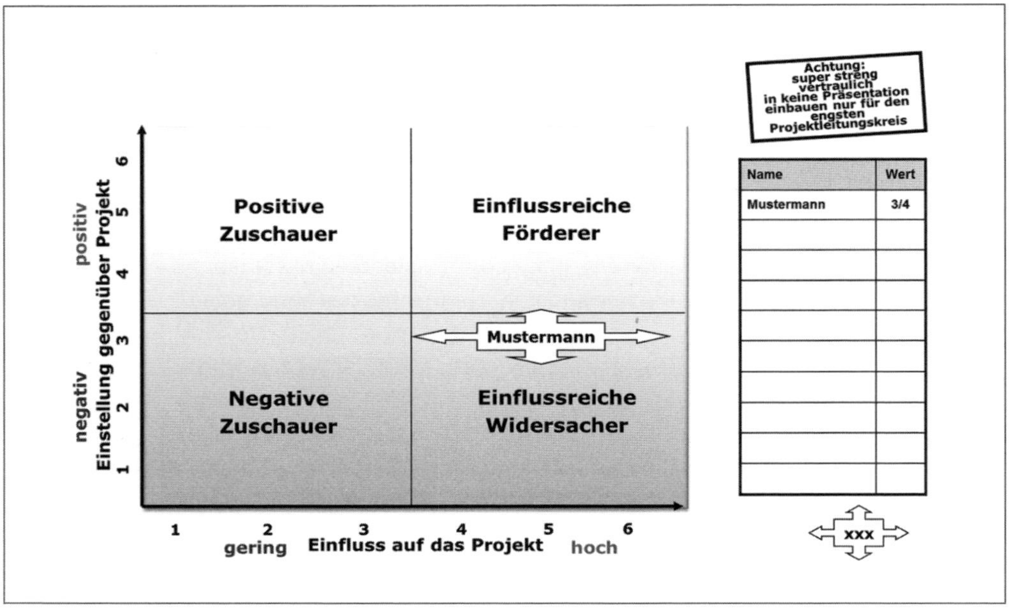

Abbildung: Kraftfeldanalyse

Zur Kraftfeldanalyse eine kleine Anekdote: In einem Projekt im Bankenbereich hatten wir alle wichtigen Mitglieder des Topmanagements in den Lenkungsausschuss eingeladen. Bei unserer ersten Kraftfeldanalyse hatten wir diese als „Einflussreiche Förderer" nach rechts oben positioniert. In der ersten Lenkungsausschuss-Sitzung waren alle von dem präsentierten Entwurf für das neu einzuführende Personalentwicklungs- und Variable-Vergütungs-Konzept begeistert. Wir arbeiteten an der weiteren Ausarbeitung und gingen frohen Mutes in den zweiten Lenkungsausschuss. Dort bekamen wir ohne Vorwarnung derartig einen auf die Mütze, dass wir gar nicht wussten, wie uns geschah. Was war passiert?

Zwischen den Lenkungsausschuss-Sitzungen hatten wir den Auftraggeber informiert. Dieser war der Vorstandsvorsitzende der Bank, der es sich vorbehielt, seine Vorstandskollegen zu informieren. Das hatte er aber wohl so autoritär („Ich bin das Gesetz!") angegangen, wie es nach späterer Info des Personalleiters wohl das übliche Verfahren war. Die beiden anderen Vorstandsmitglieder hatten daraufhin ihre unterstellten Manager, die Mitglieder des Lenkungsausschusses waren, in die Schlacht geschickt; dies wohl mit dem Auftrag, „Feuer von vorn" zu geben. Der Lenkungsausschuss wurde damit zu einem Stellvertreterkrieg, um sich gegen die mangelnde Kollegialität des Vorstandsvorsitzenden zu wehren. In der daraufhin aktualisierten Kraftfeldanalyse war der Großteil der vorherigen „Einflussreichen Förderer" zu „Einflussreichen Widersachern" geworden, wenn auch nicht intrinsisch motiviert, so doch von „höherer Gewalt" beordert. Vernünftige Projektarbeit war damit unmöglich geworden, das Projekt zum Tode verurteilt und nur durch eine Klärung des Konfliktes auf Vorstandsebene zu retten. Sie können sich denken, dass diese Rettung des Todeskandidaten ausblieb. Der Verkauf der Bank und Eingliederung in eine größere und die damit verbundenen Rochaden an der Führungsspitze lösten das Problem dann auf ihre Weise ...

Wenn man bei der Stakeholder-Analyse alles richtig gemacht hat, dann wurden die Stakeholder im Vorfeld vollständig erfasst, richtig in ihren Interessen eingeschätzt und passende Maßnahmen für sie geplant und umgesetzt, sodass alle Stakeholder sich durch das Projektteam richtig informiert und eingebunden fühlten. So behält man seine Position im Driverseat und hat sich an eine weitere Goldene Regel gehalten:

Goldene ZuP-Regel

Managen Sie Ihre Stakeholder lieber proaktiv.
Ansonsten werden Sie gemanagt!

4.3.6 Projekt-Cockpit: die wichtigsten Informationen auf einen Blick

Durch die Komplexität, die ein Projekt üblicherweise mit sich bringt, ist es als Projektleiter erfolgskritisch, die wesentlichen Planungs- und Steuerungselemente jederzeit im Blick zu haben. Dies ist insbesondere dann eine echte Herausforderung, wenn man mehrere Projekte leitet und/oder nebenher noch Aufgaben in der Linie zu verrichten hat. Bei solchen „Multi-Jobs" muss man sich so mit seinen Unterlagen präparieren, dass man sich z. B. bei einem Anruf zu einem der geleiteten Projekte schnell in das jeweilige Projekt hineindenken und damit vernünftig Auskunft geben kann, obwohl man vorher gedanklich in eines der anderen Projekte vertieft war. Zu diesem Zweck habe ich für mich das Instrument des Projekt-Cockpits entwickelt. Darin bilde ich die wichtigsten Elemente ab, die man als Projektleiter ständig parat haben sollte. Angesichts meines vielfältigen Aufgabenspektrums als Berater/Projektleiter/Trainer/Coach/Moderator kann ich einfach nicht alle laufenden Themen auswendig lernen, sodass ein solch zentrales Informationselement zu einer echten Überlebenshilfe wird.

Bestandteile des Projekt-Cockpits sollten sein:

1. Ziele des Projektes,
2. kritische Erfolgsfaktoren,
3. Rollen und Gremien (mindestens Auftraggeber, Projektleiter und Lenkungsausschuss),
4. Projektstrukturplan,
5. Balkenplan,
6. Ressourcenplan,
7. Unterschriftszeile für den Auftraggeber, um den jeweiligen Stand freizugeben.

Dieses Projekt-Cockpit sollten Sie bei nennenswerten Veränderungen in der Projektplanung aktualisieren und ausdrucken. Dazu einfach die Planungselemente kopieren und als Grafikbaustein einfügen. So lässt sich das auf einer Folie gut zu dem unten abgebildeten Projektcockpit arrangieren. In Farbe auf Din A3 (auf Din A4 gefaltet und links gelocht) sollten Sie es dem Auftraggeber, dem Lenkungsausschuss und allen Teilprojektleitern regelmäßig übergeben. Als farbiges MetaPoster auf Din A0 sollte es im Projektbüro oder beim Projektleiter in einer aktuellen Fassung an der Wand hängen. So hat man kompakt alle wichtigen Steuerungsinformationen auf einen Blick verfügbar und verliert diese nicht aus den Augen. Gerade das Poster erleichtert das Im-Blick-Behalten und Durchsprechen. Man kann sich mit Käffchen in der Hand davorstellen und mal eben schnell draufschauen und Stakeholder informieren. Dies ist insbesondere dann ein gutes Vorgehen, wenn diese eine „Folienschlacht-Allergie" haben.

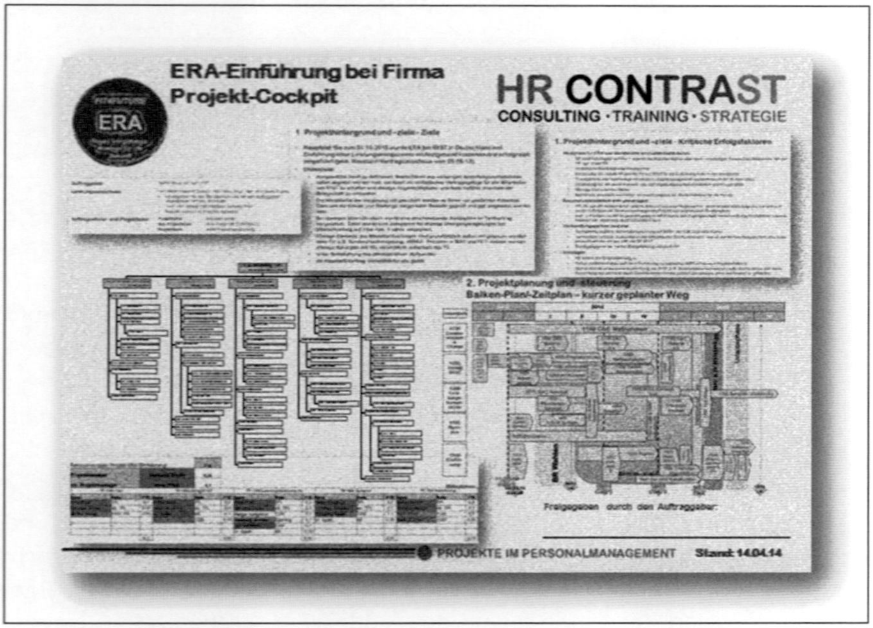

Abbildung: Projekt-Cockpit (Beispiel wurde zur Anonymisierung etwas unscharf dargestellt)

4.4 Entscheidende Momente im Projekt gestalten

Während die Inhalte zur Planung und Steuerung von Projekten eigentlich einen recht übersichtlichen Umfang in einem Buch über Projektmanagement einnehmen, gäbe es für die „weichen Themen“ wie Führung des Projektteams und Gestaltung der zwischenmenschlichen Situationen im Projektmanagement eigentlich kaum Grenzen. Das liegt daran, dass die Vielfalt der vorkommenden Situationen unbegrenzt ist. So könnte man fast das komplette Wissen über Mitarbeiterführung und zahlreiche benachbarte Kompetenzfelder wie Moderation, Kommunikation, Konflikt- und Krisenmanagement, Change Management, Vermarktung der Projektinhalte, Motivation der Projektbeteiligten und vieles andere mehr als Projektleiter im Laufe eines Projektes gut gebrauchen. Die Schwierigkeit ist also nicht, ein dickes Buch zu diesen vielfältigen Themen zu schreiben, es ist die Kunst, sich zu begrenzen, sodass das Buch noch gekauft wird, weil man es angesichts des erträglichen Gewichtes noch in Händen halten mag und nicht auf dem Weg zur Kasse schon ein Ziehen im Rücken bekommt. Ich hatte im Vorwort bereits auf die Kapitel in unserem Buch „Führen mit dem Omega-Prinzip“ hingewiesen, die Sie ergänzend zu diesen

Ausführungen lesen könnten. In den folgenden Unterkapiteln fokussiere ich mich deshalb zugunsten eines angemessenen Umfangs des Buches auf ausgewählte entscheidende Momente und Situationen in Projekten und dem jeweils dazu hilfreichen Wissen sowie nützlichen Erfahrungen, Hilfsmitteln und Methoden.

4.4.1 Projekt-Kick-off gestalten: damit der Start kein Flop wird

Während Sie als sich Projektleiter bereits seit den ersten Gedanken „an Bord" eines Projektes befinden, startet für die meisten Mitglieder das Projekt erst mit dem Kick-off. Dies allerdings nur, wenn Sie es richtig gemacht haben und das Kickoff erst nach der Verifikation der Grobplanung durch den Auftraggeber durchführen.

Neuro-Tipp

Sie können nicht zu viel Zeit investieren, um die Teilnehmer mit Leib und Seele an Bord zu bekommen. Wenn Sie Projektmitarbeiter dabeihaben, die sich selbst nicht zur Gruppe gehörig fühlen, dann wird es deutlich schwerer, Ergebnisse zu erzielen. Die Prozesse von empfundener Mitgliedschaft zu einer Gruppe sind unbewusst. Wenn Mitarbeiter nicht auf der Beziehungsebene abgeholt werden, dann reagieren sie so, wie es das Gallup-Institut bei dem Großteil der Mitarbeiter beschreibt: 60 % verrichten ihre Aufgaben — mehr nicht.
Neurobiologisch clever ist es, zu Beginn eines unternehmenskritischen Projektes eine Woche als Kick-off einzuplanen, am besten an einem tollen Ort, an dem man auch arbeiten kann. Ziel ist aber, den Fokus auf das Team zu legen und es zusammenwachsen zu lassen. Die dort investierte Summe amortisiert sich später um ein Vielfaches, wenn das Team gemeinsam schneller Konflikte löst und vertrauensvoller zusammenarbeitet.

Nehmen Sie sich viel Zeit für das Zusammenwachsen der Gruppe.

Weil der Punkt so wichtig ist, möchte ich ihn auf diese Weise wiederholen: Falsch wäre es also, wenn Sie den Kick-off auf Basis weniger Vorgedanken mit einem Kreis von mehr oder minder willkürlich zusammengetrommelten Teilnehmern durchführen. Denn dann würden Sie noch viel zu wenig über das Projekt wissen und schon festlegen, wer das Projekt stemmen soll. Das geht naturgemäß schief. Denn wenn Sie dann im Verlaufe der genaueren Beschäftigung mit der zu leistenden Arbeit merken, dass Sie eigentlich andere Kompetenzen und andere Verfügbarkeiten bei den Projektteam-Mitgliedern benötigen, um den idealen Weg bis zum erfolgreichen Abliefern Ihres Projektes zu beschreiten, dann müssen Sie die zu früh an Bord gebetenen Kollegen wieder aus dem Projekt herauskomplimentieren. Das versteht dann aber nicht jeder, weil Begründungen wie diese wenig glaubhaft erscheinen: „Bei genauerer Betrachtung ist Ihre kostbare Arbeitskraft an anderer Stelle im Unternehmen für die Wertschöpfung von viel größerer Bedeutung, weswegen ich Sie einlade, den Platz im Projekt für einen anderen, viel weniger für den Erfolg des Unternehmens wichtigen Kollegen freizumachen …" Da ist es ehrlicher zu sagen, dass man jemanden viel zu früh und leichtfertig verpflichtet hat und nun doch jemand anderen benötigt, schönen Dank und guten Weg! Solche Momente sollten Sie aber am besten gar nicht erst produzieren. Deshalb halten Sie sich an folgende Reihenfolge:

1. Grobplanung abschließen und mit Auftraggeber verifizieren.
2. Optimale Ressourcen für die geplanten Rollen gewinnen (unter Berücksichtigung von Eignung und Verfügbarkeit).
3. Bei Matrix-Organisation: Ressourcenteilung mit zuständigen Linienführungskräften abstimmen.
4. Kick-off planen und die geplanten Ressourcen dazu einladen.
5. Kick-off!

Eine gute Definition für den Kick-off lautet:
Das erste Zusammentreffen des Teams, das bis zum Ende das Projekt zusammen bearbeiten soll.

Dieser Moment ist damit ein ungemein wichtiger, denn während Sie selbst und vielleicht der engste Projektleitungskreis schon das Projekt verstanden haben und hoffentlich Feuer und Flamme für die erfolgreiche Bearbeitung sind, müssen die anderen Projektmitglieder einen Auftakt erleben, der sie mitreißt und ihnen die Zuversicht vermittelt, dass hier Leitungskräfte am Werk sind, die wissen, was sie tun, und mit denen man sich auf die gemeinsame Reise machen kann. Hier gilt folgende Regel:

Goldene ZuP-Regel
Projekt Kick-off: Sag mir, wie ein Projekt beginnt, und ich sage Dir, wie es endet! Deshalb gestalten Sie diesen erfolgskritischen Moment mit guter Vorbereitung und hoher Konzentration!

Bei der Planung und Durchführung eines Kick-offs gibt es einiges zu beachten, damit es wirklich ein gelungener Auftakt wird, deshalb hier einige Tipps dazu:

- **Schaffen Sie Management-Attention**: Laden Sie Ihren Auftraggeber für ein Grußwort ein. Idealerweise hält dieser eine „Brandrede", in der er die Bedeutung des Projektes für strategische Ziele oder sonstige Erfolgsbeiträge des Projektes für das übergeordnete Wohl herausstellt. Damit wird allen Beteiligten klar, dass sie sich nicht nur für den Projektleiter ein oder mehrere Beine ausreißen sollen, sondern dass ihre Arbeit auch an übergeordneter Stelle Beachtung finden wird und zu einem höheren Unternehmensziel einen wichtigen Beitrag liefern soll. Aus bitterer Erfahrung rate ich aber dazu, dem Auftraggeber vorher zu soufflieren, was das Team von ihm hören sollte. Nicht alle Auftraggeber schätzen diese sensible Startsituation richtig ein und setzen dann unbedarft und aus der Hüfte geschossen die falschen Akzente und Signale. Dazu eine kleine Anekdote:
  Eins meiner Projekte sollte die gesamte Personalabteilung auf neue und moderne Füße stellen, kein Stein wäre auf dem alten Platz verblieben. Da dieses Ziel durch den Personalleiter selbst gesetzt worden war, hatte ich dazu geraten, sich mit dem Geschäftsführer Personal einen geeigneten Auftraggeber zu suchen, der ein offizielles Mandat für diesen proaktiven Komplettumbau erteilt, damit man nachher nicht ohne einen offiziellen Auftrag in der Tasche gegen Windmühlen des Top-Managements ankämpfen muss. Aufgrund dieser Konstellation war natürlich ein Briefing des für das Ziel gewonnenen Auftraggebers hinsichtlich der richtigen Rückenwind-Worte sehr wichtig. Trotz dieses Briefings stellte der Auftraggeber nach einem guten und unserem Briefing entsprechenden Start im Verlaufe seiner Rede plötzlich den Projektauftrag infrage. Es fing zwar positiv unterstützend an, bis dann unvermittelt die Botschaft kam, dass er ja eigentlich auch nicht so recht wisse, was das alles soll und er ja eigentlich ganz zufrieden mit der Leistung der Abteilung sei. Das war natürlich Brandbeschleuniger in die Feuer der „Wir machen weiter wie bisher"-Beteiligten. Der Kick-off verlor etwas an Schwung und es bedurfte danach einiger Kraftanstrengungen, das unvermittelt infrage gestellte Zielfoto wieder ins rechte Licht zu rücken.
- **Machen Sie eine Vorstellungsrunde**: Wenn sich nicht alle gut kennen, sollte man eine kurze Vorstellungsrunde durchführen. Dabei ist wichtig, dass jeder vom anderen weiß, welche Rolle er einnimmt und welche Kompetenzen er einbringen kann. Bei größeren Projektteams kann man das auch als Aufstellung im Raum erlebbar machen. Dazu benötigen Sie nur eine größere Fläche, auf der sich jeder Beteiligte kurz wie bei einem Organigramm hinstellt und Namen, Rolle, Erwartungen und Beitrag zum Projekt erklärt. Am besten vorneweg der Auftraggeber, dann Projektleiter und Stellvertreter (wenn vorhanden), etwaige

Sonderrollen wie Projektkoordinator, -berater, -controller und dann die Teilprojektleiter und ihre Stellvertreter sowie weitere Teilprojektmitglieder. So entsteht eine visuelle Vorstellung davon, wie das Projektteam zusammenspielen soll. Dieses Vorgehen kann man auch noch anreichern, indem alle Projektmitglieder z. B. als Give away ein T-Shirt mit einem Projektslogan oder ein Baseballcap mit dem Namen des Projektes geschenkt bekommen und sich damit als Teammitglied erkennbar an ihrem Platz im Projektteam-Organigramm vorstellen.

- **Geben Sie einen aktuellen Überblick über die Projektplanung:** Zeigen Sie noch einmal alles, was bisher geplant wurde. Weisen Sie aber daraufhin, dass dies die Grobplanung ist, die es nun gilt, gemeinsam und insbesondere mit den Teilprojektleitern weiter ins Detail herunterzubrechen, um zur Feinplanung zu kommen.
- **Lassen Sie etwaige Teilprojektplanungen vorstellen:** Manchmal ist es notwendig, dass ein Teilprojekt bereits schneller voranschreiten muss oder kann als andere. Damit die anderen Teilprojekte etwaige Verzahnungen mit diesen bereits vorliegenden Planungen vornehmen können, muss der aktuelle Planungsstand präsentiert werden.
- **Klären Sie notwendige Rahmenbedingungen und Spielregeln für die erfolgreiche Zusammenarbeit:** Hier sollten Entscheidungsbefugnisse, Kommunikationsregeln, Datenspeicherung, Schutzworte für die Datensicherung, Projektinfrastruktur, wie z. B. ein Projektoffice, Regeltermine für Reviews etc., geklärt und vereinbart werden.
- **Bei Projektmanagement unerfahrenen Teilprojektleitern:** Lassen Sie die ersten Schritte bei der Teilprojekterarbeitung noch im Kick-off beginnen. Am besten bringen Sie vorbereitete Teilprojekt-Aktivitätenpläne auf Datensticks mit und bitten alle Teilprojektleiter, (wenn verfügbar) Laptops mitzubringen. Bei den Aktivitätenplänen sollten die ersten beiden Spalten (PSP-Nummer und PSP-Element-Bezeichnung) bereits mit den Infos aus dem PSP ausgefüllt sein. Damit können dann in einem Zeitfenster von ca. einer Stunde erste Vorgedanken für das Teilprojekt ausgearbeitet werden. Sie können in den Arbeitsgruppen gerne etwas helfen, damit die Erarbeitung in Schwung kommt. Dadurch ist der Bann gebrochen und alle trauen sich an die Planungsarbeit mit den Instrumenten heran. Die weitere Ausarbeitung kann dann nach dem Kick-off geschehen.
- **Sorgen Sie für die Entwicklung von Teamgeist:** Dazu kann man z. B. Teamaufgaben einbauen, mit denen man spielerisch die Zusammenarbeit üben kann. Ich nutze dafür unterschiedliche Übungen, die auch in Trainings zum Einsatz kommen. Das entsprechende Material inklusive ausführlicher Spielanweisung kann man bei der Firma Metalog auf deren Website www.metalog.info kaufen. Immer gerne erlebt werden z. B. die beiden nachgenannten Übungen:

  - **„The Tower of Power"**: Dies ist eine Übung, bei der man einen Turm aus Holzbausteinen bauen soll. Aufgrund einiger Erschwernisse (Steine stehen in einem Säureteich, man selbst darf die Steine nicht anfassen, dafür gibt es einen Baukran, bei dem alle mit anpacken müssen etc.) ist das knifflig, macht aber Spaß und liefert üblicherweise ein erstes Erfolgserlebnis als Team, wenn dann am Ende ein hoher Turm steht und man sich zu einem Teamfoto dahinter aufstellt. Dieses Foto kann dann immer wieder in Erinnerung rufen, dass man als Team von Anfang an gut zusammengearbeitet hat.
  - **Der schwebende Stab**: Dabei balancieren alle Beteiligten Schulter an Schulter einen leichten Stock auf ihren Fingern und sollen diesen waagerecht auf den Boden legen. Eine Regel ist dabei, dass alle den Stab jederzeit mit allen Fingern berühren sollen. Durch diesen leichten Druck von unten fängt der Stab i. d. R. erstmal an zu „schweben" bzw. er geht nach oben statt nach unten. Erst wenn man in einen Rhythmus kommt, in dem einer z. B. „runter, runter, runter …" vorbetet, gelingt es, den Stab waagerecht abzulegen. Der erlebte Rhythmus symbolisiert dabei die wiederkehrenden Reviews und Kommunikationsschleifen im Projekt. So kann man auch erklären, warum man diese Projektrituale benötigt, damit man unterwegs nicht strauchelt und scheitert wie bei der Übung mit dem Stab.
- **Vereinbaren Sie die nächsten Schritte nach dem Kick-off:** Nichts ist schlimmer als ein toller Kick-off und dann gehen alle nach Hause und fragen sich: „Was kommt eigentlich jetzt?" Die nächsten Termine und Arbeitsschritte müssen klar besprochen und vereinbart werden. Am besten terminiert man gleich das erste Projektreview und legt die bis dahin zu verrichtenden Arbeiten fest. Wenn dann die Projektmitglieder wieder an ihren Arbeitsplatz zurückkehren, dann ist bereits die Einladung zum ersten Projektreview als Mail und die Projektdokumentation angekommen und alle können direkt darauf hinarbeiten.
- **Sprechen Sie ein Schlusswort:** Drücken Sie am Ende des Kick-offs Ihren Dank an alle Teilnehmer aus und drücken Sie unbedingt Ihre Zuversicht aus, dass dieses Team die Herausforderung erfolgreich stemmen wird. In keinem Fall darf das letzte gesprochene Wort ein zauderndes, ängstliches oder von Bedenken getragenes sein. Sollte einer der Teilnehmer eine solche Litanei anstimmen, dann müssen Sie das entkräften und selbst das letzte positiv gestimmte Wort sprechen.

Je nach Komplexität des Projektes würde ich für den Kick-off ein Zeitfenster von einem halben oder einem ganzen Tag ansetzen. Planen Sie lieber mehr als zu wenig Zeit ein. Denken Sie an die Wichtigkeit dieses Startmomentes. Wenn Sie hier schon wegen Zeitmangel durchhetzen, haben alle Beteiligten bereits während der Veranstaltung das miese Gefühl, dass sie mal wieder an Bord eines Schnellzuges mit ungewissem Ziel unterwegs sind. Dieses Gefühl dann wieder abzuschütteln, ist schwerer, als es gleich richtig anzugehen. Wenn Sie für den Kick-off den Vormittag oder den ganzen Tag einplanen, empfehle ich, ein gemeinsames Mittagessen auf Kosten des Unternehmens auf die Agenda zu nehmen. So können sich alle in angenehmer Atmosphäre noch etwas besser kennenlernen. Denken Sie daran, wie wichtig es ist, dass Sie schnell ein Team formen. Das Kennenlernen gehört dazu, damit nicht nur Funktionen, sondern Personen miteinander arbeiten.

Meinem Plädoyer für die Wichtigkeit eines gelungenen Auftakts durch einen gelungenen Kick-off möchte ich ein weiteres Plädoyer folgen lassen, und zwar, wie wichtig es ist, nach dem professionellen Start ebenso professionell weiterzumachen, denn der eigentliche Weg zum Projekterfolg ist nach dem Kick-off üblicherweise noch lang.

4.4.2 Projekt-Gates moderieren: Türen, durch die man zur nächsten Phase kommt

Im Verlaufe eines Projektes sollten die Phasenübergänge als bewusste Übergänge gestaltet werden. Man rauscht nicht von einer Phase zur anderen bis zum Ende des Projektes; man durchschreitet in ganz systematisch ablaufenden sogenannten „Gates" den Übergang von einer Phase in die nächste. Sie stellen Türen dar, die erst noch geöffnet werden müssen oder eben auch verschlossen bleiben. Neben dem Kick-off sind deshalb die Gates die wichtigsten Momente in einem Projekt. In diesen muss die Projektgruppe in der Regel dem Lenkungsausschuss oder einem speziell für die Gates zusammengestellten Team beweisen, dass es sich lohnt, die nächste Phase einzuläuten.

Natürlich kann man solche Gates ganz individuell gestalten. Aber es hat sich bewährt, die nachfolgenden Schritte einzuhalten:

1. **Qualität der Informationsbasis**: Man prüft, ob die Informationen, die durch das Projektteam eingebracht werden, ausreichend und vollständig sind, um darauf aufbauend eine Entscheidung für den Übergang zur nächsten Phase treffen zu können.
   - Wenn dies gegeben ist, dann geht man zum nächsten Schritt.
   - Wenn es nicht gegeben ist, dann muss die Projektgruppe an den entsprechenden Lücken nachbessern und erneut zum Gate einladen.

2. **Attraktivität des Projektes**: Anschließend prüft man, ob die Informationen ein so attraktives Bild vom Projekt beschreiben, bzw. das Projekt einen so hohen Nutzen stiftet, dass sich die Fortführung unter Einsatz der notwendigen Mittel lohnt.
   - Wenn dies gegeben ist, dann geht man zum nächsten Schritt.
   - Wenn es nicht gegeben ist, dann sollte man das Projekt stoppen. Dies ist eine mutige, aber sinnvolle Entscheidung. Als Projektleiter sollten Sie sich nicht gezwungen fühlen, einmal begonnene Projekte „gnadenlos" bis zum Ende durchzuführen. Wenn Sie als am besten über das Projekt informierte Person das Gefühl entwickelt haben, dass sich der ganze Aufwand des Projektes am Ende nicht lohnen und kein angemessener Return on Invest entstehen wird, dann sollten Sie es sein, der dem Lenkungsausschuss eine Einstellung des Projektes vorschlägt. Das wäre ein hohes Zeichen von Professionalität und keinesfalls der häufig verspürte Offenbarungseid oder womöglich ein Zeichen Ihrer persönlichen Inkompetenz als Projektleiter. Denken Sie immer daran: Man sollte nicht „gutes Geld schlechtem hinterher werfen". Ihre wertvollen Ressourcen sind sicher an anderer Stelle im Unternehmen viel wertschöpfender nutzbar als in einem unattraktiven, aussichtslosen Projekt. An dieser Stelle sei die „Weisheit der Dakota-Indianer" in Erinnerung gerufen, die lautet: „Wenn Du merkst, dass Du ein totes Pferd reitest, steig ab!" Im Anschluss an meine ernsthaften Ausführungen in diesem Kapitel können Sie noch ein paar humorvoll gemeinte Erfahrungen zur obigen Indianer-Weisheit lesen, die aber allesamt auf Beobachtungen aus der Praxis beruhen.
3. **Timing und Ressourcen:** Im dritten Schritt prüft man, ob der Zeitpunkt zum Übertritt in die nächste Phase passend ist. Es könnten in diesem Prüfungsschritt z. B. folgende Erkenntnisse gesammelt werden:
   - Die internen Ressourcen für die erfolgreiche Umsetzung der nächsten Phase stehen zurzeit nicht zur Verfügung, weil sie durch andere Aufgaben und Projekte gebunden sind. Man müsste diese zunächst einmal loseisen, soweit dies machbar wäre.
   - Externe Ressourcen stehen auch nicht sofort zur Verfügung oder müssten erst gesucht, beauftragt und eingearbeitet werden (vorausgesetzt, es steht dafür überhaupt Budget zur Verfügung).
   - Aufgrund eines Ressourcenengpasses verzögert sich eine erfolgreiche Umsetzung des Gesamtprojektes, sodass die erhofften Projektergebnisse erst zu spät abgeliefert werden können. Manchmal liegt es auch gar nicht an irgendwelchen Engpässen, sondern einfach daran, dass es keine Beschleunigungsmöglichkeit gibt, auch wenn man mehr Ressourcen in das Projekt hineinpumpen würde. Wenn Sie z. B. ein neues Pharmaprodukt auf den Markt bringen wollen, aber Ihr Lieferzeitpunkt durch die Freigabeprozedu-

ren verzögert wird und dadurch deutlich nach vergleichbaren Produkten von Wettbewerbern an den Start gehen würde, dann kann man damit ggf. kein erfolgreiches Geschäft mehr betreiben. In manchen Märkten gilt nun mal: „The second mover is the first loser!“

Je nach Ergebnis der Prüfung zu Timing und Ressourcen ergeben sich wiederum zwei Optionen für das weitere Vorgehen:

- Wenn Timing und Ressourcen passen, dann geht man zum nächsten Schritt.
- Wenn Ressourcen nicht zur Verfügung stehen und man warten kann, dann legt man die weitere Arbeit auf Eis, bis die Ressourcen zur Verfügung stehen. Wenn dies möglich ist, eist man die internen Ressourcen frei und/oder beschafft extern Ressourcen, um baldmöglichst die nächste Phase einzuläuten
- Ist es unmöglich, Ressourcen rechtzeitig an den Start zu bringen, und ist eine Verschiebung des Projektes nach hinten nicht sinnvoll, beendet man das Projekt. Diese Alternative ist aber selten das Gebot der Stunde, da man ja vorher eine Attraktivität bestätigt hat. Sollten im Unternehmen weniger attraktive Projekte die benötigten Ressourcen binden, so sollte man über ein „auf Eis legen“ dieses Projektes zugunsten der Umsetzbarkeit des gerade zu prüfenden Projektes nachdenken. So könnte man die Ressourcen neu allokieren.

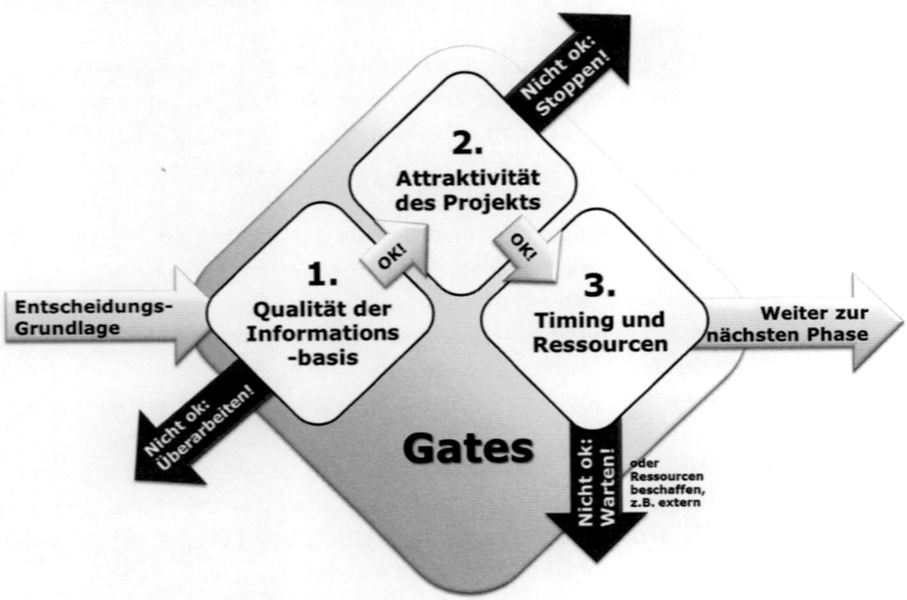

Abbildung: sinnvolle Gestaltung von Gates

„Totes-Pferd-Projekte“

Hier nun noch die versprochenen Beobachtungen, wie die „Totes-Pferd-Projekte“ in Unternehmen häufig behandelt werden. Nehmen Sie die Ausführungen bitte nicht zu ernst, aber seien Sie offen für das Erkennen von vergleichbaren Verhaltensweisen in Ihrem Unternehmen und stoßen Sie lieber mutig die professionelle Beendigung von unattraktiven Projekten an:

- Wir erklären, dass unser Pferd besser, schneller und billiger tot ist. Beschönigen geht schon mit guten Worten, die kosten nicht mal etwas.
- Wir stellen das tote Pferd bei jemand anderem in den Stall und behaupten, es sei seines. Also neuen Auftraggeber benennen, bis der es merkt, dass es nach Tod riecht.
- Wir besorgen eine stärkere Peitsche, d. h., wir erhöhen den Druck auf das Projekt.
- Wir wechseln den Reiter, ein neuer Projektmanager wird es sicher besser machen auf dem toten Projekt.
- Wir erhöhen die Qualitätsstandards für den Beritt toter Pferde, also mehr Projektcontrolling und -reporting!
- Wir bilden eine Task Force, um das tote Pferd wiederzubeleben; also externe Projekt-Auditoren und danach frische Projektressourcen reinpumpen!
- Wir schieben eine Trainingseinheit ein, um besser reiten zu lernen; wir senden den Projektleiter zu einem Seminar „Projekte in Krisen managen“.
- Wir ändern die Kriterien, die besagen, ob ein Pferd tot ist; wir setzen die Projekt-Ziele herunter.
- Wir kaufen Leute von außerhalb ein, um das tote Pferd zu reiten. Berater mit Projekterfahrungen, die einen neuen Auftrag benötigen und alles annehmen, egal wie tot es ist, gibt es immer.
- Wir erklären: „Kein Pferd kann so tot sein, dass man es nicht noch schlagen könnte.“ Also noch mehr Druck!
- Wir machen zusätzliche Mittel locker, um die Leistung des Pferdes zu erhöhen. Also gutes Geld schlechtem hinterherwerfen.
- Wir frieren das Pferd ein und warten auf eine neue Technik, die es uns ermöglicht, tote Pferde zu reiten. Also vertagen statt beenden.
- Wir stellen fest, dass die anderen auch tote Pferde reiten und erklären dies zum Normalzustand! Wer sagt denn, dass Projekte nicht genauso sein müssen?
- Wir ändern die Anforderung von „reiten“ in „bewegen“ und erteilen einen neuen Entwicklungsauftrag. Oder wenn man das tote Pferd schon nicht reiten kann, dann kann es doch wenigstens eine Kutsche ziehen! Also Projektziele umformulieren, dann passt es wieder.

4.4.3 Projekt-Rhythmus: wie man das Projekt auf Touren hält

„Keep the fire burning", halte das Feuer am Brennen, das ist das Motto und die Aufgabe für den Projektleiter während des oft langen und anstrengenden Weges bis ins Projektziel. Damit die Aufmerksamkeit für und die Konzentration auf die Arbeit am Projekt nicht schleichend erlahmt, muss man einen Rhythmus finden, der die Beteiligten regelmäßig dazu zwingt, sich wieder in ihre Projektaufgaben hineinzudenken und geplante Aktivitäten auch zu bearbeiten. Um das Feuer zu schüren, empfehle ich — natürlich unter Berücksichtigung der Dauer des Projektes und Ihres jeweiligen Zeitplans sowie der darin geplanten Meilensteine — folgende wiederkehrenden Momente einzuplanen:

- **quartalsweise** ein ganztägiges Lenkungsausschuss-Meeting, in dem Sie
  - an die Ziele und Ihre Planung erinnern (am besten mit Blick auf das aktuelle Projekt-Cockpit);
  - aktuelle Zwischenstände der Projektarbeit vorstellen und sich dazu Feedback einholen;
  - notwendige Entscheidungen auf Basis Ihrer Entscheidungsvorschläge treffen lassen (siehe nächstes Unterkapitel);
  - Ausblick geben auf das weitere Projektgeschehen.
- **monatlich** ein ganztägiges Projektreview mit allen Teilprojektleitern und ausgewählten Mitgliedern des Projektteams, deren Arbeitsergebnisse aktuell im Fokus des Projektes stehen. Dabei sollten Sie eine Standardagenda haben (Durchsprechen aller Teilprojekte), die Sie jeweils auf die aktuellen Schwerpunkte zuschneiden.
- **monatlich** zum letzten Freitag des Monats Erstellung und Lieferung eines Teilprojekt-Statusreports durch die Teilprojektleiter an die Projektleitung (am besten gleich zu Beginn als Serientermin einrichten). Daraus erstellen Sie dann einen Statusreport zum Gesamtprojekt, den Sie an den Lenkungsausschuss senden.
- **zweiwöchentlich die Durchführung** eines Teilprojekt-Reviews pro Teilprojekt. Zwei Stunden sind dafür meist ausreichend, bei wichtigen anstehenden Teilprojektthemen kann dies aber auch mal ein gemeinsamer Teilprojekt-Workshop sein. Halten Sie sich bei den Teilprojektreviews an die jeweilige Aktivitätenplanung. Verlangen Sie eine Zusendung der aktualisierten Fassung und hangeln Sie sich durch dieses Planungsinstrument. Das zwingt die Teilprojektleiter, nah an ihrer Planung zu arbeiten und nicht drauflos zu wurschteln, obwohl in der Startphase des Projektes alles schön geplant war.
- **wöchentlich** jeweils an einem festen Tag (am besten montags) Durchführung von Meetings („Jour fixes") mit dem Projektleitungsteam (Projektleiter plus Stellvertreter und, wenn vorhanden, etwaige Projektoffice-Teammitglieder). Dabei sollten Sie die in der jeweiligen Woche anstehenden Themen besprechen und anschieben.

Die obigen wiederkehrenden Momente sollten im Rahmen des Kick-offs besprochen und vereinbart werden. Danach sollten Sie als Projektleiter die jeweiligen Terminserien mindestens für die Hälfte der Laufzeit des Projektes bereits im Voraus einstellen. Damit sind in den Kalendern der Beteiligten „Pflöcke eingeschlagen“, die allen klarmachen, dass sie den Schwung nicht verlieren dürfen, weil der nächste Moment bereits sichtbar ist, an dem sie beweisen müssen, dass es bei ihren Projektaufgaben vorangeht.

Neuro-Tipp

Unser Gehirn mag wiederkehrende Ereignisse: Diese kosten keine Energie, weil es Automatismen werden. Wir speichern zum Beispiel unseren Weg zur Arbeit ab und können diesen mehr oder weniger „im Schlaf“ fahren. Wenn wir uns für einen anderen Weg entscheiden, brauchen wir mehr Glukose. Alles, was Sie ritualisieren können, sollte auch ritualisiert werden. Immer der gleiche Termin, immer der gleiche Ort, immer die gleiche Sitzordnung. Dann steht die Glukose für die wichtigen Entscheidungen zur Verfügung.

Schaffen Sie Rituale.

Für die Statusreports beinhaltet die ZuP-Toolbox in der Projektdokumentation in Powerpoint vorbereitete Templates für die Teilprojekte und das Gesamtprojekt. Darin enthalten sind einige Informationsblöcke, die grundsätzliche Infos zu den Teilprojekten liefern (Teil-/Projektziele/-aufgaben aus der Projektlogik, Ressourcen, Start und Ende). Diese müssen nur bei Änderungen angepasst werden. Der monatliche Update-Aufwand betrifft den Bereich der „Wesentlichen Änderungen“. Hier muss jeweils eine Rückschau vorgenommen werden, was sich seit dem letzten Report getan hat. Hier sollten aber auch anhängige und ausstehende Entscheidungen erwähnt werden, die z. B. beim Lenkungsausschuss liegen und auf Entscheidung warten. Weiterhin sollte erklärt werden, welchen Status das Projekt auf einer Ampel aktuell hat. Sollte die Ampel nicht auf Grün, sondern auf Gelb oder sogar Rot stehen, dann muss dies im Text erklärt und es muss beschrieben werden, was nötig wäre, um die Ampel wieder zurück auf Grün zu bekommen.

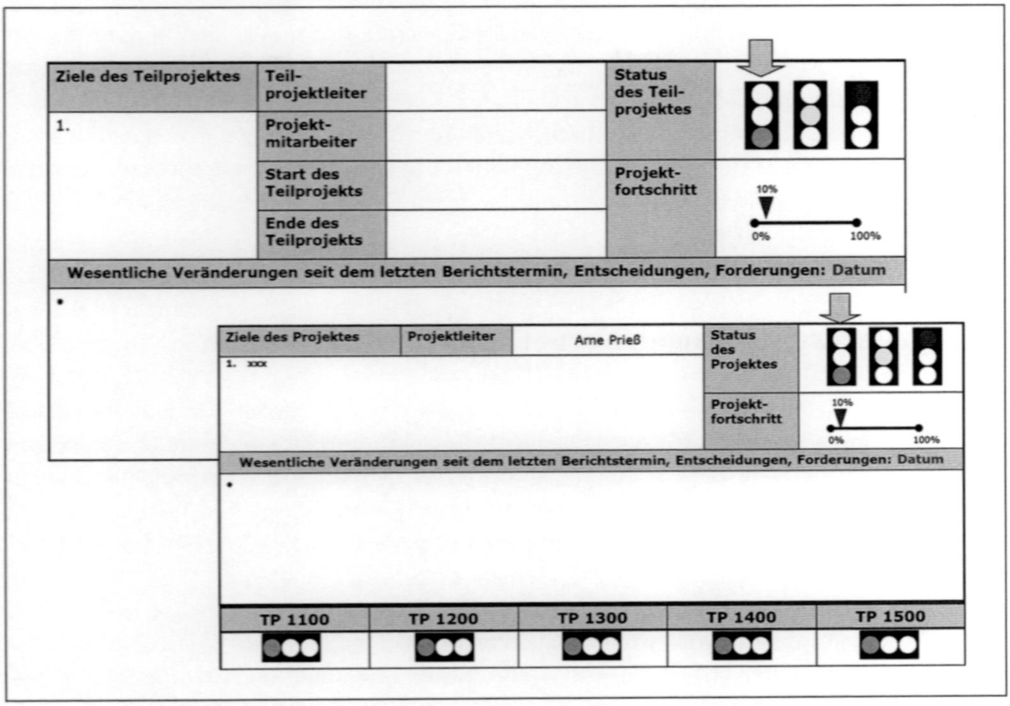

Abbildung: Statusreports für Teilprojekte und das Gesamtprojekt

Die Ampel kann durch Farbänderung der Kreise oder durch Verschieben eines Pfeils auf die jeweilige Ampelfarbe geschaltet werden. Erfahrungsgemäß neigen die Teilprojektleiter dazu, die Ampel immer auf Grün zu schalten, auch wenn ihnen das Wasser bis zum Hals steht. „Erziehen bzw. ermutigen" Sie sie aber dazu, die Ampel auch als Signalgeber zu nutzen. Wenn ein Teilprojekt nicht weiterkommt oder gerade in Zeitschwierigkeiten reinrauscht, weil z. B. eine wichtige Entscheidung durch den Lenkungsausschuss nicht getroffen wird, dann muss die Ampel auch mal auf Rot stehen. Nur dann „schrecken" die Verursacher solcher Verzögerungen auf und kommen „aus dem Quark". Mut zur Farbe ist also die Devise! Der kleine Fortschrittsbalken kann genutzt werden, um den Stand der Bearbeitung mit einem Blick aufzuzeigen. Dabei reicht es sicherlich aus, in 5%-Schritten zwischen 0 und 100 % zu springen. Es geht hierbei nur um ein Gefühl, wo das Teil-/Projekt steht.

Als Projektleiter sollten Sie den Gesamtstatusbericht inklusive anhängiger offener Entscheidungen in dem vereinbarten Rhythmus an den Lenkungsausschuss versenden und im Mailanschreiben kurz auf etwaige gelbe oder rote Ampelschaltungen hinweisen. Das erleichtert dem Lenkungsausschuss den gezielten Blick in den

Report. Mit Ihrem Auftraggeber sollten Sie den Statusreport kurz besprechen. Das ist jeweils ein guter wiederkehrender Moment zwischen den Lenkungsausschusssitzungen, bei dem man persönlich Sorgen und Nöte, aber auch Stimmungen und Hintergrundinformationen austauschen kann. Im direkten Kontakt lassen sich ausstehende Entscheidungen sicher schneller abholen, als wenn man darauf wartet, dass der Statusreport aus dem „großen Ozean der Mails" gefischt wird. Proaktive und persönliche Kommunikation war in solchen Fällen schon immer ein beschleunigender Katalysator!

4.4.4 Entscheidungen herbeiführen und einholen

Auf einem langen Projektweg muss regelmäßig entschieden werden, wie es weitergehen soll. Damit solche Momente bewusst durchlebt und gute und analytisch abgewogene Entscheidungen getroffen werden, sollte man ein Verfahren anwenden, bei dem das „Prinzip der Schriftlichkeit" berücksichtigt wird. Hierbei wird nicht einfach nur kurz diskutiert und dann mal schnell aus dem Bauch heraus entschieden („decision by stomach"). Vielmehr sollte

A. im Vorfeld die Entscheidung vorbereitet,
B. diese dem Auftraggeber bzw. Entscheider präsentiert und
C. dann auf Basis der Vorarbeit eine gute Entscheidung getroffen werden.

Bitte denken Sie immer daran, dass nicht eine schnelle Entscheidung, sondern eine gute Entscheidung zum Erfolg eines Projektes beiträgt. Gut sind Entscheidungen nur dann, wenn verschiedene Entscheidungsoptionen abgewogen wurden und wenn sie die Lösung eines Problems nachhaltig und wirksam unterstützen. Damit dies gelingt, sollte man bei anstehenden Entscheidungen in Projekten nach folgenden 6 Schritten vorgehen:

Goldene ZuP-Regel

Verwenden Sie 6 „goldene" Schritte bei der Entscheidungsfindung:

1. **Definiere den Sachverhalt** bzw. das Problem, das zur Entscheidung ansteht,
   1. auf der Sachebene (was ist faktisch los?) und
   2. auf der Beziehungsebene. (Wie wird der Sachverhalt durch die Beziehungen der handelnden Personen untereinander beeinflusst?)
2. **Definiere den Zielzustand** nach Umsetzung einer Entscheidung bzw. Lösung des Problems!

3. **Finde Entscheidungs-/Lösungs-/Handlungsoptionen!** Also nicht das Erstbeste entscheiden, was einem in den Sinn kommt, sondern erstmal brainstormen, was man alles tun könnte. Dadurch nimmt man sich die Zeit, alle möglichen Optionen zu verstehen.
4. **Finde Vor- und Nachteile** der Optionen und wäge diese ab!
   Achtung: Achten Sie bitte darauf, dass Sie bei der analytischen Vor- und Nachteilsabwägung nicht nur (bewusst oder unbewusst) versuchen, die intuitiv bereits entschiedene Option im Nachhinein zu begründen. Deshalb rate ich dazu, sich ehrlich folgende Frage zu beantworten: Habe ich mich bereits vorentschieden? Wenn Sie dies bejahen müssen, dann machen Sie einen „roten Merker“ auf diese Option und betrachten Sie diese im nachfolgenden Prozess besonders kritisch. Spielen Sie „Devils Advocat“ gegenüber dieser vorentschiedenen Option. Dann haben Sie eine bessere Chance, sich am Ende für die wirklich beste der gefundenen Optionen zu entscheiden.
5. **Streichen Sie die Optionen**, die aufgrund der Vor-/Nachteilsabwägung wegfallen, weil die Nachteile überwiegen!
6. **Entscheiden Sie sich für** die übrigbleibende Option, die das Problem auf Sach- und Beziehungsebene am besten lösen kann!

Um dieses Verfahren anzuwenden, benutzen Sie die Templates aus der Toolbox (in der Projektdokumentation in Powerpoint). Geben Sie diese an denjenigen, der eine Entscheidung benötigt, und lassen Sie die Entscheidung vorbereiten. Lassen Sie es niemals zu, dass man Ihnen das Problem „vor die Füße kippt“. Verlangen Sie immer, dass man Ihnen nach dem beschriebenen Schema einen Entscheidungsvorschlag vorbereitet. Genauso sollten Sie es auch gegenüber Ihrem Auftraggeber halten. Das unterstützt dessen Zeitmanagement und hilft auch ihm, eine gute Entscheidung zu treffen.

Manchmal gibt es bereits eine Vorentscheidung in eine Richtung oder es gibt keine Alternative. Auch für diese „Einweg-Entscheidungen“ enthält die Toolbox ein Template. Dabei gibt es dann keine Alternativen und keine Vor-/Nachteilsabwägung, sondern nur die Ausgestaltung der Entscheidung (siehe Abbildung unterer Teil). Tragen Sie dem jeweiligen Entscheider den Entscheidungsvorschlag vor und diskutieren Sie den Vorschlag mit ihm. Wenn dann der Entscheider (ganz häufig sicher der Auftraggeber) seine Wahl getroffen hat, tragen Sie dies in das Template inklusive etwaiger Adjustierungswünsche und Ergänzungen ein. Dann drucken Sie das Template aus und nehmen nach Unterschrift des Auftraggebers eine Version zu Ihren Projektunterlagen. Das elektronische Template speichern Sie in der Projektdokumentation ganz hinten ab. Am besten machen Sie sich dort einen Unterordner „Entscheidungen". Natürlich können Sie auch eine separate Datei als Entscheidungs-Sammlung erstellen. Wichtig ist, dass Sie die Entscheidungen parat haben, wenn man nachvollziehen will, warum man welchen Weg eingeschlagen hat. Anschließend müssen noch die Auswirkungen einer Entscheidung in die Projektplanung integriert und die betroffenen Projektmitglieder informiert werden, damit diese die Entscheidung bei ihrem weiteren Vorgehen berücksichtigen können.

Hier als Fazit noch eine Zusammenfassung für den Umgang mit Entscheidungen:

A. Treffen Sie selbst keine wichtige Entscheidung bzw. lassen Sie vom Auftraggeber keine wichtige Entscheidung ohne vorherige schriftliche Ausarbeitung und Vorliegen eines Entscheidungsvorschlages treffen!
B. Lassen Sie die letztendliche Entscheidung durch den Entscheidungsbefugten unterschreiben und heften Sie diese bei Ihren Unterlagen ab!
C. Berücksichtigen Sie die Auswirkungen der Entscheidung in der Projektplanung!
D. Informieren Sie Betroffene und veranlassen Sie die Berücksichtigung der Entscheidung und der adjustierten Projektplanung!

Sollten Sie einen solchen Entscheidungsprozess für überflüssig halten, dann werden Sie in Ihren Projekten zwei Phänomene erleben:

- Sie haben regelmäßig **Dejavus**, bei denen Sie Folgendes denken werden: „Irgendwie kommt mir das Thema bekannt vor, haben wir dazu nicht schon mal entschieden? Ich kann es nicht mehr erinnern, na, dann entscheiden wir es erneut und freuen uns auf das nächste Dejavu zum gleichen Sachverhalt."
- Wenn ein Projekt durch schlechte, aber schnelle Entscheidungen an die Wand gefahren wurde, kann sich niemand mehr daran erinnern, wo der Absturz ins Verderben angefangen hat. Aber einen **Schuldigen** wird man ebenso schnell finden und dann noch schneller entscheiden, dass es der Reiter im Sattel war, der an allem schuld ist! Der hätte das Projekt eben besser managen sollen, dieser fahrlässige Dummbeutel …

Problem-beschreibung		
Optionen des Handelns	**Vorteile**	**Nachteile**
1.		
2.		
3.		
4.		
5.		
Die Projektgruppe empfiehlt dem Lenkungsausschuss eine Entscheidung für Option:		
1	**Weil:** Xxx	
Entscheidung des Lenkungsausschusses am: Datum	Umsetzung der Option: **xxx** Bis: **xxx** Unter folgenden Rahmenbedingungen: **xxx** Zusatzbudget: **xxx €**	

Entscheidungsthema	
Die Projektgruppe empfiehlt dem Lenkungsausschuss eine Entscheidung mit folgenden Vorgehen:	
1. **2.** **3.** **4.** **5.**	
Die Projektgruppe empfiehlt dem Lenkungsausschuss eine Entscheidung mit folgenden Auswirkungen:	
Zeitliche Rahmenbedingungen: xxx **sonstige Rahmenbedingungen:** xxx **Zusatzbudget:** xxx €	
Entscheidung des Lenkungsausschusses am: Datum	**xxx**

Abbildung: Templates für Entscheidungen mit mehreren Optionen und für „Einweg-Entscheidungen"

Neuro-Tipp

Lassen Sie etwas Zeit zwischen dem Finden von Lösungsalternativen und der Entscheidung. In vielen sozialwissenschaftlichen Studien wurde belegt, dass unsere Entscheidungsqualität zunimmt, wenn wir zu einer Fragestellung die Informationen sammeln und dann eine Nacht darüber schlafen oder zumindest eine Gedankenpause zu dieser Entscheidung einschieben. Wenn wir uns vorübergehend wenig auf ein Thema konzentrieren, dann fällen wir anschließend eine bessere Entscheidung.

Die Grundlage von Entscheidungen sind natürlich viele Informationen, der Erfolgsschlüssel ist dann die Pause.

4.4.5 Kommunikation in virtuellen Projektteams mit dem ViKoM-Prinzip

Projektteams haben die „dumme Angewohnheit", dass sie mit Beteiligten aus dem ganzen Unternehmen und oft zusätzlich mit Externen besetzt werden und die Teammitglieder obendrein ihre Büros oft landesweit oder sogar international verteilt haben. Kurz gesagt: Man kennt sich kaum und sitzt weit voneinander entfernt. Also ist nichts mit: „Alle mal kurz herkommen, ich habe etwas zu verkünden!" Kommunikation in solch virtuellen Teams benötigt deshalb andere Mechanismen, um zu funktionieren. Um diese Herausforderung in den Griff zu bekommen, habe ich das VIKoM-Prinzip (Vertrauen-Inhalt-Kommunikations-Medien-Prinzip) entwickelt. Dieses bringt drei Komponenten in der Kommunikation in einen Zusammenhang:

- **V**ertrauen unter den Projektmitgliedern
- **I**nhalte der Kommunikation
- **Ko**mmunikations-**M**edien

Insbesondere in der Phase des Vertrauensaufbaus im Projektteam muss Kommunikation persönlich gestaltet werden, also mit echter körperlicher Anwesenheit. Denn Kommunikation funktioniert zu 80 % aus nonverbaler und nur zu 20 % aus verbaler Kommunikation. Man muss sich schon etwas besser kennen, damit man sich z. B. am Telefon oder per Mail auch wirklich verstehen kann, da dann die wertvolle Körpersprache und die damit übermittelten zusätzlichen Informationen nicht zur Verfügung stehen. Erst nach einem ausreichenden persönlichen Kennenlernen und dem damit wachsenden Vertrauen kann mit Bild und Ton (Videokonferenz oder Skype) und dann auch zunehmend telefonisch bzw., wenn nicht anders machbar, per Mail kommuniziert werden. Ich weiß, dass dies nicht leicht umsetzbar ist, aber Sie sollten die Ideallösung in der Kommunikation wissen und die in der Realität sicher regelmäßig vorkommenden Abweichungen und deren Gefahren erkennen. Die Wahl des Kommunikations-Mediums sollte aber nicht nur durch den Grad des Vertrauens bestimmt werden, sondern auch durch den Komplexitätsgrad des Inhalts einer Kommunikation. Umso komplexer und anspruchsvoller der Inhalt ist, desto höher ist der Bedarf an einem persönlichen „Ich schau Dir in die Augen"-Austausch. Konflikte und Verhandlungen z. B. per „Ping-Pong-Mail-Stakkato" zu führen, ist deshalb grober Unfug. Wenn Sie bei so etwas auf cc stehen, dann sollten Sie als Projektleiter sofort einen Keil hineintreiben und die Beteiligten an den Tisch holen.

In diesem Zusammenhang möchte ich eine Erfahrung aus vielen Projekten, bei denen ich in führenden Rollen beteiligt war, mitteilen:

Projektführung (ausschließlich) per Mail funktioniert nicht, hat es noch nie und wird es auch in Zukunft nicht!

Auch wenn es bequem ist, als Projektleiter von morgens bis abends im stillen Kämmerlein zu sitzen und seine Gedanken immer gleich an den großen Verteiler zu mailen, so muss man doch meist feststellen, dass sich nach der Mailkanonade nicht allzu viel bei den Projekt-Mitarbeitern getan hat. Ein Mail ist eben nur ein Kommunikationsimpuls, aber keine ausreichende Kommunikation, aus der erfolgreiche Projektarbeit entsteht. Und das Mail ist umso untauglicher, desto weniger man die Empfänger kennt und umso komplexer der zu kommunizierende Sachverhalt ist. Angesichts der obigen Einschränkungen kann man eigentlich nur dazu raten, in den ersten Phasen eines Projektes so viel wie möglich mit Präsenz-Treffen und Bild- und Ton-Medien zu arbeiten.

Dass die Realität natürlich meinem beschriebenen VIKoM-Prinzip nicht immer folgen will, mag folgende kleine Anekdote verdeutlichen: Bei einem internationalen HR Projekt wollte der Projektauftraggeber Reisekosten sparen und meinte, dass die Vorbereitung für das Outsourcing von Personalmanagement-Prozessen in den jeweiligen Ländern per Telefon geschehen soll. Man stelle sich vor, wie man telefonisch einem chinesischen Übersetzer auf Englisch Fragen zu fachlichen HR Details stellt, dieser es dann im Rahmen seiner Möglichkeiten (begrenztes HR Wissen und begrenztes Englisch) im Hintergrund mit den chinesischen Verantwortlichen auf Chinesisch bespricht und dann versucht, auf Englisch die Antwort zu übermitteln. Bei dieser obskuren Situation hätte man keinerlei Eindrücke von der nonverbalen Kommunikation, die gegebenenfalls verraten hätte, dass die chinesischen Verantwortlichen mit großem Fragezeichen im Gesicht die übersetzten Fragen schon gar nicht verstanden haben und deshalb die Antworten — von den Übersetzungsschwächen mal ganz abgesehen — keinen inhaltlichen Nutzen stiften können und damit das Projekt nicht voranbringen. Angesichts solcher „Ich spar mir die Reisekosten"-Szenarien waren mir meine Projektmitarbeiter dankbar, dass ich dem Auftraggeber den Reisekostensparplan ausreden konnte und die Kommunikation vor Ort im persönlichen Austausch dann doch ermöglicht wurde. Und selbst das war noch eine Herausforderung. Mir wurde berichtet, dass die Übersetzungsqualität echter Murks war, man dies aber wenigstens schnell anhand der Reaktion der Anwesenden erkennen konnte. Trotz der geschilderten Kommunikationserschwernisse wurde am Ende aber das Outsourcing erfolgreich vorbereitet. Und ein Blick auf die chinesische Mauer war auch noch möglich ...

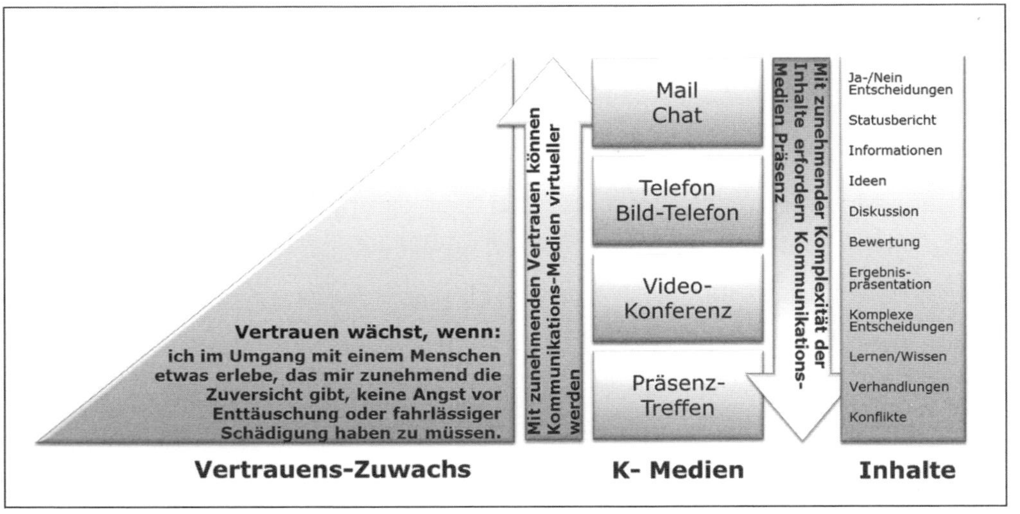

Abbildung: VIKoM-Modell (Vertrauen-Inhalts-Kommunikations-Medien – Modell)

4.5 Projektmanagement-Standards implementieren am Beispiel der Firma Hochland

Ein vorbildliches Vorgehen bei der Einführung professionellen Projektmanagements in einer international aufgestellten Unternehmensgruppe zeigt das nachfolgende Beispiel der Firma Hochland. An dieser Stelle bedanke ich mich bei dem Vorstand der Unternehmensgruppe für die Genehmigung zur Verwendung dieses Beispiels. Sicher wird das Vorgehen bei einer Implementierung so deutlicher, als wenn ich im Allgemeinen verbleibe.

Die Hochland SE ist ein Familienunternehmen mit Sitz in Heimenkirch im Allgäu. Seit seiner Gründung im Jahre 1927 hat sich das Unternehmen ausschließlich auf die Herstellung und den Vertrieb von Käse konzentriert. Hochland beschäftigte zum Zeitpunkt des Projektes mehr als 4.100 Mitarbeiter in 8 Ländern und 11 Produktionsstätten. Das Unternehmen ist national und international in allen bedeutenden Käsesegmenten vertreten; Käse aus dem Hause Hochland wird in rund 30 Ländern vertrieben. Das Unternehmen schöpft seinen Erfolg aus kontinuierlichen Innovationen und einer globalen Zusammenarbeit in Projekten über die Landesgrenzen hinweg. Gerade in diesem internationalen Umfeld galt es, für strategische und komplexe Vorhaben einheitliche Vorgehensweisen zu definieren und hohe

Prozess-Standards vorzugeben. Hochland entschied sich auch angesichts der steigenden Anzahl von Projekten in der Unternehmensgruppe, ein Projekt zur „Einführung von Projektmanagement-Standards" durchzuführen, das ich als Trainer und Berater unterstützen durfte.

4.5.1 Bausteine für eine erfolgreiche Projektmanagement-Standard-Einführung

Dieses Projekt umfasste die folgenden Bausteine:

1. **System**: Hochland erarbeitete sich die wesentlichen Prozesse und Tools und gab einheitliche Standards gruppenweit vor. Neben der Festlegung des übergeordneten Hauptprozesses wurden auch spezielle Projektprozesse für Innovations- und Investitions-Projekte festgelegt und eine Software (cProjects) ausgewählt und implementiert. Um eine strategische Priorisierung von Projekten zu gewährleisten und die Organisation und ihre Ressourcen nicht durch zu viele Projekte zu überladen, wurde am Ende des Projektes mit meiner Unterstützung ein Projektportfolio-Management-Konzept entwickelt.

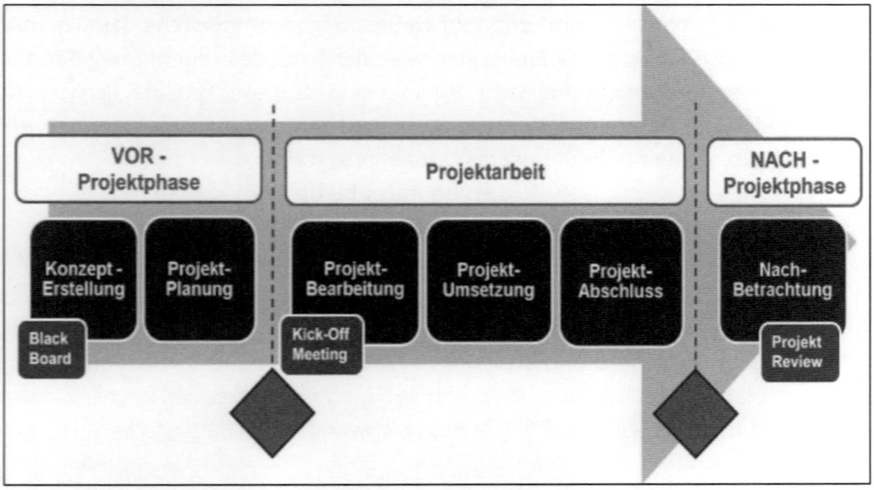

Abbildung: übergeordneter Hauptprozess „Projektmanagement bei Hochland" inkl. zwei Gates

2. **Manuals** (Nachschlagewerke): Alle Standards und Definitionen wurden in einem „Leitfaden zur Projektarbeit bei Hochland" zusammengefasst, der in mehreren Sprachen vorliegt. Neben diesem gedruckten Nachschlagewerk entwickelte Hochland ein Projektmanagement-Center im Intranet. Hier finden alle Beteiligten Zugang zu den Standards und Tools und zur Projektmanagement-Software cProjects, über die auch das Projekt-Reporting geschieht.
3. **Skills** (Kompetenzvermittlung): In Trainings galt es, allen beteiligten Personen die einheitlichen Standards aus dem ersten Baustein „ System" zu vermitteln und mit professionellem Projektmanagement-Know-how zu untermauern. International wurden zum Roll out ca. 250 Auftraggeber von Projekten, Projektmanager und noch einmal genau so viele Projektmitarbeiter trainiert. Heute werden regelmäßig Projektmanager- und -mitarbeiter-Trainings und für die Projektmanager nach 6 Monaten zusätzlich Refresher-Trainings durchgeführt. Als einer der Erfolgsgaranten für eine nachhaltige Einführung wurden auch die Auftraggeber von Projekten geschult. Insgesamt wurden bis heute ca. 75 Trainings durchgeführt.

Neuro-Tipp

Lernen ist ein Zuwachs von neuronalen Verbindungen. Diese Verbindungen bilden sich besonders gut, wenn gelacht wird. Ein Lernen ohne Spaß ist neuronal viel schwieriger und langwieriger. Eine Veränderungskultur sollte so witzig wie möglich sein, dann entsteht Neues. Leider ist meistens das Gegenteil der Fall, auch weil uns Glaubenssätze wie „der Ernst des Lebens" begleiten. Nichts könnte aus biologischer Sicht dümmer sein als dieser Leitsatz. Lernen und Veränderung als ernsten Prozess zu begreifen, beraubt uns einer der größten Stärke, die wir haben: unseres Dopamin-Systems.

Lernen muss lustig sein!

4. **Prozess- und Qualitätscontrolling:** Zur Sicherstellung einer gleichbleibenden Qualität in der Anwendung der Projektmanagement-Standards werden im Rahmen der Refresher-Trainings für die Projektmanager anhand mitgebrachter Beispiele aus laufenden Projekten kritische Betrachtungen in Form eines Marktplatzes durchgeführt; dies erinnert die Projektmanager noch einmal an den Nutzen als auch an ihre Pflicht zur Anwendung der Standards.

Einen wesentlichen Beitrag zum Erfolg des Projektes leistete das Teilprojekt „Skills". Ein guter Standardprozess und sinnvolle Tools finden nur dann nachhaltigen Eingang in den Projektalltag, wenn die handelnden Personen ein grundsätzliches Verständnis von Projektmanagement im Allgemeinen entwickelt haben. Dazu gehört aber auch, dass die Beteiligten den Prozess mit hoher Akzeptanz und Spaß an der

Methodik verinnerlichen. Dafür wurde eine entsprechende Didaktik für die Trainingsreihe entwickelt, die neben den Standards

1. ein gemeinsames Grundlagenverständnis vermittelte,
2. das Handwerkszeug für die Planung und Steuerung von Projekten bereitstellte sowie
3. eine kompakte Auswahl von Arbeitsmethoden für die „weichen Faktoren", wie u. a. Kommunikation, Moderation und Führung, bot.

Für den Spaß an der Methodik sorgte eine sehr interaktive Trainingsgestaltung mit vielen Übungen und auflockernden „Aha-Momenten", die von den Teilnehmern durchweg als kurzweilig und anregend empfunden wurde. Das Training vermittelte neben den zukünftigen Pflichtprozessen, dass Projektmanagement keine „trockene Materie" ist, sondern eine hilfreiche Methode, mit der es gelingen kann, im Team gemeinsam komplexe Vorhaben zum Erfolg zu führen. In Teamübungen wurde beispielsweise vermittelt, wie schnell man sich ins Geschehen ziehen lässt, anstatt — wie vorher im Trainingsverlauf bereits vermittelt — erst einen Plan zu erstellen und dann an die Arbeit zu gehen. Lernen bedeutet eben nicht immer auch gleich richtig zu handeln. Auch wurde deutlich, was passiert, wenn einem Projektmanager die Führung entgleitet oder die Gruppendynamik die Bereitschaft zu einer riskanten Entscheidung steigert. Mit Kreativitätstechniken, wie der oben im Kapitel 4.3.2.1 erklärten „Haftzettelmethode" zur Erstellung von Projektstrukturplänen und Moderationstechniken, wurden die Projektmanager auf ihre erfolgskritische Rolle, u. a. im Kick-Off, vorbereitet.

4.5.2 Einbindung aller Ebenen

Auch die Projektmitarbeiter wurden mit einem eintägigen Training in den Grundzügen der Standards und in den Erfolgsprinzipien von guter Projektarbeit trainiert. So ist es Projektmanagern nun möglich, auf Stellvertreter, Teilprojekt-Manager und Projekt-Mitarbeiter zurückzugreifen, die sie aktiv bei der Projektarbeit unterstützen. Zusätzlich wurde ein kompaktes Aufbautraining für Mitarbeiter entwickelt, die aus der Rolle des Teammitglieds in die Projektmanagerfunktion kommen und weiterführende Aufgaben zu bewältigen haben.

Wohl die am häufigsten vernachlässigte „Zielgruppe" im Kompetenzaufbau für Projektmanagement sind die Auftraggeber von Projekten. Hochland hat diesen erfolgskritischen Baustein erkannt und eine Mischung aus Training und Workshop für diese Zielgruppe aufgesetzt. Hier wurden die Standards geschult und gleichzeitig Aufgaben und Beiträge der Rolle als Auftraggeber gemeinsam erarbeitet. Eine wichtige Erkenntnis vieler Auftraggeber war die Notwendigkeit, eine sehr aktive Führungsrolle gegenüber den Projektmanagern einzunehmen. Vielleicht kennen Sie es auch, dass Auftraggeber unvorbereitet zu Gates und Meetings des Steering Comitees erscheinen, sich an Kaffee und Keksen erfreuen und ansonsten die Show genießen und an den verschiedensten Stellen „herumkritteln". Was ein Projektmanager aber benötigt, ist ein aktiver, führender und helfender Rolleninhaber, der u. a. durch Sicherstellung der Rahmenbedingungen einen erheblichen Beitrag zum Erfolg des Projektes leistet. Angeregt durch die Weisheit der Dakota Indianer („Wenn Du merkst, dass Du ein totes Pferd reitest, steig ab") wurde u. a. das professionelle Zusammenspiel zwischen einem mutigem Projektmanager und einem Auftraggeber, der den strategischen Zielen des Unternehmens verpflichtet ist, diskutiert und folgende Erkenntnis festgehalten: Zum Misserfolg verdammte Projekte sollen — nach einer entsprechenden Analyse — lieber frühzeitig beendet werden, anstelle durch vergebliche Rettungsmaßnahmen den betriebswirtschaftlichen Schaden noch zu erhöhen.

Beim internationalen Roll out der Trainings war man sich einig, dass der Lernerfolg nur in der Landessprache ausreichend hoch ist. Man stelle sich vor, wie ich als Ostholsteiner in die weite Welt reise und auf Englisch versuche, Russen zu erklären, wie sich das deutsche im Allgäu sitzende Headquarter das Projektmanagement der Zukunft vorstellt. Ein Misserfolg beim Roll out wäre vorprogrammiert gewesen. Deshalb wurde zunächst ein englischsprachiges Training für ausgewählte internationale Ansprechpartner durchgeführt, um sie auf Inhalte und das geplante Vorgehen im Roll out vorzubereiten. Danach stellte ich als „Master-Trainer" über ein Train-The-Trainer-Konzept sicher, dass das Trainerteam für alle Länder (Russland, Polen, Rumänien, Frankreich, Spanien) die einheitlichen Standards weitergeben und alle Trainingsformate einheitlich anwenden konnte. Mittels der interkulturellen Erfahrungen der Trainer, die in der Regel aus dem jeweiligen Zielland stammten, wurden die Trainingsformate einer kulturellen Feinanpassung unterzogen. Alle Leitfäden und Trainingsunterlagen waren in der jeweiligen Landessprache verfügbar.

4.5.3 Lessons Learnt

Bei einem so umfangreichen Vorhaben gibt es einige Lernchancen. Darüber hinaus ist es natürlich auch ein Change Projekt mit allen naturgemäß zu erwartenden Widerständen und Herausforderungen. Einige besonders wichtige Erfahrungen sind als „Lessons Learnt" im Nachfolgenden zusammengefasst:

- **Hilfreiche Struktur versus Bürokratismus:** Standards und Tools werden von vielen als hilfreiche Anker für ihre Arbeit empfunden und akzeptiert. Einige aber empfinden sie als Bürokratismus und Zusatzaufwand, als zentrale Gängelung, wo vorher „drauflos gearbeitet wurde". Dies hat viel mit der Grundeinstellung zum eigenen Arbeiten zu tun. Aber auch zwischen den Kulturen gibt es erhebliche Unterschiede, was den Wunsch nach Struktur und Planung angeht. Dies als Projektverantwortlicher zu erkennen und, wo sinnvoll und machbar, durch flexiblere Vorgaben zu ersetzen, kann die Skepsis der Teilnehmer bezüglich der Einführung der Tools mindern.
- **Praxisanwendung des erworbenen Know-hows**: Dies sollte durch konkrete Projekte ermöglicht werden. Wer trainiert wurde, will auch anwenden und nicht auf sein erstes Projekt vergeblich warten. Deshalb sollte in der Teilnehmer-Nominierung eher zurückhaltender vorgegangen werden. Man bietet dann lieber sukzessive weitere Trainings an, wenn sich der konkrete Bedarf abzeichnet. So bleiben Lernen und Lerntransfer in zeitlich engerem Zusammenhang.
- **Projektmanagement-Know-how-Trainings und/oder/neben Software-Trainings:** Ich riet aus gutem Grund zu einer Trennung der Trainings. Projektmanagement-Know-how und -Standards wurden bewusst losgelöst von der neu eingeführten Software cProjects trainiert, um zu verdeutlichen, dass die Software nur ein hilfreiches Tool ist und nicht das Projektmanagement-Wissen und Standards ersetzen kann und soll. Den Projektmanagern war es übrigens freigestellt, ihre Zeit- und Aktivitätenplanung in der zentralen Software oder in Form von MS Office-Vorlagen zu erstellen. Verpflichtend waren nur die Anlage jedes Projektes in der Software und das Reporting, damit die Geschäftsführung einen zentralen Steuerstand über alle Projekte hatte. Im Laufe des Projekts sollte die Software durch KVP-Runden weiter an die Unternehmens-Anforderungen angepasst werden, um aufgrund steigender Usability der Software die Anwender kontinuierlich zu einer stärkeren Nutzung zu motivieren. Man wollte aber ganz bewusst keine Software-Nutzung erzwingen, was nach meiner Erfahrung ganz häufig in Gegenwehr mündet, ohne einen echten signifikanten Vorteil zu generieren.
- **„Keep the Fire burning" — Lernverluste und Refresher:** Naturgemäß verblassen Lerninhalte mit der Zeit, die disziplinierte und vollständige Anwendung vereinbarter Standards nimmt damit schleichend ab. Dies kann nur durch regelmäßige Refresher-Trainings verhindert werden. Dabei wurde das Wissen aufgefrischt, kritische Haltungen und Meinungen aufgegriffen und schrittweise weiteres Methodenwissen aufgebaut. Als weiterer Baustein zur Sicherung der Nachhaltigkeit müssen Auftraggeber konsequent fordern, was im Standard vereinbart und in den Trainings gefördert wurde. Nur so wird die Qualität und Disziplin nachhaltig gesichert.

4.5.4 Fazit

Projektmanagement-Standards-Einführungen sind wie wohl alle sonstigen Standardisierungs-Initiativen echte Kraftakte für eine Organisation. Naturgemäß tragen sie auch das Potenzial zum Rückfall in alte uneinheitliche Verhaltensweisen in sich, wenn man nicht stetig dranbleibt und die „Standard-Fahne" hochhält. Aber die Vorteile sind für ein Unternehmen angesichts der weiter oben erwähnten Risiken des „Abenteuers Wertvernichtung Projektmanagement" erheblich. Wenn man einen so vollständigen und systematischen Ansatz wie Hochland fährt und die Lessons Learnt beachtet, besteht aber begründete Hoffnung auf Erfolg der Initiative.

Dabei ist die durchgängige Verzahnung von Projektmanagement-Standards und Know-how-Vermittlung bei allen Beteiligten, vom Projektmitarbeiter über den Projektmanager bis zum Auftraggeber, die alles entscheidende Grundlage für eine erfolgreiche Verbesserung der Projektmanagement-Qualität und damit der entscheidende Baustein für das „Abenteuer Wertgestaltung Projektmanagement".

4.6 Toolbox für das Projektmanagement: bewährte Tools statt Bastelarbeit

In der ZuP-Toolbox, die Sie downloaden können (s. S. 1 im Buch), befinden sich für Ihr Projektmanagement einige arbeitserleichternde Instrumente, bestehend aus Dateien in Word, Excel und Powerpoint. Mit diesen Tools habe ich zahlreiche auch sehr komplexe Projekte geplant und gesteuert. Durch die Verwendung von handelsüblichen Formaten und keiner Projektmanagement-Standard-Software war ich mit meinen Kunden immer kompatibel und alle Beteiligten konnten die Tools ohne große Einweisung in Inhalt und insbesondere Software leicht anwenden. Das ist gegenüber einer Projektmanagement-Standardsoftware ein wichtiger Vorteil. Denn diese bedürfte einer Einarbeitung und einer bezahlten Lizenz, was eine Anfangshürde aufbaut, die man sich ersparen kann.

Natürlich verliert man mit den ZuP-Tools den Vorteil einer Standard-Software, die in der automatischen und vernetzten Nutzung von Eingabedaten in unterschiedlichen Darstellungsformen liegt. Aber die Tools bieten davon abgesehen etliche wirklich wichtige Vorteile:

- Es ist eine lizenzfreie Toolbox, im Buchpreis enthalten (Copyright by Arne Prieß von HR CONTRAST).
- Basis sind gebräuchliche MS-Office-Produkte (Powerpoint, Excel, Word), die i. d. R. jedermann bedienen kann.
- Die Vorlagen können leicht in Ihr Unternehmens-Corporate Design überführt werden; einfach Logo einbauen und los geht's.
- Das fest vorgegebene Schema zwingt zu einem standardisiertem Ablauf bzw. einer einheitlichen Anwendung.
- Die vorbereiteten Elemente sparen Zeit und helfen Techniken und Prozesse richtig anzuwenden.
- Man muss nicht jedes Mal erneut überlegen, was nötig ist, wenn man mal einige Monate kein Projekt geleitet hat.
- Man vergisst nichts, wenn man sich durch die Bausteine systematisch durcharbeitet.
- Man visualisiert und dokumentiert gleichzeitig, das spart Zeit in der Vorbereitung von Präsentationen.
- Man spricht „eine Sprache" über Abteilungen hinweg, wenn man sie in einem Unternehmen einheitlich einführt und anwendet.

Die Tools sind meist recht leicht zu verstehen und für einen lernwilligen Anwender schnell anwendbar. In vielen Teilen werden die Instrumente in diesem Buch ja auch abgebildet und erklärt. Bei den Excel-Tools sollten Sie auf Formeln in den Zellen und etwaige Bezüge achten und nicht gleich hineinschreiben. Bisher bin ich bezüglich der Komplexität von Projekten bei der erfolgreichen Anwendung an keine Grenze gestoßen. Aber es mag sinnvoll sein, dass Sie bei besonders hochkomplexen Projekten doch den Einsatz einer Projektmanagement-Standard-Software erwägen.

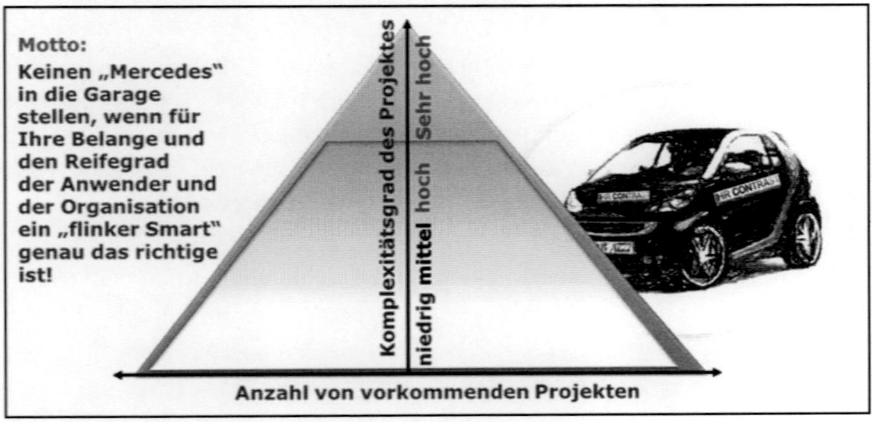

Abbildung: Einsatzbereich der Toolbox, ideal für niedrig, mittel und hoch komplexe Projekt

In der ZuP-Toolbox befinden sich folgende Dateien:

1. **Musterdokumentation** (Powerpoint) als
   1. roter Leitfaden und
   2. zentrales Projektplanungs- und -steuerungs-Instrument
   3. einschl. Vorlagen und Bausteinen für die Erarbeitung von Projektzielen, Projektstrukturplan, Balkenplan, Beteiligtenanalyse, SWOT-Analyse, Risikomanagement u. v. a. m.
2. **Ressourcen- und Budgetplanung** (Excel) für die
   1. Planung zeitlicher Notwendigkeit der Ressourcen,
   2. Berechnung der Kosten der Ressourcen und
   3. Berechnung sonstiger Kosten (Investitions- und Reisekosten).
3. **Teilprojekt-Aktivitäten-Pläne** (Excel und Word, deutsch und englisch) für einzelne Teilprojekte (Word) und als zentrales Planungstool für alle Teilprojekte (Excel).
4. **Weitere Instrumente** (Excel und Word) für verschiedene Planungs- und Steuerungs-Aspekte (Checkliste für Präsentation, Arbeitspaketbeschreibungen u. v. a. m.).

Die Dateien haben eine Zahl vor dem Namen. Diese weist darauf hin, in welcher der Projektphasen sie üblicherweise zum Einsatz kommen. Also umso kleiner die Zahl, desto früher der Einsatz.

Als zentrales Steuerungsinstrument möchte ich Ihnen die Musterdokumentation ans Herz legen. Mit ihr beginnt bei mir jedes Projekt. Einfach aufmachen, Namen in der vorgeschlagenen Weise in den Dateinamen schreiben, z. B.:

1_Projektdoku_Standortverlagerung_141201

und schon kann es losgehen. Sie müssen dann nur noch den Folien folgen und der Einstieg ist gefunden. Die wichtigen Folien pro Teilprojekt werden dann hinter den Trennblättern eingebaut und aktuell gehalten, dadurch haben Sie in einem zentralen Dokument wirklich alles beieinander und müssen nicht herumsuchen. Schauen Sie sich die Tools in Ruhe an, das meiste erschließt sich mit GMV.

5 Wenn einem trotz Zeit-/ Projektmanagement alles zu viel wird

Wenn Sie sich mit dem bisherigem methodischen Instrumentarium zu spät beschäftigt haben und Sie die Arbeit und/oder auch die Herausforderungen des Privatlebens überrollen und Ihnen einfach alles zu viel wird, dann sind Sie vielleicht schon von einem unter „Burnout“ in der Gesellschaft bekannten Problem betroffen.

Wir stellen immer häufiger fest, dass trotz aller Zeitmanagementbemühungen und aller Bemühungen, Projekte sauber zu planen und durchzuführen, die Anzahl der gestressten Mitarbeiter immer höher wird. Ein Phänomen dieser Zeit ist die Erschöpfung, die häufig als Burnout „diagnostiziert“ wird, obwohl sie eigentlich keine Diagnose im therapeutischen Sinne ist. Krankenkassen und Ärzte stellen immer mehr Fälle von Erschöpfung fest. Oft werden Überlastung am Arbeitsplatz, ständige Erreichbarkeit und zunehmender Druck als Ursachen genannt. In unserem Viereck von Krankheitsentstehung mögen dies zusätzliche Beschleuniger sein, der Lebensstil erklärt aber nicht vollständig das Erschöpfungsphänomen.

5.1 Die vier Faktoren von Erschöpfung

Schauen wir uns alle vier Faktoren der Erschöpfung bzw. von Burnout an:

1. **Kognitiv**: Ein sehr guter kognitiver Zugang zu unseren Motiven bieten Diagnoseverfahren wie der MBTI (Myers Briggs Typen-Indikator), das Reiss-Profil und der Stressverstärker-Test nach Kaluza.

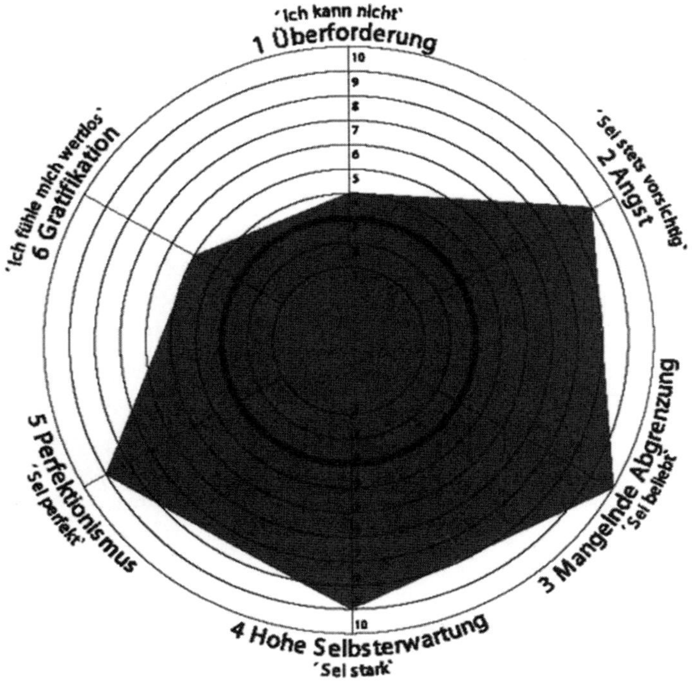

Abbildung: Kaluza Stressverstärker in der Version YourPrevention

Kaluza unterscheidet zwischen verschiedenen Antrieben, auch im sozialen Kontext. Keiner dieser Antriebe ist per se schlecht oder hinderlich, doch in ausgeprägter Form können sie uns behindern statt zu helfen. Wer immer perfekt sein möchte, wird für Aufgaben viel Zeit benötigen. Wer sich über diesen Antrieb bewusst ist, kann die Eigenschaft auf ein Normalmaß reduzieren. Die Tipps dazu finden Sie in Kapitel 2.1.1.4. Allein das kann schon effektive Burnout-Prävention sein.

2. **Emotionen**: Wir verbinden oft Emotionen mit Erschöpfung. Von der empfundenen Angst um den Arbeitsplatz bis zur Verzweiflung über die aktuelle Situation – dies ist die emotionale Seite von Erschöpfung.
3. **Sozial**: In einigen Unternehmen gibt es das unternehmenssoziale „Wer zuletzt das Licht ausmacht, ist am unverzichtbarsten"-Spiel. Es geht darum, wer am längsten an seinem Arbeitsplatz bleibt. Dies ist eine wahnwitzige Idee, um sich sozial in eine Erschöpfung zu treiben. Die Idee, unabhängig von der Menge der Arbeit länger zu arbeiten als andere und damit hohes Engagement als Arbeitnehmer zu demonstrieren, ist ein Beispiel für die soziale Komponente dieser Erschöpfungsphänomene.

4. **Biologisch** wird zunehmend klarer, dass wir nicht von einer Erschöpfungskrankheit sprechen können, sondern von einigen verschiedenen Erschöpfungskrankheiten. Pioniere auf diesem Gebiet sind der Trierer Psychologie Dirk Hellhammer und der Ulmer Hormonforscher Alfred Wolf (yourprevention). Beide haben Testverfahren entwickelt, die eine nähere Bestimmung der Erschöpfung zulassen. Die Testverfahren messen ein Cortisoltagesprofil und die Neurotransmitter Adrenalin, Noradrenalin, Dopamin und Serotonin. Dazu wird eine Herzfrequenzvariabilität über drei Tage erstellt und ein Fragebogen ausgefüllt. Im Zentrum für Leistungsmanagement ist dieser Test die Personal Balance Card. Anhand der Parameter werden die Leistungsfähigkeit und die Stressresistenz bestimmt.

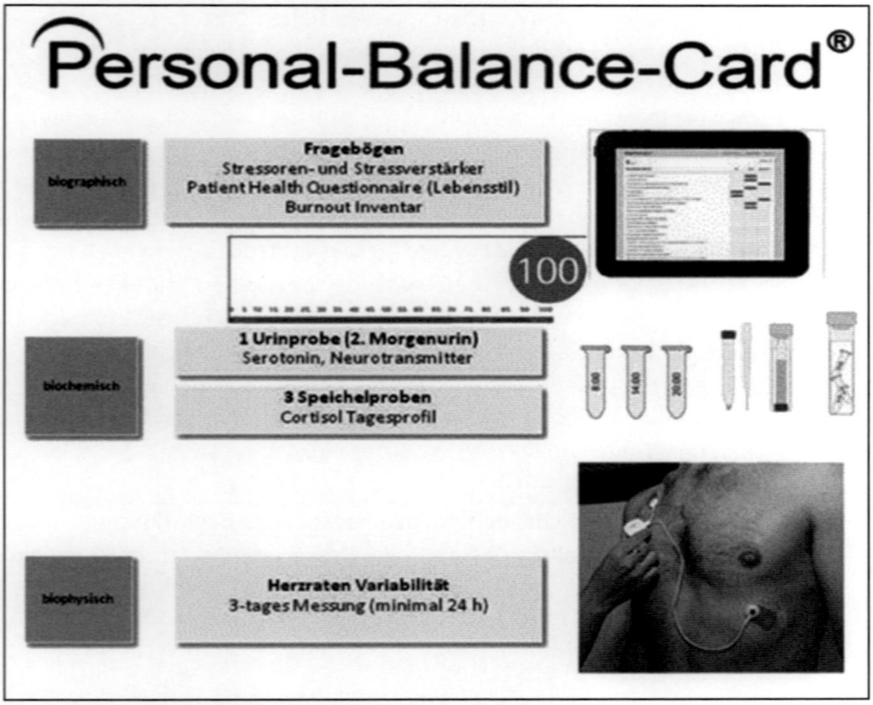

Abbildung: Personal Balance Card nach dem Integralen Stresstest von YourPrevention

Dieses gesamte Testpaket erhält der Kunde entweder von einem Stressmediziner oder von einer spezialisierten Institution wie dem „Zentrum für Leistungsmanagement". Man füllt dieses Paket zu Hause aus (die Neurotransmitter werden über Speichel und Urin bestimmt) und sendet sie zum Labor. Daraufhin erhält der Arzt oder Therapeut die Ergebnisse und bespricht die Maßnahmen mit dem Kunden. Es kann verschiedene biologische Formen der Erschöpfung geben, im Wesentlichen sind es die vier nachfolgend erläuterten.

5.2 Formen der Erschöpfung

1. Cortisolüberschuss am Abend
2. Cortisolmangel
3. Noradrenalinmangel
4. Serotoninmangel

5.2.1 Cortisolüberschuss am Abend

Bei Cortisolüberschuss am Abend hat sich der normale Tagesverlauf verformt. Normalerweise wachen wir morgens mit einem hohen Cortisolspiegel auf. Dies wird als CAR (cortisol awakening response) bezeichnet. Abends schlafen wir ein, weil Cortisol gewichen ist und Melatonin übernimmt. Bei einem umgekehrten Verlauf kommen die Menschen morgens nicht aus dem Bett und können abends nicht einschlafen. Eine Möglichkeit des nicht-medikamentösen Eingriffs besteht darin, morgens durch eine 10.000-Lux-Lampe eine CAR herzustellen. Der Betroffene schaut ca. 30 min in die Lampe, zum Beispiel beim Frühstück. Das sagt dem Gehirn: Es ist Mittag, volles Sonnenlicht, Aktivität. Die Aktivitätsphase wird dadurch angekurbelt. Ab 19.00 Uhr sollte man wie bereits in Kapitel 3.2 erwähnt keine anregenden Tätigkeiten unternehmen (kein Sport, kein Essen, kein Fernsehen, keine sozialen Kontakte) und eine blaulichtfilternde Brille tragen, sowie sich eventuell ein wenig Melatonin, ärztlich verordnet über einen Zeitraum von wenigen Wochen, zuführen. Die genaue Anleitung gehört in ärztliche bzw. in Coaching-Hände, an dieser Stelle ist nur wichtig:

**Es ist leicht, den Cortisolhaushalt zu beeinflussen.
Oft stellt sich allein dadurch eine Besserung der Erschöpfung ein.**

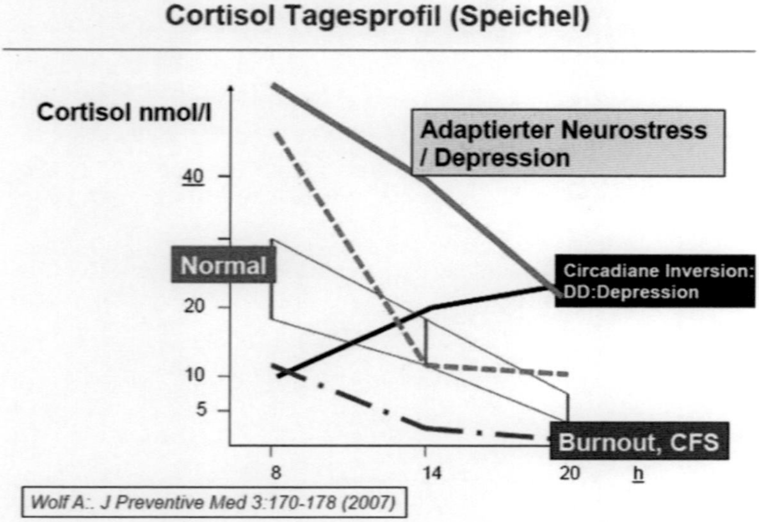

Abbildung: Unterschiedliche Cortisolverläufe nach Prof. Dr. Wolf YourPrevention

5.2.2 Cortisolmangel

Etwas schwieriger ist es bei einem absoluten Cortisolmangel. Die Nebenniere produziert zu wenig Cortisol. Folgen davon sind, dass man morgens nicht aufstehen will, mittags müde und abends erschöpft ist. Unser Vitalitätssystem springt nicht mehr an. Eine Psychotherapie hat es hier besonders schwer, weil die Hormone auf Nichtaktivität eingestellt wurden. Ohne einen Eingriff in den Cortisolhaushalt wird jede Maßnahme schwer — letztlich ist es Sache des Endokrinologen, also eines Hormonarztes. Oft sind Frauenärzte auf diesem Gebiet besonders bewandert.

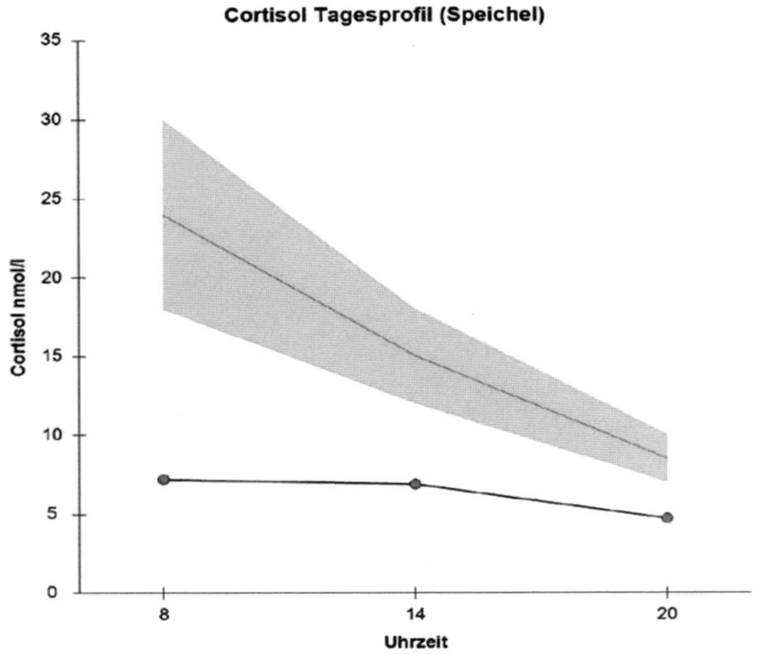

Abbildung: Cortisoltagesverlauf auf sehr erniedrigtem Niveau

Die Frage nach dem Warum ist hier nicht ganz leicht zu beantworten. Eine mögliche Antwort liefert die Hormonbiologie, indem sie die Nebenniere mit einer Gartenpumpe vergleicht: Wenn die Gartenpumpe ständig unter Volllast läuft, ist sie irgendwann erschöpft und verliert die Pumpenfunktion. Wahrscheinlich geht es der Nebenniere ähnlich. Wenn sie über Jahre und Jahrzehnte immer zu viel Cortisol produzieren musste, um den Anforderungen gerecht zu werden, ist auch sie irgendwann erschöpft.

Es gibt wahrscheinlich noch weitere Mechanismen, die mit Erschöpfung in Verbindung stehen. So konnte in einem bahnbrechenden Experiment an Ratten gezeigt werden, dass die Antenne für Cortisol im Gehirn, die sogenannten Glukocortikoidrezeptoren (GR) am Hippocampus, besonders sensibel auf mütterliche Ablehnung in den ersten Tagen nach der Geburt reagieren. Wenn die Mutter ihre Nachkommen nicht putzt, dann haben die Kinder weniger Rezeptoren und reagieren ängstlicher als die geputzten Ratten. Angst wird nämlich zu einem großen Teil nicht genetisch vererbt, sondern ist epigenetisch. Epigenetisch bedeutet, dass Gene für zum Beispiel Angst vorhanden sind, diese Gene können aber an- oder ausgeschaltet werden. Biologisch ist diese Reaktion extrem sinnvoll, denn die Mutter bereitet ihre Kinder auf eine gefährliche Welt vor. Die Anzahl der GR Rezeptoren kann also einen Einfluss darauf haben, wie Ratten ihre Welt wahrnehmen.

Moderne bildgebende Verfahren geben Hinweise darauf, dass diese Experimente auch gut auf Menschen übertragbar sind. Bei Irakveteranen hat man festgestellt, dass der Hippocampus, also der GR-Bereich, nach Jahren der Fronterfahrung deutlich geschrumpft war. Wenn die Antenne kleiner ist, muss das Signal größer werden. Bei kleiner werdender GR-Rezeptoren-Dichte müssen wir immer mehr Cortisol aufwenden, um den Alltagsdingen gerecht zu werden. Nun erschöpfen wir. Aus einem biologisch sinnvollen System, der Informationsweitergabe über eine gefährliche Welt, ist in unserer gefahrlosen Welt ein Erschöpfungssystem geworden.

Es gibt Hinweise darauf, dass selektive Serotonin-Wiederaufnahmehemmer, die momentan gängigsten Antidepressiva, genau an den GR wirken und den Hippocampus wachsen lassen. Diese Medikamente machen wahrscheinlich unsere Antenne größer und uns so stressunempfindlicher. Ein zentraler Botenstoff in diesem Mechanismus ist das bereits bekannte BDNF.

5.2.3 Noradrenalin-Mangel

Noradrenalin ist ein Hormon, das uns bei Flucht- und Kampfreaktionen unterstützt. Die Hormone Adrenalin, Noradrenalin und Dopamin sind sogenannte Catecholamine, die alle zu den anregenden Neurotransmittern zählen. Sie helfen uns, in anstrengenden Situationen sofort bereit zu sein, indem sie das sympathische (anregende) Nervensystem aktivieren. Im Vergleich zu Cortisol wirkt Noradrenalin viel schneller. Eine Erschöpfung hat zur Folge, dass ausgerechnet in ruhigen Phasen Symptome von Müdigkeit, Mattheit und Anfälligkeit für Infekte auftreten. Hellhammer nennt dies das „Post-Stress-Symptom".

5.2.4 Serotonin-Mangel

Ein Serotonin-Mangel ist häufig mit einer Erschöpfung verbunden, weil die lange Stressphase Serotonin reduziert. Eine weitere Begleiterscheinung eines Mangels ist eine Depression. Unser Gehirn stellt unser Wohlfühlhormon nicht mehr ausreichend her. Die Gründe können ein überaktives Immunsystem und/oder andere Belastungen sein.

Auch an einen Mangel an Co-Faktoren ist immer zu denken. Wie in der Abbildung deutlich wird, brauchen Serotonin und Noradrenalin ähnliche Co-Faktoren, damit sie gebildet werden können.

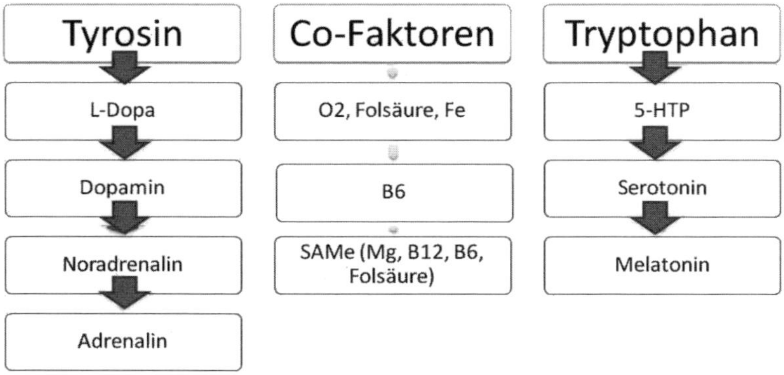

Abbildung: Serotonin und Dopamin greifen zum Teil auf dieselben Co-Faktoren bei der Herstellung zurück. Daher kann ein Mangel entstehen.

Aus der Abbildung wird deutlich, dass B-Vitamine für verschiedene Prozesse gebraucht werden. Wenn nun ein Prozess überaktiv ist, dann fehlen die B-Vitamine in einem anderen Prozess. Bei einem solchen Mangel ist eine psychologische Behandlung einer Depression deshalb schwierig, weil Reden nicht wirklich hilft, sondern nur die Zugabe von B-Vitaminen, damit wieder Serotonin gebildet werden kann. Das alles zeigt die Wichtigkeit, dass Psychologie und Hormonbiologie Hand in Hand arbeiten und Psychologen ein tiefes Verständnis für neuro-biologische Vorgänge haben müssen.

5.3 Warnsignale richtig deuten: Messbare Vorboten einer Erschöpfung

Auch im normalen Blutbild können Sie eine Erschöpfung frühzeitig erkennen. Wenn der Energiestoffwechsel auf Alarm schaltet, dann wird es Zeit, genau hinzuschauen.

5.3.1 Erhöhte Zuckerstoffwechsel als Ursache

Wir haben zwei wesentliche Energiestoffwechsel, den Zucker- und den Fettstoffwechsel. Ein guter Indikator ist der Langzeitzucker HbA1c. Dieser Langzeitzucker ist dann hoch, wenn der Blutzucker über einige Monate hoch war. Der Wert ist ein Indikator dafür, dass der Körper viel Energie mobilisieren musste, um den Anforderungen gerecht zu werden. Die Menge an Energie gelangte nicht in die Muskeln, um dort verbrannt zu werden, sondern verzuckerte die roten Blutzellen. Wenn dieser Wert erhöht ist, dann haben wir zu viel Zucker im Blut. Eine Menge Folgeerkrankungen sind bereits gut untersucht in Bezug auf den HbA1c, zum Beispiel Diabetes und Arteriosklerose. Andere Erkrankungen stehen gerade auf dem Prüfstand, so werden Demenzen immer häufiger mit einem erhöhten Blutzucker in Verbindung gebracht. In der Medizin beginnt eine Diskussion, ob Alzheimer Diabetes Typ3 ist. Erschöpfungskrankheiten stehen ebenfalls in Verbindung zu einem hohen Blutzucker. Wenn der Stoffwechsel ständig Gefahr signalisiert bekommt, dann muss er viel Energie bereitstellen. Folglich ist die erhöhte Energiebereitstellung ein Signal für Überlastung. Dieser Wert ist ein Beispiel für einen nicht spezifischen Burnout-Marker. Nicht jeder hohe HbA1c bedeutet ein Burnout, aber er macht eine Erschöpfung wahrscheinlicher.

Unser zweiter großer Stoffwechsel, der Fettstoffwechsel, gibt uns ebenfalls Anzeichen für eine zu hohe Stressbelastung. Ein leicht zu messender Blutfettwert sind die Triglyceride, denn erhöhte Werte weisen auf ein Problem im Fettstoffwechsel hin, meistens ausgelöst durch zu viel Zucker und Stress.

Ein weiterer Blut-Wert ist das CRP (C-Reaktives-Protein). Ein oft leicht erhöhter CRP Wert (dauernd über 1) ist ein Anzeichen für eine chronische Entzündung. Es gibt immer mehr Hinweise darauf, dass diese subklinischen Entzündungen (chronic low grade inflamation) eines der Erschöpfungstrigger unserer Zeit sind. Eine chronische Entzündung kann aber auch ohne ein erhöhtes CRP stattfinden.

5.3.2 Subklinische Entzündung

Eine Entzündung ist die Reaktion des Immunsystems auf eine Abweichung des Gleichgewichtes. Das Immunsystem repariert unseren Körper, wenn wir uns verletzt haben oder mit Bakterien/Viren infiziert sind. Oft bekommen wir davon nichts mit; nur wenn es einer wirklich heftigen Abwehrreaktion bedarf, bekommen wir Fieber und Krankheitsverhalten. Krankheitsverhalten ist sozialer Rückzug und Bewegungsunlust. Besonders schön ist dieses Krankheitsverhalten bei kleinen Kindern zu beobachten. Eine akute Entzündung führt dazu, dass die Kinder im Bett bleiben und nur die Mama sehen wollen. Botenstoffe der Entzündung schalten unser Gehirn auf Rückzug und unsere Muskeln auf „keine Bewegung".

Diese Botenstoffe werden fatalerweise auch bei Übergewicht ausgeschüttet, zwar nicht in der Menge wie bei einer Grippe, aber doch nachweisbar. So entsteht keine akute große Immunreaktion, sondern eine kleine unterschwellige, silente Immunreaktion. Das Immunsystem Übergewichtiger ist also ständig etwas aktiviert und schaltet ständig etwas Muskeln aus und gibt dem Gehirn die Anweisung: „Krankheitsverhalten“. Dieser schleichende Prozess der subklinischen Entzündung lässt die Betroffenen den Alltag und viele Tätigkeiten als anstrengender empfinden, als es ohne Entzündung wäre. Sie müssen mehr Energie aufwenden, um ins Büro zu fahren, am Wochenende mit den Kindern ins Schwimmbad zu gehen oder die Steuererklärung abzugeben. Alles wird immer schwerer, sie fühlen sich nicht richtig krank, aber auch nicht wirklich fit. Ich höre in der Praxis dann oft den Satz: „Früher war Sport, Haus bauen und 12 Stunden/Tag arbeiten kein Problem, ich werde wohl alt.“ Bei einem Mitte-Vierzig-Jährigen hat dies nichts mit Alter zu tun, sondern viel häufiger mit einer chronischen Entzündung des Körpers.

Meine These: Ohne eine solche Entzündung ist ein Burnout nur schwer möglich.

Diese These ist medizinisch noch nicht definitiv belegt, die Wahrscheinlichkeit für die Wahrheit dieses Satzes ist aber sehr hoch.

Was sind die weiteren Faktoren für eine solche Entzündung? Übergewicht war einer der Risikofaktoren, weil Adipozyten (Fettzellen) die Entzündungsbotenstoffe selber produzieren und an Muskeln und Gehirn die Entzündungsmeldung geben. Neben Rauchen ist ein weiterer Entzündungsfaktor ein Ungleichgewicht im Darm. Wenn unser Darm seinen Aufgaben nicht angemessen nachkommt oder leicht geschwächt ist, dann kommen aus der Nahrung zu viele kleine Nahrungsbestandteile ins Blut, die dort nichts zu suchen haben. Das löst wiederum eine kleine Immunreaktion an dieser Stelle aus. Eigentlich ist das keine Schwierigkeit für unseren Körper, nur wenn es jahrelang immer wieder passiert, dann haben wir eine chronische kleine Entzündung im Darm, weil der Darm zu viele Nahrungsbestandteile ins Blut lässt. Auch in diesem Fall sendet das Immunsystem konstant an Gehirn und Muskeln: „Ein bisschen Bewegungsruhe und sozialer Rückzug.“ Wenn wir nun dagegen ankämpfen, weil Sport angeblich gesund sein soll und wir soziale Verpflichtungen haben, erschöpfen wir das System.

Biologisch kann eine Erschöpfung also eine Folge der subklinischen Entzündung sein, mit der man bereits seit zehn Jahren lebt. Die Frage, ob zunächst die Entzündung da war oder ein nicht gut arbeitender Darm, ist die Frage nach der Henne und dem Ei. Wirklich klar zu beantworten ist es nicht, beides fällt aber oft zusammen. Ohne eine umfassende Behandlung wird eine vollständige Genesung unwahrscheinlich.

Es gibt einige Erkennungsmerkmale, die eine solche Entzündung wahrscheinlich machen.

Kein Fieber

Wenn das Immunsystem immer ein wenig aktiviert ist, verliert es die Fähigkeit, bei Bedarf voll hochzuschalten. Wir verlieren unsere Fieberkompetenz. In meinen Vorträgen frage ich oft, wer noch fiebern kann, und spannenderweise sind es nur ca. 10–20 %, die in den letzten zwei Jahren Fieber hatten. Dies ist ein Alarmsignal, da es aufzeigt, dass unser Immunsystem nicht angemessen reagiert.

Krankheit am zweiten Urlaubstag

Ein anderes Alarmsignal ist die Krankheit am zweiten Urlaubstag. Der Cortisolspiegel geht zurück und das Immunsystem kann endlich loslegen und tut das auch. Wir werden also an den ersten Tagen des Urlaubs krank. Die Gruppe um den Trierer Psychologen Hellhammer bringt dies mit einem Noradrenalin-Mangel in Verbindung.

Hautveränderungen

Wenn das Immunsystem im Darm etwas zu aktiv ist, können wir das auch an unserer Haut feststellen. Die Haut wird unreiner, schuppiger und Unreinheiten heilen nicht sehr schnell. Unser Immunsystem ist an einem anderen Ort, nämlich im Darm, beschäftigt und eben nicht an der Haut. Das sichtbare Alarmzeichen ist eine unreine Haut. An diesem Beispiel wird auch deutlich, warum eine Hautcreme nur eine symptomatische Behandlung sein kann, normalerweise muss unser Immunsystem mit so banalen Dingen wie Hautunreinheiten zurechtkommen. Wenn das nicht der Fall ist, stimmt im Immunsystem etwas nicht. Eine Hautcreme löst vielleicht das Hauptproblem kurzfristig, das Immunversagen selbst kann die Creme nicht lösen. Statt einer Creme ist die sinnvolle Maßnahme eine immunologische Stärkung und gleichzeitig eine Stressberatung. Hautärzte sollten Darmspezialisten und herausragende Stresstherapeuten sein. Mit einer guten Diagnose in einem solchem Stadium besteht eine hohe Wahrscheinlichkeit, einen Erschöpfungszustand zu verhindern. Mit einer Cortisoncreme hingegen wird die Wahrscheinlichkeit einer Erschöpfung sogar erhöht. Mit der Aufmerksamkeit auf Hautprobleme kann auch Führungskräften ein einfaches Mittel der Früherkennung von Stresserkrankungen bei ihren Mitarbeitern an die Hand gegeben werden.

Unlust an der Bewegung

Die Unlust an der Bewegung ist ein weiterer Vorbote der Erschöpfung. Dabei schalten Entzündungsbotenstoffe unsere Muskeln immer ein bisschen ab. Wenn Bewegung mit 25 Jahren eine Freude war und mit 45 eine Qual ist, dann kann das eine Folge von kleinen Entzündungen sein. Normalerweise verliert unser Körper nur wenig an Bewegungsfreude, die Muskelfasern für ausdauernde Bewegung bleiben sehr lange erhalten. Wenn wir vorher an Bewegung abbauen, dann ist es eher den silenten Entzündungen denn unserem Alter geschuldet.

Muskelbrennen

Auch ein Muskelbrennen nach eigentlich moderater Bewegung ist ein guter Indikator, dass der Körper erschöpft ist. Unsere Zellkraftwerke, die Mitochondrien, bestimmen über unsere Energieversorgung. Sie machen aus Zucker und Fett unsere Energie, das ATP (Adenosintriphosphat). Bewegen wir uns nicht, z. B. aufgrund von Entzündungen, dann verlieren wir Zellkraftwerke. Mit dem Verlust können wir weniger ATP produzieren, die Muskeln übersäuern schneller. Anstrengungen werden immer schwerer. Der Körper hat sich auf die Energieversorgung außerhalb der Mitochondrien spezialisiert. Wenn die Muskeln beim Treppensteigen schon brennen, dann ist das ein Zeichen, dass eine Erschöpfungskrankheit nicht mehr weit entfernt ist.

Wenn die Zellkraftwerke bereits abgebaut sind, ist es allerhöchste Zeit für eine Änderung des Lebensstils. Die darauffolgende Krankheit ist eine Erschöpfung der Energieproduktion und in der Behandlung eine sehr langwierige Angelegenheit. Messbar ist dies im Frühstadium unter anderem am Ruhelakatwert: Steigt der Ruhelaktatwert an, ist das ein Zeichen dafür, dass die Mitochondrienzahl und -leistung abnimmt und die Energieproduktion auf den anaeroben zytoplastischen Weg umgestellt wird. Hier entsteht dann viel Laktat. Diese Messung kann jedes gute Fitnessstudio oder ein Sportmediziner durchführen.

Allergien und Nahrungsmittelunverträglichkeiten

So wie Stress, Depressionen und Burnout immer eine immunologische Komponente haben, haben Allergien und Nahrungsmittelunverträglichkeiten immer eine psychologische Komponente. Viele Patienten wissen, dass ihre Symptome bei Stress schlechter werden. Inzwischen forscht ein ganzer Medizinzweig, die Psycho-Neuro-Immunologie, an diesen Zusammenhängen. Chronischer Stress ist entzündungsfördernd und fördert damit auch Krankheiten, die mit einer erhöhten Entzündung des Körpers einhergehen. Bei Allergien greift das Immunsystem eigentlich harmlose Eiweiße an. Pollen, Katzenhaare oder Haselnüsse stellen keine Gefahr dar, werden aber nur nicht richtig erkannt und daher bekämpft. So wie wir unter großem Stress bei Rechenaufgaben schlechter werden, macht unser Immunsystem bei großer Belastung mehr Fehler. Hormone, die bei Stress ausgeschüttet werden, reizen bestimmte Immunzellen (Mastzellen), die wiederum einen Stoff ausschütten, der die Allergien möglich macht (Histamin). Wenn diese Ausschüttung ab und zu passiert, kommt das Immunsystem damit zurecht, bei chronischem Stress schütten diese Zellen zu viel Histamin aus und die vermehrte Ausschüttung füttert die allergischen Reaktionen. Daher können Allergien und Nahrungsmittelunverträglichkeiten als Burnout-Vorbote gesehen werden.

Flugangst

Unsere Erfahrung hat gezeigt, dass sich bei vielen Menschen im Laufe der Jahre eine Angst vor normalen Dingen entwickelt. So gab es einen Kunden, der jahrelang völlig entspannt im Flugzeug mitfliegen konnte und dann im Laufe der Jahre eine Flugangst entwickelte. Er konnte sich die Flugangst nicht erklären. Im Laufe der Besprechung stellte sich dann heraus, dass er während einer Erkrankung vor drei Jahren mehrmals Antibiotika bekommen und zunächst die Verdauung nicht mehr vernünftig geklappt hat und dann diese Flugangst dazugekommen ist. Hier war folgender Regelmechanismus aktiv:

- Antibiotika sorgen für eine Darmdurchlässigkeit.
- Die Darmdurchlässigkeit sorgt für chronische Entzündung.
- Die chronische Entzündung aktiviert dauerhaft das Stresssystem.
- Das Stresssystem funkt immer: „Gefährliche Welt".

Unsere Angstzentren im Gehirn reagieren auf den Funkspruch „Gefährliche Welt" mit einem pauschalen Hochsetzen aller Gefährdungsstufen. Plötzlich wird Fliegen für uns wahrgenommen gefährlich. Die moderne Medizin hilft uns, diese Regelkreisläufe immer besser zu verstehen und es wird klar, warum eine Angststörung manchmal durch eine Darmtherapie behandelt werden muss.

Diese Aufzählung von Vorboten macht etwas Angst, weil sich wahrscheinlich sehr viele Menschen darin wiederfinden. Die gute Nachricht ist: Keiner der Vorboten muss zu einer Erkrankung führen, es sind nur Warnsignale.

Im Fazit kann man sicher sagen:

Ein gesunder Stoffwechsel und ein gesundes Immunsystem machen Burnout sehr unwahrscheinlich.

5.4 Was tun, wenn das Haus längst brennt?

An der Vielzahl der Vorboten wird klar, dass Burnout nicht ein klar fassbares und deutlich abgrenzbares Krankheitsbild ist. Oft ist der Übergang zur völligen Erschöpfung schleichend, in anderen Fällen kann der Patient von einer Sekunde auf die nächste nicht mehr Autofahren. Auch hier zeigt sich wieder ein Spektrum an Erschöpfungsmöglichkeiten. Allen gemein sind die Antriebslosigkeit und die Verzweiflung über die Situation.

Spätestens jetzt kommen die Patienten um eine Pause nicht mehr herum. Viele Kliniken bieten eine Burnout-Behandlung, manche niedergelassenen Ärzte betreuen auch akute Fälle des Burnouts. Neben einer akuten Behandlung, die hoffentlich aus allen vier Komponenten (biologisch, sozial, emotional und kognitiv) besteht, ist es aus meiner Sicht wichtig, die Vorboten zu besprechen und ein gutes Frühwarnsystem zu etablieren.

Bei einem Burnout ist die erste Maßnahme immer eine Energieerhöhung. Die Patienten müssen zunächst wieder Energie haben, erst dann kann Veränderung einsetzen. Deshalb stehe ich rein kognitiv-emotionalen Behandlungen sehr kritisch gegenüber. Es ist richtig, Glaubenssätze zu verändern, aber nur möglich, wenn der Betroffene für die Veränderung die Energie hat. Wenn der Stoffwechsel nicht mehr gut klappt, bedeutet das, dass sich die Energiebereitstellung verschlechtert hat. In diesem Falle sollte man folgenden Maßregeln folgen:

- Regelmäßige Mahlzeiten, am besten zwei oder drei pro Tag.
- Einen Tagesrhythmus, der 12 Stunden Aktivität und 12 Stunden Ruhe zulässt.
- Wohlfühlbewegung: Sport, der keine zusätzliche Energie kostet. Langsames Laufen oder Spazierengehen (maximal 60 % der maximalen Herzfrequenz).
- Viele Antioxidantien in der Nahrung (z. B. Zwiebeln, Knoblauch, Avocado, Mango, Beeren).
- Viermal in der Woche fetter Fisch.
- Eventuelle eine Zugabe von bioidentischen Mikronährstoffen wie B-Vitaminen, Zink oder Selen, um die Energieverfügbarkeit zu erhöhen.
- Immer entzündungshemmend trinken: Am besten ein Teegetränk aus Thymian, Ingwer, Salbei und Mariendistel.

Es ist keine radikale Nahrungsumstellung notwendig, ebenso wenig eine unterkalorische Ernährung, solange die akute Erschöpfung überwiegt. Die Umstellung der Ernährung auf eine dauerhaft entzündungsarme und erschöpfungsreduzierende Ernährung folgt erst in der zweiten Phase.

In dieser zweiten Phase ist einer der wichtigsten Schritte neben der kognitiv-emotionalen Begleitung auch die Stärkung des Immunsystems. Da 80 % des Immunsystems im Darm agiert, ist in den meisten Fällen eine Darmtherapie unerlässlich. Oft verschwinden mit der Darmtherapie auch die inzwischen etablierten Vorboten wie Allergien, Schlafprobleme oder hoher Blutzucker.

Dieser Anriss verdeutlicht vor allem eins:

Eine akute Erschöpfung gehört in therapeutische Hände und eine rein psychologische Behandlung wird einem Burnout nicht gerecht!

Auch wenn die Psychologie ihren Platz in der Behandlung verdient, ist der Energiestoffwechselaspekt sehr wichtig und wird leider viel zu oft vernachlässigt. Wenn wir lernen, dass Burnout auch eine metabolische (Stoffwechsel) und eine immunologische Funktionsstörung ist, dann stehen die Chancen auf schnelle Genesung viel höher.

6 Schlusswort

Malen wir uns die Welt mal bunt und schön: In welchem Job auch immer Sie arbeiten und welche familiären Verhältnisse Sie haben, all das würde noch besser funktionieren, wenn Sie sich mit dem ZuP-Doppelpack durchs Leben schlagen. Jeder Tag würde sich nach einem erfolgreichen anfühlen, jede große Herausforderung würde mit höherer Wahrscheinlichkeit zum Erfolg werden. Und wenn Sie obendrein Kollege Spörers Tipps und Ratschlägen aufgeschlossen gegenüberstehen würden, dann würden Sie sich gehirngerecht verhalten und langfristig gesund bleiben. Wie gesagt: eine bunte schöne Welt!

Aber es lohnt sich sicher, den Versuch zu wagen. Starten Sie mit der Umsetzung der obigen Methoden, berücksichtigen Sie so viele Tipps, wie es für Sie machbar ist. Aber was noch viel wichtiger ist, als zu starten, hat niemand schöner gesagt als Katharina von Siena:

„Nicht das Beginnen wird belohnt, sondern einzig und allein das Durchhalten."

Katharina von Siena (Mystikerin und Dichterin, 1347–1380)

In diesem Sinne: Wir treffen Sie in Ihrem erfolgreicheren, glücklicheren und gesünderen Leben und freuen uns schon wie Dolle darauf!

Auflösung zu Gewohnheiten aus dem Kapitel 2.1.1.3

Auflösung für die erste Gewohnheiten-Übung

Die Lösung liegt in der Erkenntnis, dass ein Viereck geometrisch zunächst einmal vier Ecken hat, die mit vier Geraden verbunden sind. Aber die Ecken müssen nicht auf dem Umfang liegen, dann klappt es auch mit der Teilung in drei Teile durch eine gerade Linie.

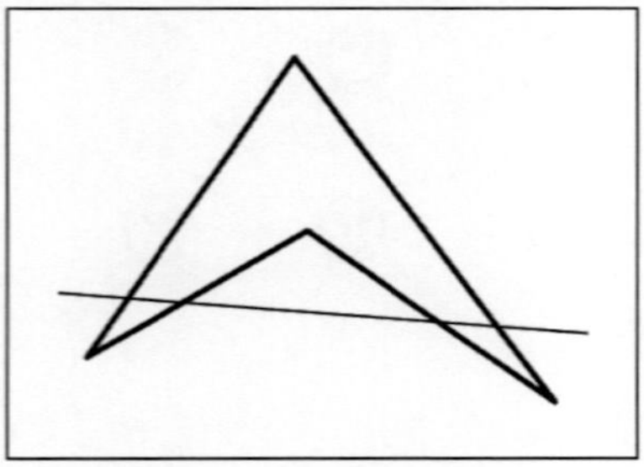

Abbildung: Lösung der Gewohnheiten-Übung 1 „ungewohntes Viereck“

Manchmal habe ich Trainingsteilnehmer, die dieses „ungewohnte Viereck“ zeichnen, aber dann sagen, dass es ja immer noch nicht geht, nachdem sie mit einer Senkrechten das Viereck in zwei Teile aufgeteilt haben. Auch das ist wiederum eine Gewohnheit: Wir mögen Symmetrie mehr als Asymmetrie, deshalb versuchen es diese Teilnehmer mit einer senkrechten Teilung in möglichst gleichgroße Stücke.

Auflösung für die zweite Gewohnheiten-Übung

Man kann die Aufgabe nicht lösen, wenn man innerhalb der durch die Smileys in den Ecken empfundenen Grenzen verbleibt. Diese Gewohnheit, dass Eckpfeiler eine Fläche begrenzen, verhindert die Lösung. Man muss deshalb seine Gewohnheiten durchbrechen und über die unsichtbaren Grenzen hinausgehen.

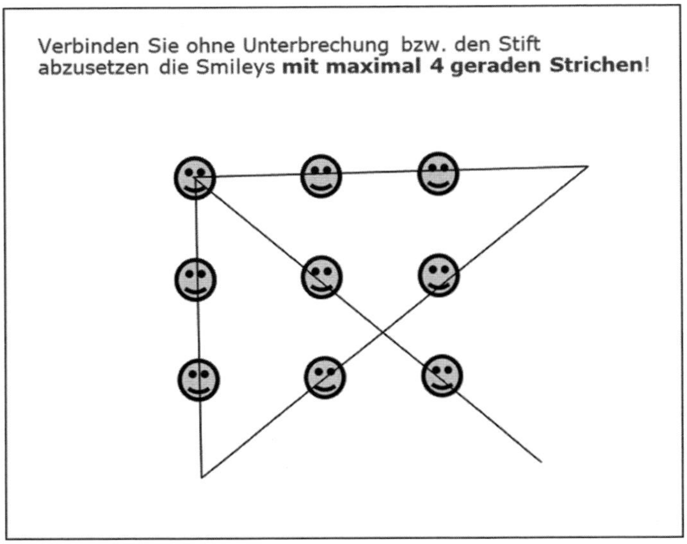

Abbildung: Lösung der Gewohnheiten-Übung 2 „unsichtbare Grenzen“

Quellen und Literatur

Dantzer, R.: Inflammation-associated depression: from serotonin to kynurenine, 2011.

ders.: From inflammation to sickness and depression: the cytokine connection, 2010.

Enders, G.: Darm mit Charme, 2014.

Hellhammer, D.: Neuropattern: A new translational tool to detect and treat stress pathology, 2013.

Holsboer, F.: Stress, hypercorticolism, and corticosteroid rezeptors in depression, 2001.

Kahneman, D.: Schnelles Denken, langsames Denken, 2011.

Kandel, E.: A new intellectual framework for psychiatry, 1998.

Kandel, E.: Auf der Suche nach dem Gedächtnis, 2009.

Kubera, B.; Hubold, C et al.: Rise in plasma lactate concentrations with psychosocial stress: a possible sign of cerebral energy demand, 2012.

Lieberman, M.: Social, 2012.

Mc Even, B. et al.: Allostatic load biomarkers of chronic stress and impact on health and cognition.

Mangner, N.: Exercise Training Prevents TNF-α Induced Loss of Force in the Diaphragm of Mice, 2013.

Mischel, W.: Delay of gratification in children, 1989.

Ochsner, K. et al: Common representation of pain an negative emotion in the midbrain periaqueductal gray, 2012.

Ochsner, K.: Rethinking Feelings: An fMRI Study of the Cognitive Regulation of Emotion, 2006.

Ochsner, K: Thinking makes it so, 2010

Oliver, G.;Wardle, J.: Perceived effects of stress on food choise, 1999.

Ophir, E.: Cognitive control in media multitaskers, 2009.

Olds J.; Miller, P.: Positive reinforcement produced by electrical stimulation of septal area and other regions of rat brain, 1954.

Pellerin, L.; Magistretti: Glutamate uptake into astrocytes stimulates aerobic glycolysis, 1994.

Peters, A. et al.: The selfish brain: competition for energy resources, 2004.

Peters, A.: Das egoistische Gehirn, 2011.

Plessow, F.: Better not to deal with two tasks at the same time when stressed? Acute psychosocial stress reduces task shielding in dual-task performance, 2012.

Ramachandran, V.: Eine kurze Reise durch Geist und Gehirn, 2005.

Sacks, O.: Der einarmige Pianist, 2008.

Sapolsky, R.: Why Zebras don't get ulcers, 2012.

Schubert, C.: Psychoneuroimmunologie und Psychotherapie, 2009.

Spitzer, M.: Domain & Käsekuchen, 2012.

Spork, P.: Das Uhrwerk der Natur: Chronobiologie — Leben mit der Zeit, 2009.

Solms, M. und Turnbull, O.: Das Gehirn und die innere Welt, 2004.

Stark, M.: Nahrung als Medizin, 2013.

Tomiyama J.: Low calorie dieting increases cortisol, 2010.

Toni, N. et al.: LTP promotes formation of multiple spine synapses between a single axon terminal and dendrite.

Tracey, K.J.: The inflammatory reflex, 2002.

Van Veen, F.: Tryptophan depletion reverses the therapeutic effect of selective serotonin reuptake inhibitors in social anxiety disorder.

von Schacky, C.: Omega-3 fatty Acids in cardiovascular disease — An uphill battle, 2013.

Watve, M.: Evolutionary origins of insulin resistance: a behavioral switch hypothesis, 2007.

Wolf, F; Wolf, A.: Burn-out: Eigenständige Erkrankung oder Wegbereiter der Depression?

Autoren

Arne Prieß

Berufliche Laufbahn

Studium der Pädagogik mit Schwerpunkten im Personalmanagement, Psychologie sowie Berufs- und Betriebspädagogik. Betriebswirtschaftliche und personalwirtschaftliche Fernstudien-Diplome. Seit 1986 in verschiedenen Führungs-, Ausbildungs- und Personalmanagement-Aufgaben tätig.

Berufliche Stationen im öffentlichen Dienst und Siemens Business Services GmbH & Co. OHG.

Im Jahr 2000 Mitgründer der Unternehmensberatung HRblue AG, im Vorstand für die Geschäftsfelder HR Consulting und Projekte, Mitarbeiterbefragungen und HR Trainings verantwortlich, dabei im Rahmen eines HR Outsourcings 4 Jahre HR Director der Scout24-Gruppe.

2012 Gründer und Geschäftsführer des Beratungs- und Trainingsunternehmens HR CONTRAST GmbH.

Kompetenz-, Beratungs- und Trainings-Schwerpunkte

Langjähriger Trainer und Coach für Führungskräfte, MBTI-Trainer-Lizensierung; Trainer für viele Schlüsselkompetenzen wie z. B. Projektmanagement, Zeitmanagement und strategische Personalmanagement-Themen, u. a. für die Haufe Akademie, ZfU und FORUM Institut.

Personalfachliche Beratungsprojekte in strategischen HR Themen mit besonderen Schwerpunkten in strategischen Neuausrichtungen von HR Abteilungen (HR Transformationen), Mitarbeiterbindung und High Performance Management inkl. variabler Vergütung und Zielvereinbarungssystemen.

Projektmanager und Moderator (z. B. für Unternehmensstrategie-Prozesse, Führungskräfte-Tagungen, Assessment Center und Teambuildings). „Speaker" für Impulsvorträge zu HR Management- und Führungs-Themen sowie Methodenkompetenzen.

Autor von „Führen mit dem Omega-Prinzip" (Haufe 2013), zahlreicher Fachartikel, Lehrbriefe, eTrainings und Mit-Autor von „Personalprozesse gestalten und optimieren" (heute Teil vom Personal-office von Haufe).

Dr. Sebastian Spörer

Berufliche Laufbahn

Studium der Betriebswirtschaftslehre und der Sozialwissenschaften mit Promotion als Dr. phil. Ausbildungen in verschiedenen Fachgebieten der Psycho-Neuro-Sozio-Endokrino-Immunologie. Seit 2003 in verschiedenen Führungs- und Personalmanagement-Funktionen tätig.

Seit 2006 im Training für Führungskräfte zu den Themen Work-Life-Balance und Gesundheitsmanagement. Seit Mitte 2011 Leiter des Zentrums für Leistungsmanagement im Schloss zu Hopferau. Lehrbeauftragter an der Universität Augsburg für Kommunikation. Wissenschaftlicher Beirat und Dozent im Europäischer DACH-Verband Stress-Medizin e. V.

Kompetenz-, Beratungs- und Trainings-Schwerpunkte

Nach Stationen im öffentlichen Dienst und für verschiedene Trainingsinstitute derzeit Trainer für Neuro-Leadership. Umsetzung von Trainingsprojekten und Erweiterung von Führungskräfteentwicklungen um den Bereich Neuro-Biologie, in Deutschland die einmalige Kombination aus Gehirnforschung, Immunologie und Führungskräfteentwicklung.

Darüber hinaus Trainings und Seminare zu den Themen Stress-Prävention, Neuro-Motivation und Neuro-Selbstmanagement.

Key-Note-Speaker und Impulsvorträge zu den Themen Motivation durch Neuro-Biologie, Stress-Prävention, Ernährung als Motivationsgrundlage und zu verschiedenen Stress- und Gesundheitsaspekten.

Co-Autor von „Führen mit dem Omega-Prinzip“ (Haufe 2013)